Maximilian Wilhelm

Fügbarkeit von CFK-Mischverbindungen mittels umformtechnischer Prozesse

TUDpress

Dresdner Fügetechnische Berichte
Herausgeber: Prof. Dr.-Ing. habil. U. Füssel

Herausgeber: Prof. Dr.-Ing. habil. U. Füssel
Technische Universität Dresden
Professur Fügetechnik und Montage
01062 Dresden

Tel.: 0351 / 4633 4347
Fax: 0351 / 4633 7249

Maximilian Wilhelm

Fügbarkeit von CFK-Mischverbindungen mittels umformtechnischer Prozesse

TUD*press*

2016

Bibliografische Information der Deutschen Bibliothek
Die Deutsche Bibliothek verzeichnet diese Publikation in der Deutschen Nationalbibliografie; detaillierte bibliografische Daten sind im Internet unter <http://dnb.ddb.de> abrufbar.

Bibliographic information published by Die Deutsche Bibliothek
Die Deutsche Bibliothek lists this publication in the Deutsche Nationalbibliografie; detailed bibliographic data is available in the Internet at <http://dnb.ddb.de>

ISBN 978-3-95908-053-8

Zugl.: Dresden, Techn. Univ., Diss., 2016

Universitätsverlag & Buchhandel
Eckhard Richter & Co. OHG
Bergstr. 70 | 01069 Dresden
Tel.: 0351/47 96 97 20 | Fax: 0351/47 96 08 19
TUDpress ist ein Imprint von w. e. b.

Satz und Redaktion: Maximilian Wilhelm

Printed in EU.

Fügbarkeit von CFK-Mischverbindungen mittels umformtechnischer Prozesse

Der Fakultät Maschinenwesen

der

Technische Universität Dresden

zur Erlangung des akademischen Grades

Doktoringenieur (Dr.-Ing.)

Dipl.-Wirtsch.-Ing. Maximilian Wilhelm

geb. am 20.08.1986 in Weilheim (Bayern)

Tag der Einreichung: 08.10.2014

Tag der Verteidigung: 08.01.2016

Gutachter: Prof. Dr.-Ing. habil. Uwe Füssel

Prof. Dr.-Ing. habil. Prof. E.h. Dr. h.c. Werner Hufenbach

Vorwort

Die vorliegende Arbeit entstand in den Jahren 2011 bis 2014, während meiner Tätigkeit als Doktorand in der Abteilung „Verbindungstechnik Karosseriebau“ der BMW Group.

Mein besonderer Dank gebührt Prof. Dr.-Ing. habil. Uwe Füssel, Leiter der Professur Fügetechnik und Montage der TU Dresden für die Betreuung meiner Arbeit und die Übernahme des Referats. Hervorheben möchte ich dabei die wertvollen Anregungen hinsichtlich des ganzheitlichen Verständnisses der Fügbarkeit sowie die geführten konstruktiven Diskussionen.

Prof. Dr.-Ing. habil. Prof. E.h. Dr. h.c. Werner Hufenbach möchte ich ganz herzlich für die Übernahme des Koreferates danken. Dr. Adam gilt mein Dank für die geführten konstruktiven Gespräche und seine Empfehlungen im Hinblick auf meine Arbeit.

In gleichen Maße möchte ich mich bei der BMW Group als solcher und Herrn Thomas Richter, Leiter der Gruppe „Verbindungstechnik Karosseriebau“, im speziellen für die gewährten Freiheiten bei der Ausübung meiner Tätigkeit und die Finanzierung der Forschungsarbeiten bedanken.

Bedanken möchte ich mich herzlich bei meinen Kollegen der BMW Group für die freundliche Aufnahme und die gewährte Unterstützung. Besonderer Dank gebührt Andreas Forster und Rainer Gschneidinger für deren Anregungen und Ratschläge und Julia Wagner für die geführten Diskussionen. Bedanken möchte ich mich auch bei allen Labormitarbeitern mit denen ich arbeiten und deren Unterstützung ich erfahren durfte.

Auch den Mitarbeitern der Professur Fügetechnik und Montage, insbesondere der Arbeitsgruppe „Mechanisches Fügen“ möchte ich aufrichtig für die Unterstützung in organisatorischen aber auch fachlichen Belangen danken. Besonders über die Einbindung in Veranstaltungen des Lehrstuhls habe ich mich sehr gefreut.

Für die freundliche Zusammenarbeit und ihr Engagement möchte ich allen betreuten Studenten, wie Matthias Riemer oder Martin Förster, danken. Auch den Firmen Arnold Umformtechnik und Wilhelm Böllhoff möchte ich für ihre Unterstützung danken.

Meinen Brüdern und Sebastian Münch gebührt mein Dank für ihre Freundschaft und die gewährte Ablenkung von meiner Arbeit. Adalbert Wilhelm möchte ich unter anderem für die Ratschläge zu meinen Veröffentlichungen danken. Ganz besonderer Dank gilt meinen Eltern für ihre immerwährende und bedingungslose Unterstützung. Vor allen anderen möchte ich aber meiner Frau für die Unterstützung und Geduld während der Anfertigung dieser Arbeit danken.

Inhaltsverzeichnis

1 EINLEITUNG 1

2 STAND DER TECHNIK 3

2.1 Mischbau mit CFK im Karosseriebau 3

2.2 Fügbarkeit von CFK-Mischverbindungen 5

2.2.1 Fügeeignung von FKV-Mischverbindungen im Karosseriebau 6

2.2.2 Fügemöglichkeit von FKV-Mischverbindungen im Karosseriebau 9

2.2.2.1 Blindnieten 11

2.2.2.2 Fließformschrauben 13

2.2.2.3 Stanznieten mit Halbhohlniet 16

2.2.2.4 Stanznieten mit Vollniet 19

2.2.3 Fügesicherheit von FKV-Mischverbindungen im Karosseriebau 21

3 UNTERSUCHUNGSZIEL UND WISSENSCHAFTLICHER ANSATZ 30

4 ANALYTISCHE BETRACHTUNGEN UND MODELLBILDUNG 32

4.1 Fügeeignung 32

4.1.1 Bauteilimperfektionen 33

4.1.2 Fügeimperfektionen 35

4.1.2.1 Klassifizierung von Fügeimperfektionen 35

4.1.2.2 Entwicklung einer Methodik zur Einbringung von Fügeimperfektionen 40

4.1.2.3 Analyse der in-plane Schubfestigkeit 41

4.1.2.4 Analyse der Zugfestigkeit in x-Richtung 42

4.1.2.5 Analyse der Lochleibungsfestigkeit 44

4.1.2.6 Analyse des Elementdurchzugversagens 45

4.1.2.7 Analyse des Verhaltens von mit Klebstoff hybrid gefügten Fügeverbindungen 45

4.2 Fügemöglichkeit 46

4.2.1 Blindnieten 47

4.2.2 Fließformschrauben 48

4.2.2.1 Parameteruntersuchung: Bit-Kraft und Drehzahl 48

4.2.2.2 Parameteruntersuchung: Anzugsmoment 49

4.2.2.3 Parameteruntersuchung: Vorlochdurchmesser 50

4.2.2.4 Elemententwicklung 50

4.2.3 Stanznieten mit Halbhohlniet 53

4.2.4 Stanznieten mit Vollniet 54

4.2.5 Delta-Alpha-Problematik 56

4.3 Fügesicherheit **60**

4.3.1 Analyse des Scherbruchversagens 60

4.3.2 Verhalten unter verschiedenen Belastungszuständen 65

5 EXPERIMENTELLE BETRACHTUNGEN **67**

5.1 Untersuchungsmethodik **67**

5.1.1 Versuchswerkstoffe 67

5.1.2 Fügeelemente 68

5.1.3 Probengeometrien 69

5.1.4 Fügeeinrichtungen 70

5.1.5 Prüfmethoden 70

5.2 Fügeeignung **71**

5.2.1 Bauteilimperfektionen 72

5.2.2 Fügeimperfektionen 74

5.2.2.1 Validierung einer zerstörungsfreien Prüfmethodik 75

5.2.2.2 Validierung der entwickelten Methodik zur Einbringung von Fügeimperfektionen 79

5.2.2.3 Auswirkungen auf die in-plane Schubfestigkeit 80

5.2.2.4 Auswirkungen auf die Zugfestigkeit in x-Richtung 82

5.2.2.5 Auswirkungen auf die Lochleibungsfestigkeit 86

5.2.2.6 Auswirkungen auf das Elementdurchzugversagen 88

5.2.2.7 Auswirkungen auf das Verhalten von mit Klebstoff hybrid gefügten Verbindungen 89

5.3 Fügemöglichkeit **91**

5.3.1 Fließformschrauben 91

5.3.1.1 Parameteruntersuchung: Bit-Kraft und Drehzahl 91

5.3.1.2 Parameteruntersuchung: Anzugsmoment 92

5.3.1.3 Parameteruntersuchung: Vorlochdurchmesser 93

5.3.1.4 Elemententwicklung 95

5.3.2 Stanznieten mit Halbhohlniet 98

5.3.2.1 Parameteruntersuchungen 98

5.3.2.2 Elemententwicklung 100

5.3.3 Stanznieten mit Vollniet 103

5.4 Fügesicherheit **107**

5.4.1 Experimentelle Analyse des Scherbruchversagens 107

5.4.2 Verhalten unter quasistatischer Belastung 112

5.4.2.1 Verhalten bei Raumtemperatur 112

5.4.2.2 Verhalten bei verschiedenen Einsatztemperaturen 115

5.4.3 Verhalten unter dynamischer Belastung 117

5.4.3.1 Verhalten unter dynamisch crashartiger Belastung 117
5.4.3.2 Verhalten unter dynamisch zyklischer Belastung 118
5.4.4 Verhalten unter korrosiver Belastung 120

5.5 Ableitung von Konstruktionsrichtlinien 122

6 FÜGBARKEIT VON CFK-MISCHVERBINDUNGEN IM KAROSSERIEBAU 126

7 ZUSAMMENFASSUNG UND AUSBLICK 129

Verzeichnis der verwendeten Formelzeichen

Formelzeichen	Einheit	Benennung
a	[mm]	Flankenstärke
A	[mm²]	Querschnittsfläche
A_{50}	[%]	Bruchdehnung bei Ausgangsmesslänge = 50 mm
A_{80}	[%]	Bruchdehnung bei Ausgangsmesslänge = 80 mm
b_l	[mm]	Rillenhöhe
b_c	[mm]	Charakteristischer Abstand
BH_2	[N/mm²]	Zunahme der Streckgrenze durch Bake-Hardening
c_{LL}	[N/mm]	Steigung des linearen Bereichs des Kraft-Weg-Diagramms
D	[mm]	Elementdurchmesser
d	[mm]	Vorlochdurchmesser / Durchmesser des Bolzenloches
d_2	[mm]	Flankendurchmesser
D_K	[mm]	Wirksamer Durchmesser der Mutter- bzw. Kopfauflage
e	[mm]	Randabstand
E	[N/mm²]	E-Modul
e_{eff}	[mm]	Effektiver Randabstand
e_{tr}	[mm]	Tragender Randabstand
F_{Axial}	[kN]	Axialkraft
F_{Bit}	[kN]	Bit-Kraft
F_{Druck}	[kN]	Druckkraft infolge Gewinde- oder Rillenflanke
$F_{Elementausknöpfen}$	[kN]	Kraft, bei der die Elemente aus dem Fügepartner ausknöpfen
F_{Gesamt}	[kN]	Kraft, welche beim Vollstanznieten über die Rillenflanke wirkt
F_{Scher}	[kN]	Kraft, welche beim Vollstanznieten scherend wirkt
$F_{Gewinde}$	[kN]	Gewindekraft infolge Volumenverdrängung
$F_{L, zulässig}$	[kN]	Zulässige Lochleibungskraft

F_{ms}	[kN]	Höchstscherzugkraft
$F_{Niederhalter}$	[kN]	Niederhalterkraft
F_o	[kN]	Oberes Lastniveau
F_R	[kN]	Reibkraft
$F_{Spaltung}$	[kN]	Spaltkraft infolge Gewindeflanke
F_u	[kN]	Unteres Lastniveau
F_V	[kN]	Axiale Vorspannkraft
$F_{Verschiebung}$	[kN]	Kraft infolge Wärmedehnung
$F_{Vorschub}$	[kN]	Vorschubkraft
GL	[mm]	Nutzbare Gewindelänge
$G_{Schrauber}$	[kN]	Gewichtskraft des Schraubautomaten
Index $_1$	[-]	Index für Bereich mit 0% – 33% RWE-Abschwächung
Index $_{12}$	[-]	Index für Bereich mit 0% – 66% RWE-Abschwächung
Index $_2$	[-]	Index für Bereich mit 34% – 66% RWE-Abschwächung
Index $_3$	[-]	Index für den Bereich mit 67% – 100% RWE-Abschwächung
Index $_i$	[-]	Index der Probennummer
Index $_j$	[-]	Index für die spezifische Fügetechnik
Index $_l$	[-]	Index für die untere Scherebene im C-Scan
Index $_u$	[-]	Index für die obere Scherebene im C-Scan
K	[-]	Kerbfaktor
KD	[mm]	Kopfdurchmesser
KH	[mm]	Kopfhöhe
KR	[mm]	Kopfradius
K_x	[-]	Kerbfaktor für Zugbelastung in x-Richtung
K_{xy}	[-]	Kerbfaktor für Schubbelastung in x-Richtung
l	[mm]	Biegeradius

L	[mm]	Elementlänge
L_T	[mm]	Länge bei Temperatur T
LV	[-]	Lastverhältnis
M_A	[Nm]	Anzugmoment
M_{Biege}	[Nm]	Biegemoment
n	[-]	Stichprobengröße
ND	[mm]	Nietdurchmesser
ND_i	[mm]	Bohrungsdurchmesser
NT	[mm]	Bohrungstiefe
o_{max}	[mm]	Maximaler Hinterschnitt
q	[-]	Anzahl der Elemente in gleicher Reihe bzw. mit gleichem Randabstand
R	[N/mm²]	Festigkeit des ungekerbten Werkstoffs
$\hat{R}$	[N/mm²]	Festigkeit des gekerbten Werkstoffs
RD	[mm]	Rillendurchmesser
R_L	[N/mm²]	Lochleibungsfestigkeit
$R_{L2\%}$	[N/mm²]	2% Lochleibungsfestigkeit
R_m	[N/mm²]	Zugfestigkeit des ungekerbten Stahlwerkstoffs
$R_{p0,2}$	[N/mm²]	0,2 %-Dehngrenze
R_S	[mm]	Spitzenradius
R_x	[N/mm²]	Zugfestigkeit des ungekerbten Laminates in x-Richtung
$\hat{R}_x$	[N/mm²]	Zugfestigkeit des gekerbten Laminates in x-Richtung
R_{xy}	[N/mm²]	Schubfestigkeit des ungekerbten Laminates in x-Richtung
$\hat{R}_{xy}$	[N/mm²]	Schubfestigkeit des gekerbten Laminates in x-Richtung
R^2	[-]	Bestimmtheitsmaß
t	[mm]	Probendicke

T	[° C]	Temperatur
T_g	[° C]	Glasübergangstemperatur
w	[mm]	Probenbreite
w_y	[mm]	Ausdehnung der Imperfektionen in y-Richtung
x	[-]	Koordinate in Hauptfaserrichtung des FKV
y	[-]	Koordinate quer zur Hauptfaserrichtung des FKV
α	[$10^{-6}K^{-1}$]	Wärmeausdehnungskoeffizient
β	[°]	Steigungswinkel des Gewindes
$\varepsilon_{\Delta T}$	[-]	Dehnung infolge einer Temperaturdifferenz
η	[°]	Oberer Rillenflankenwinkel
θ	[-]	Abminderungskoeffizient infolge Imperfektionen
θ_y	[-]	Abminderungsfaktor für Imperfektionen in y-Richtung
$\theta_{y,K}$	[-]	Abminderungsfaktor für Imperfektionen in y-Richtung bei Kerbwirkung
λ	[°]	Flankenwinkel
μ_0	[-]	Haftreibungskoeffizient
μ_G	[-]	Reibungskoeffizienten im Gewinde
μ_K	[-]	Reibungskoeffizient unter dem Elementkopf
ς	[°]	Unterer Rillenflankenwinkel
σ_x	[N/mm^2]	Spannung infolge Zug unter x-Richtung
υ	[mm]	Elastische Verformung

Verzeichnis der verwendeten Abkürzungen

Abkürzung	Benennung
50k	50.000 Einzelfilamente
AiF	Arbeitsgemeinschaft industrieller Forschungsvereinigungen
AT	Außentorx
BMW	Bayerische Motoren Werke
BN	Blindnieten
CAI	Compression After Impact
C-Faser	Kohlenstofffaser
CFK	Kohlenstofffaserverstärkter Kunststoff
CT	Computertomografie
DGZfP	Deutsche Gesellschaft für Zerstörungsfreie Prüfung
DFG	Deutsche Forschungsgemeinschaft
DoE	Statistische Versuchsplanung (Design of Experiments)
FB	Fügbarkeit
FE	Fügeeignung
FEM	Finite Elemente Modellierung
FKV	Faserkunststoffverbund
FLS	Fließformschrauben
FM	Fügemöglichkeit
FRK	Flachrundkopf
FRK-T	Flachrundkopf – modifizierte tiefe Bohrung
FS	Fügesicherheit
G-Faser	Glasfaser
GFK	Glasfaserverstärkter Kunststoff
H4	Härte 4 = 480 ± 30 HV10

H5	Härte 5 = 500 ± 30 HV10
H6	Härte 6 = 555 ± 25 HV10
HSN	Halbhohlstanznieten
i.O.	In Ordnung
IGF	Industrielle Gemeinschaftsforschung und -entwicklung
IT	Innentorx
KRL	Konstruktionsrichtlinie
KTL	Kathodische Tauchlackierung
KZ	Kopfzug
n.i.O.	Nicht in Ordnung
ND-RTM	Niederdruck-Resin-Transfer-Molding
NP	Nasspressen
Nr. / #	Nummer
OHC	Open Hole Compression
PVD	Physical-Vapour-Deposition
RT	Raumtemperatur
RTM	Resin-Transfer-Molding
RWE	Rückwandecho
SG	Schneidgeometrien
SRK	Senkrundkopf
SZ	Scherzug
TRIZ	Theorie des erfinderischen Problemlösens
UD	Unidirektional
UT	Ultraschalltechnik
V#	Variante #
V%	Volumenprozent

VSN	Vollstanznieten
ZfP	Zerstörungsfreie Prüfung

1 Einleitung

Gesetzliche Regelungen, aber auch veränderte Nachfragemuster, zwingen die Automobilhersteller die Verbrauchs- und Emissionswerte kommender Fahrzeuggenerationen zu senken (siehe Abbildung 1-1) [Bun10, Cap10, Deu10]. Für die nähere Zukunft steht jedoch zu erwarten, dass die Schadstoffemissionen durch motorseitige Verbesserungen allein nicht mehr hinreichend stark reduziert werden können. Eine weiterführende Möglichkeit der Verbrauchsoptimierung ist die Verringerung des Fahrzeuggewichtes [Füs00a]. In der Vergangenheit wurden die Gewichtseinsparbemühungen der Automobilhersteller durch höhere Sicherheitsanforderungen vielfach überkompensiert [Bau07]. Eine Gewichtsreduktion um 100 kg eröffnet jedoch ein CO_2-Einsparpotenzial von ca. 8,5 gCO_2/km, wobei Einsparungen im Bereich der Karosserie zusätzliche Potenzierungseffekte ermöglichen [Hey11, Kel04].

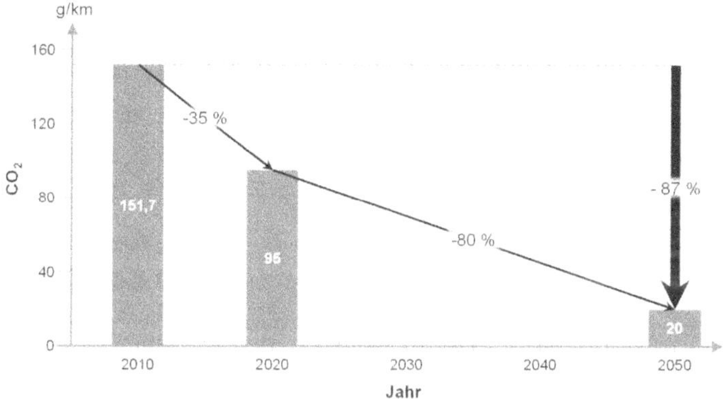

Abbildung 1-1: Geplante Reduktion der CO_2-Emissionen von PKW [Eur11, Uni10, Eur09]

Um dieses Potenzial trotz steigender Sicherheitsanforderungen zu heben, rückt im Sinne des Stoffleichtbaus zunehmend die Mischbauweise von Karosserien in den Betrachtungsfokus [Füs05]. Neben Aluminium werden in Zukunft vor allem kohlenstofffaserverstärkte Kunststoffe (CFK) an Bedeutung gewinnen. Ein Beispiel für den Einsatz von CFK in der automobilen Serienproduktion ist das Karosseriekonzept des BMW i3 sowie in höheren Stückzahlen das Karosseriekonzept des 2015 auf den Markt kommenden BMW 7er [Bay13, Kac13].

Die Randbedingungen der automobilen Fertigung unterscheiden sich dabei wesentlich von denen der Luft- und Raumfahrtindustrie, in welcher CFK als Strukturwerkstoff eine lange Tradition hat (siehe Abbildung 1-2). Insbesondere die Ausrichtung der Automobilindustrie auf die Generierung und Verwendung robuster Prozesse in Verbindung mit einer statistischen Prozesskontrolle muss als Unterscheidungsmerkmal zu der Luftfahrtindustrie gesehen werden, in welcher ein zu 100%

einwandfreies Prozessergebnis bzw. Produkt im Fokus steht. Aus diesem Grund und den sich hieraus ergebenden notwendigen Modifikationen der CFK-Werkstoffe und ihrer Herstellverfahren muss CFK als neues Werkstoffsystem für den Karosseriebau gesehen werden.

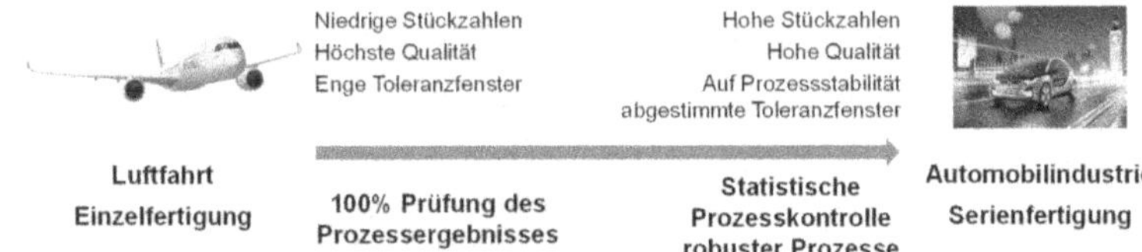

Abbildung 1-2: Einsatz von CFK in Luftfahrt- vs. Automobilindustrie nach [Air13, Bay13]

Neue Werkstoffe und Einsatzbedingungen erfordern in gleichem Maße sowohl angepasste Konstruktionen als auch innovative Fügetechnologien [Füs05]. Grundvoraussetzung für eine stimmige Produktentwicklung ist die Betrachtung der Wechselbeziehungen zwischen Werkstoff, Konstruktion und Fertigungs- bzw. Fügeverfahren [MR03]. Diese Wechselwirkungen münden in den Randbedingungen der jeweiligen Einzelgebiete und spannen damit die Grenzen der Handlungsmöglichkeiten auf. Nur unter Betrachtung dieser Wechselwirkungen können Beanspruchungsgrenzbereiche optimal ausgereizt und somit möglichst effiziente Produkte geschaffen werden [Füs05]. Ein hierfür prädestiniertes Konzept ist die ganzheitliche Fügbarkeitsbetrachtung, deren konsequente Anwendung die Herausarbeitung der bestehenden Wechselwirkungen ermöglicht [MR03]. Ziel der Arbeit ist es daher, durch eine ganzheitliche Betrachtung der Fügbarkeit umformtechnisch verbundener CFK-Stahl-Konstruktionen Hinweise für eine optimale Ausgestaltung der Teilbereiche abzuleiten. Ein wesentlicher Schwerpunkt liegt dabei auf der Untersuchung der Imperfektionen, die beim umformtechnischen Fügen in das CFK eingebracht werden, und ihren Auswirkungen auf die für Fügeverbindungen bestimmenden Festigkeiten.

2 Stand der Technik

Im folgenden Kapitel soll der Stand der Technik zum Fügen von Faserkunststoffverbunden (FKV) mit Stahl aufgezeigt werden. Die Auswertung erfolgt insbesondere fokussiert hinsichtlich des umformtechnischen Fügens sowie ganzheitlicher Fügbarkeitsbetrachtungen. Berücksichtigt werden auch Untersuchungen im Rahmen der verschiedenen Teilfelder der Fügbarkeit (FB). Die jeweils identifizierten Defizite im Stand der Technik werden stichpunktartig zusammengefasst.

2.1 Mischbau mit CFK im Karosseriebau

Ein Baustein zur Emissionsreduktion zukünftiger Fahrzeuggenerationen ist der strukturelle Leichtbau in Multi-Materialbauweise [KSK10, Füs00a]. Abbildung 2-1 verdeutlicht, dass insbesondere der Einsatz von CFK aufgrund des geringen spezifischen Werkstoffgewichtes ein hohes Potenzial zur Gewichtsreduktion verspricht. Aufgrund fertigungstechnischer Herausforderungen sowie der im Vergleich zu Stahl und Aluminium weiterhin relativ hohen Kosten findet CFK im Moment in der Großserienproduktion der Automobilindustrie noch keine Verwendung. Automobile Anwendungen im Rennsport oder in Kleinserien sind aber bekannt [EMR11, Kle07, Her05].

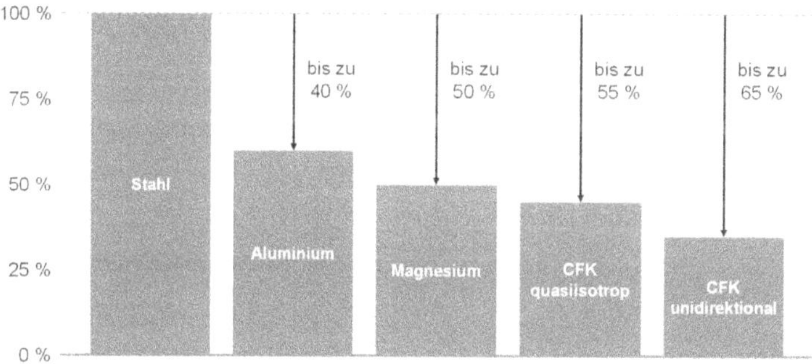

Abbildung 2-1: Gewichtsreduktionspotenzial verschiedener Werkstoffe bei gleicher Funktion [Hey11]

Hinsichtlich eines Einsatzes von duroplastischen CFK in der Großserienproduktion der Automobilindustrie ergeben sich wesentliche Unterschiede zu den genannten Anwendungen oder dem Einsatz von CFK in der Luftfahrtindustrie. Diese Unterschiede resultieren im Wesentlichen aus den jeweils zulässigen Kosten und Taktzeiten, aber auch aus den notwendigen Material- und Verarbeitungsqualitäten. So sind die in der Automobilindustrie zulässigen Kosten und Produktionszeiten wesentlich geringer als in der Luftfahrtindustrie oder dem Motorsport. Die werkstofflichen Leistungsansprüche sind jedoch selbst bei automobilen Premiumprodukten niedriger anzusetzen. Diese Anforderungsdifferenzen führen zu abweichenden Ausgestaltungen des FKVs und der Verarbeitungskette, beginnend bei der Herstellung der Filamente über die Laminatherstellung bis hin zur

Einbindung der Bauteile in das Gesamtprodukt. So werden in der Automobilindustrie C-Faserrovings mit einer Einzelfilamentanzahl von 50.000 als Ausgangsmaterial angestrebt, während in der Luftfahrtindustrie 1.000 bis 3.000 Einzelfilamente gängig sind [JH10]. Die Verwendung von Faserrovings höherer Filamentanzahl stellt einen bedeutenden Beitrag zur Kostenreduktion dar, führt aber über die erschwerte Durchtränkung vermehrt zu mikroskopischen Faser-Matrix-Anhaftungsfehlern. Insgesamt resultiert die Verwendung von dickeren Faserrovings somit in einer Reduktion der erzielbaren Materialqualität [Har87]. Bei der Verarbeitung zu Laminaten wird in der Luftfahrtindustrie zudem vorwiegend auf Prepregs in Verbindung mit der Autoklavtechnik zurückgegriffen, welche sehr hohe Faservolumengehalte und Laminatqualitäten ermöglichen [JH10]. In der Automobilindustrie sollen hingegen zu Gunsten von Kosten und Taktzeit hauptsächlich Preformingwerkstoffe in Verbindung mit Resin Transfer Molding (RTM) oder Nasspressen (NP) zum Einsatz kommen, mit denen im Moment noch keine vergleichbar hohen Materialqualitäten erzielt werden können. Darüber hinaus kommt der in der Automobilindustrie bisher vorherrschende Werkstoff Stahl im Flugzeugbau nur in untergeordnetem Umfang zum Einsatz, sodass der Erfahrungsstand zum Verbinden der beiden Werkstoffe gering ist [Apm11].

Mit dem i3 der BMW Group existiert mittlerweile ein Fahrzeug, in dem CFK in großseriennahem Umfang als Struktur der Fahrgastzelle dient [Bay13]. Die hierzu eingesetzten Fertigungsprozesse unterscheiden sich jedoch, speziell in Bezug auf den Karosseriebau, erheblich von der herkömmlichen automobilen Fertigungsprozesskette. So wird insbesondere auf die dem Karosseriebau nachgelagerte kathodische Tauchlackierung (KTL) verzichtet, deren Prozesswärme bisher zur Aushärtung der verwendeten Strukturklebstoffe genutzt wird. Der Wegfall dieses Schrittes macht den Einsatz von 2-Komponenten-Klebstoffen notwendig, die unmittelbar aushärten. Mit diesem Fertigungskonzept sind im Hinblick auf Kosten und realisierbaren Taktzeiten momentan noch erhebliche Nachteile verbunden. Hinzu kommt, dass ein Großserieneinsatz von CFK in Mischbaukarosserien nur über eine Integration in bestehende Fertigungsstrukturen wirtschaftlich sinnvoll gestaltet werden kann, da andernfalls eine Fertigung im Anlagenverbund nicht darstellbar ist. Eine Fixierung der Einzelteile bis zum KTL-Durchlauf, z.B. über das umformtechnische Fügen, ist daher aus fertigungstechnischen Gründen unabdingbar.

Identifizierte Defizite im Stand der Technik:

- Randbedingungen gegenüber bisherigen Anwendungsfällen, z.B. hinsichtlich Materialqualität, infolge des Einsatzes von CFK in Großserienanwendungen verändert (FB1)
- Kenntnis aller Anforderungen an mechanische Verbindungsstellen aus dem Prozesskettendurchlauf beim Einsatz von CFK in Mischbaukarosserien ist ungenügend (FB2)
- Erfahrungsstand zum Fügen von CFK und Stahl ist gering (FB3)

2.2 Fügbarkeit von CFK-Mischverbindungen

Der Fügetechnik kommt beim Einsatz von CFK im Automobilbau eine Schlüsselrolle zu. Nur wenn ein sicheres Verbinden von Bauteilen aus verschiedenen Werkstoffen gewährleistet werden kann, ist ein belastungsgerechter Einsatz von CFK in von Stahl und Aluminium dominierten Karosseriekonstruktionen möglich [KSK10, Kle07]. Es zeigt sich aber auch, dass das Fügen als Fertigungsverfahren von einer Vielzahl von Randbedingungen abhängig ist und daher eine singuläre Betrachtungsweise nicht zielführend sein kann. Vielmehr ist vor einer industriellen Umsetzung eine ganzheitliche Untersuchung und Bewertung von CFK-Mischverbindungen erforderlich. Für metallische Werkstoffe wird hierzu häufig das Konzept der Fügbarkeit angewandt, welches eine Verallgemeinerung der Schweißbarkeit nach [ISO05] darstellt [Füs05, MR03, Füs00b]. Fügbarkeit ist dabei nicht als Möglichkeit zur Herstellung einer Verbindung zu verstehen, sondern als Systemeigenschaft nach [Füs05] zu definieren. Mit dieser ganzheitlichen Betrachtungsweise werden die Wechselwirkungen zwischen Konstruktion, Werkstoff und Verfahren erfasst und eine stärkere Ausreizung der Belastungsgrenzen ermöglicht (siehe Abbildung 2-2) [Füs05].

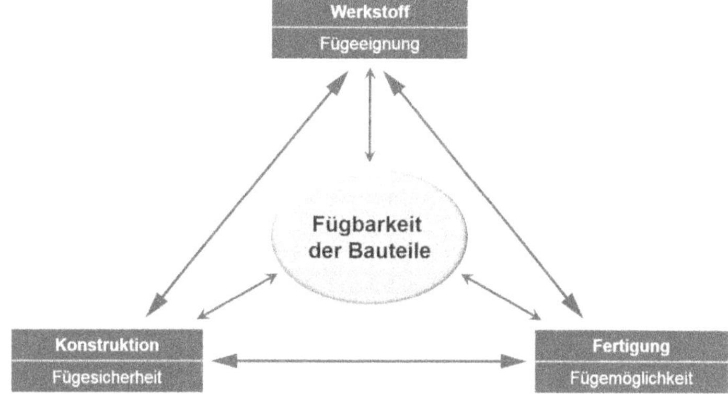

Abbildung 2-2: Definition von Fügbarkeit [Füs05, Füs00b]

Eine solche Betrachtungsweise ist für das umformtechnische Fügen noch wenig üblich und für derartige CFK-Mischverbindungen bisher ausstehend [Füs05]. Auf einzelne Fügeverbindungen kann die Fügbarkeit mittels der Fügestellenanalyse herunter gebrochen werden [Füs00a]. Dieser von der Professur für Fügetechnik und Montage der TU Dresden entwickelte Algorithmus wurde mittlerweile für verschiedene Fügeverfahren adaptiert und angewendet [Joh08].

Im Folgenden wird der Stand der Technik zum umformtechnischen Fügen von CFK-Mischverbindungen gezielt hinsichtlich der Teilfelder der Fügbarkeit gegliedert und ausgewertet. Hierbei werden der Vollständigkeit halber neben CFK auch andere FKV mit einbezogen.

Identifizierte Defizite im Stand der Technik:

- Fügbarkeitsbetrachtung umformtechnischer CFK-Mischverbindungen steht aus (FB4)

2.2.1 Fügeeignung von FKV-Mischverbindungen im Karosseriebau

Die Fügeeignung (FE) als Bestandteil der Fügbarkeit stellt eine kumulative Beschreibung der Werkstoffeigenschaften im Hinblick auf deren fertigungstechnische Tauglichkeit dar [MR03]. Bisherige Untersuchungen zum umformtechnischen Fügen von FKV, wie z.B. [HBD+04], vernachlässigen jedoch die explizite Analyse der Fügeeignung dieser Verbundwerkstoffe. Auch aus der Luftfahrtindustrie sind im Hinblick auf die Wechselbeziehung zwischen Fertigung und Werkstoff keine Untersuchungen zur Fügeeignung von FKV mittels des umformtechnischen Fügens bekannt. Dies ist vorwiegend dem Umstand geschuldet, dass solche Fügeverfahren, zumindest in selbststanzender oder -lochender Variante, wenig bis keine Anwendung im Flugzeugbau finden.

Hinsichtlich der Fügeeignung von FKV sind die im Rahmen der automobilen Produktionsprozesse sowie des umformtechnischen Fügens entstehenden Fertigungsimperfektionen als besonders relevant einzustufen. Hierbei werden die beim Laminat- bzw. Bauteilherstellungsprozess auftretenden Fertigungsimperfektionen unter dem Begriff Bauteilimperfektionen zusammengefasst, während die beim Fügevorgang eingebrachten Fertigungsimperfektionen als Fügeimperfektionen bezeichnet werden. Abbildung 3-1 zeigt, wie sich die Entstehung der Imperfektionen in der automobilen Prozesskette einordnen lässt, zudem geben Tabelle 4.1 und Abbildung 4-5 einen Überblick über die jeweiligen Imperfektionsarten. Der Begriff „Fehler“ wird an dieser Stelle abweichend von [Erb03] bewusst vermieden, da ein Fehler nach [DIN85] zwar lediglich eine „Nichterfüllung vorgegebener Forderungen durch einen Merkmalswert“ darstellt, im Sprachgebrauch jedoch häufig als unzulässige Nichterfüllung aufgefasst wird. Über die Unzulässigkeit der Abweichung kann und soll zu diesem Zeitpunkt aber noch keine Aussage getroffen werden. Abgegrenzt wird hiervon weiterhin der Begriff „Schaden“, unter welchem eine nicht während der Fertigung, sondern beim Gebrauch des Produktes entstandene Imperfektion verstanden wird.

Die Auswirkungen von Bauteilimperfektionen auf die Fügbarkeit sind bisher noch weitestgehend unerforscht, wohingegen ihr Einfluss auf die globalen Materialeigenschaften bereits teilweise untersucht ist [Erb03, CAR01, CM92, WIS90, TLS87, BD83]. In [Erb03] werden z.B. die Auswirkungen von Faserfehlorientierungen und Delaminationen auf die in-plane Druckfestigkeit untersucht. Hierbei zeigt sich für Faserfehlorientierungen ein deutlicher Einfluss bereits ab 2°-Winkelabweichung von der 0°-Orientierung, während der Einfluss der simulierten Delaminationen geringer ausfällt. Die Detektierbarkeit von Materialimperfektionen mit zerstörungsfreien Prüfmethoden ist eine wichtige Voraussetzung, um eine Serienfertigung von FKV-Bauteilen, aber auch die Untersuchbarkeit ihrer Auswirkungen zu ermöglichen. Hinsichtlich der zerstörungsfreien Prüfung (ZfP) von FKV sind verschiedene Methoden für unterschiedliche Imperfektionen bekannt [Sch12, EMR11, Koc11, BHS11, SGH+11, Han10, HSF10, Ost10, Bus09, Ber09]. In [Erb03] wird zudem ein methodischer Ansatz zur Bewertung von FKV-Bauteilimperfektionen anhand von Kontrolllisten beschrieben. Der Einfluss von Fügeimperfektionen, wie z.B. Delaminationen, auf die Verbindungsfestigkeit ist aufgrund der in der Luft- und Raumfahrt vorwiegend genutzten materialschonenden Verbindungstechniken ebenfalls noch unzureichend erforscht. In [Har87] wird zudem angeführt, dass in Teilen der Luftfahrtindustrie das Lastniveau, bei dem erste Delaminationen entstehen, als Maximalbelastung zur Auslegung verwendet wird. Auf dieser Basis wären umformtechnische Fügeverfahren aufgrund der hierbei eingebrachten Fügeimperfektionen nicht einsetzbar.

Bisherige Untersuchungen konzentrieren sich zumeist auf Betriebsschäden an FKV-Strukturen, d.h. vornehmlich auf Impactschäden z.B. infolge von Vogel- oder Steinschlag. In diesem Zuge werden vorwiegend Delaminationen untersucht, welche durch Bohrungen oder durch Impacts unterschiedlicher Energie simuliert werden [Sch12]. Auch für das umformtechnische Fügen lassen sich Delaminationen als Fügeimperfektion erwarten, wobei jedoch die Nachstellung zur Untersuchung von Imperfektionen an der Fügestelle mittels Bohrungen oder Impacts schwierig darstellbar bzw. wenig zielführend ist. Auch wird hinsichtlich Betriebsschäden vorwiegend ihre Auswirkung auf die in-plane Druckfestigkeit untersucht, da Delaminationen für den matrixdominanten Lastfall Druck besonders kritisch sind [RKA+05]. So zeigt [CI02], dass der Einfluss der Faserart gegenüber der Matrix sowohl auf die entstehende Delaminationsfläche als auch auf die hieraus, bzw. aus der ungeschädigten Resttragbreite der Probe, resultierende in-plane Restdruckfestigkeit zu vernachlässigen ist. Je nach Art der Schädigungseinbringung mittels Bohrungen oder Impact werden die Untersuchungen als Open Hole Compression (OHC) oder Compression After Impact (CAI) bezeichnet, wobei CAI-Tests in der Luftfahrt als Schlüsselexperiment zur Beurteilung der Schadenstoleranz von FKV-Materialien dienen [CI02]. Auf dieser Basis stellt [Sch12] einen methodischen Ansatz zur Schadensanalyse inklusive umfangreicher experimenteller Untersuchungen zur in-plane Druckfestigkeit von vorgeschädigten CFK-Rohren vor.

Die prinzipielle Entstehung von Fügeimperfektionen durch das Stanzen von FKV zeigt Parallelen zur Schadensentstehung bei Hochgeschwindigkeitsimpacts mit Durchschlag. Diese Hochgeschwindigkeitsdurchschläge sind für die Rüstungsindustrie hinsichtlich der Gestaltung kugelsicherer Strukturen von Interesse. Sie werden zudem durch quasistatische Schlag-Scher-Tests (punchshear tests) angenähert, welche dem Stanzen von FKV noch näher kommen [XGG05]. Aufgrund der fehlenden lateralen Abstützungen existieren jedoch weiterhin entscheidende Unterschiede. In

[XGG05] wird die Schadensentwicklung in Schlag-Scher-Tests mikroskopisch untersucht und mit hinreichend guter Näherung numerisch nachgestellt. In der Simulation können Druckbelastung und Scherung als Hauptursachen für die Entstehung von Materialschädigungen identifiziert werden. Diese Materialschädigungen beginnen bei Schlag-Scher-Tests mit der Entstehung von Delaminationen, setzen sich mit deren Wachstum fort um dann in Faserstauchungen und anschließend in Faser- und Matrixscherbruch überzugehen [XGG05]. [LL08] unterstreicht, dass die durch Impact sowie entsprechende quasistatische Belastung hervorgerufenen Delaminationsumfänge vergleichbar sind. Diese Untersuchungen bilden eine gute Grundlage für die Entwicklung einer Methode zur Nachstellung von Imperfektionen an gelochten Proben.

[PEZ97] und [TCD90] leisten wertvolle Pionierarbeit hinsichtlich der Betrachtung des Einflusses der Lochqualität auf die Lochleibungsfestigkeit von Durchsteckverbindungen sowie [TCD90] zusätzlich auf die Zugfestigkeit in x-Richtung. Die Lochqualität wird dabei im Hinblick auf die vorhandenen Imperfektionen im Lochumfeld beurteilt. In [PEZ97] wird jedoch kein direkter Zusammenhang zwischen Imperfektionsumfängen und den Festigkeitsauswirkungen bei CFK hergestellt, sondern es werden drei verschiedene Fräsmethoden mit unterschiedlichen zu erwartenden Imperfektionsgraden gegenübergestellt. Für Proben ohne axiale Vorspannung wird hierbei ein deutlicher Unterschied der verschiedenen Fertigungsverfahren hinsichtlich erreichbarer 4% - Lochleibungsfestigkeiten sowohl unter quasistatischer als auch dynamisch zyklischer Belastung konstatiert. In [TCD90] wird die Lochleibungsfestigkeit als erstes lokales Maximum des Kraft-Wegverlaufes ausgewertet, wobei ebenfalls keine direkte Zuordnung von Imperfektionsumfängen zu den jeweils erreichbaren Kräften vorgenommen wird. Die Imperfektionsgröße wird über Fertigungsparameter variiert und anhand eines Risseindringmittels quantifiziert. Im Rahmen dieser Untersuchungen zeigt sich jedoch eine Abhängigkeit der ermittelten Größe von der Zeit, weshalb explizit darauf hingewiesen wird, dass die ermittelten Imperfektionsumfänge nur als Vergleichsindikatoren, nicht aber als absolute physikalische Größen nutzbar sind. Auch in dieser Untersuchung zeigt sich ein Einfluss der Imperfektionsgröße auf die Lochleibungsfestigkeit im quasistatischen Bereich, während die Zugfestigkeit in x-Richtung unbeeinflusst bleibt, was durch die Bildung einer pseudoplastischen Zone und den damit verbundenen Spannungsabbau bei Anlegung der Zugkraft erklärt wird. Der Einfluss des Locheinbringungsverfahrens auf die Verbindungsfestigkeit wird in [TKC+99] dagegen als untergeordnet charakterisiert. Hierbei erfolgt jedoch keine direkte Betrachtung der Imperfektionsgrade bei den verschiedenen Locheinbringungsverfahren. Aus diesem Grund kann diese Aussage nur bedingt verallgemeinert werden. Um die beim Fügen eingebrachten Imperfektionen zu quantifizieren und anschließend ihre Auswirkung zu ermitteln, bedarf es einer zerstörungsfreien Prüfmethodik. Neben den bei der Prüfung von Bauteilimperfektionen im FKV aufgeführten Methoden sind auch für die ZfP von metallischen Fügeverbindungen, sowohl mittels mechanischer als auch thermischer Fügeverfahren, verschiedene Prüfmethoden Stand der Technik [SD12, Sie11, BW09, ZRK+09, Zwe07]. Hinsichtlich der Untersuchung von Imperfektionen im Bereich umformtechnischer CFK-Mischverbindungen liegen keine Veröffentlichungen vor.

Auf Basis der identifizierten Forschungsdefizite ergibt sich hinsichtlich der Fügeeignung von FKV mit Stahl im Karosseriebau erheblicher Forschungsbedarf. Untersuchungen zum umformtechnischen Fügen von Stahl mit CFK, die mittels Flechtprozessen hergestellt werden und in größeren Umfang Glasfasern in Strukturlagen beinhalten, sind momentan zudem nicht bekannt. Auch fehlen Untersuchungen von mittels NP gefertigter Laminate sowie von Laminaten deren Faserbündel statt der üblichen 3.000 aus 50.000 Einzelfasern bestehen.

Identifizierte Defizite im Stand der Technik:

- Gezielte Untersuchung der Einflüsse von Materialfertigungsimperfektionen auf die Verbindungserstellung steht aus (FE1)
- Auswirkungen von Delaminationen, sowie anderen Fügeimperfektionen, auf die für formschlüssige Fügeverbindungen bestimmenden Festigkeiten sind unbekannt (FE2)
- Methode zur Einbringung von Fügeimperfektionen um vorgebohrte Löcher fehlt (FE3)
- Methode zur zerstörungsfreien Quantifizierung von Fügeimperfektionen im Umfeld von umformtechnisch gefügten Verbindungen fehlt (FE4)
- Erfahrungen zum umformtechnischen Fügen von mittels großserientauglicher Prozesse hergestelltem CFK sind ungenügend (FE5)

2.2.2 Fügemöglichkeit von FKV-Mischverbindungen im Karosseriebau

Unter Fügemöglichkeit (FM) ist im Wesentlichen die Betrachtung der Fügetechnologie an sich zusammen gefasst [MR03]. Aufgrund der Anforderungen des Automobilbaus können die aus dem Flugzeugbau bekannten Fügeverfahren für FKV nur in sehr beschränktem Maße eingesetzt werden [Her05]. Während die Untersuchung der Fügemöglichkeit im Automobilbau traditionell eine große Rolle spielt, liegt der Schwerpunkt in der Luftfahrtindustrie zudem tendenziell auf der Fügesicherheit. Da die Verwendung thermischer Fügeverfahren in Kombination mit duroplastischen Kunststoffmatrizen nur bedingt möglich ist, konzentrieren sich die Untersuchungen zur Fügemöglichkeit auf umformtechnische Verfahren mit Fügeelement [Mes11]. Für Mischbauweisen im Karosseriebau sind verschiedene umformtechnische Fügeverfahren in elementarer und in hybrider Form mit dem Kleben bekannt [Mül09, Kle07, SL06]. Das Blindnieten (BN), das Fließformschrauben (FLS), das Halbhohlstanznieten (HSN) sowie das Vollstanznieten (VSN) stellen Verfahren dar, die für eine Anwendung im CFK-Mischbau geeignet erscheinen [Mes11, Rei07]. Der Stand der Technik zu diesen Verfahren soll im Folgenden aufgezeigt werden. Um Ableitungen hinsichtlich der zu erwartenden Herausforderungen bei CFK-Mischbauanwendungen vornehmen zu können, wird gezielt auch der Stand der Technik zum Verbinden anderer Werkstoffkombinationen mittels dieser Fügeverfahren ausgewertet.

Die prinzipielle Fügemöglichkeit von CFK mit metallischen Werkstoffen für Montageanwendungen wird im BMBF-Projekt „FügeKunst" untersucht [HBD+04]. Aufgrund der Fokussierung auf die Montage werden die verwendeten Stahlwerkstoffe vor dem Fügeprozess kathodisch tauchlackiert. Weiterhin erfolgt sowohl für die Proben aus CFK als auch aus Stahl eine spezifische Oberflächenvorbehandlung zur Verbesserung der Klebeignung. Hierin besteht eine wesentliche Unterscheidung zu Karosseriebauanwendungen. Weder KTL- noch Oberflächenvorbehandlung werden im Karosseriebau standardmäßig verwendet und bringen entsprechende Kosten- und Zeitnachteile mit sich. Hinsichtlich der Fügemöglichkeit von CFK unter Verzicht auf diese Vorbehandlungsprozesse besteht daher weiterer Untersuchungsbedarf. Untersuchungen im Hinblick auf die Fügemöglichkeit von CFK im Karosseriebau sind aus [BMK+03] bekannt. Der Schwerpunkt der Untersuchung liegt dabei auf der Verbindung eines thermoplastischen Faserverbundwerkstoffs sowie eines nur 1,2 mm starken duroplastischen CFKs mit Aluminium. Die in diesem Rahmen durchgeführte Analyse der Relativverschiebung zwischen FKV und Aluminium infolge unterschiedlicher Wärmeausdehnungskoeffizienten ist besonders hervorzuheben. Diese Besonderheit von Mischverbindungen wird als Delta-Alpha-Problematik bezeichnet. Detaillierte Untersuchungen zur Delta-Alpha-Problematik für FKV-Stahl-Verbindungen sind momentan weitestgehend unbekannt, auch wenn die Thematik in [HFH07] und [HJ05] aufgegriffen wird. In [HFH07] wird am Beispiel eines Stahl-Aluminium-Schubfelddemonstrators der Einfluss von Wärmedehnungen auf die Globalverformung und die Ausbildung der Klebschicht mittels Experimenten und Finite Elemente Modellierung (FEM) untersucht. Eine Betrachtung der Auswirkung von Imperfektionen, welche durch wärmebedingte Relativverschiebungen induziert werden, auf die Verbindungsfestigkeit steht hingegen ganzheitlich aus. Bisherige Forschungsprojekte zielten stets auf eine Minimierung der Globalverformung ab [BMK+03, HDT+02].

Identifizierte Defizite im Stand der Technik:

- Betrachtung der Fügemöglichkeit für CFK-Stahl-Verbindungen unter Verzicht auf Materialvorbehandlungsschritte steht aus (FM1)
- Untersuchungen zum Verhalten von Fügeimperfektionen bei wärmebedingten Relativverschiebungen fehlen (FM2)

2.2.2.1 Blindnieten

Beim Blindnieten sind in allen Fügepartnern Vorlöcher vorzusehen. Aufgrund dieser Tatsache handelt es sich beim Blindnieten um ein im Vergleich zu anderen umformtechnischen Fügetechniken weitestgehend materialunabhängiges Verfahren. Das Blindnieten erfordert zudem nur eine einseitige Zugänglichkeit der Fügestelle [Sch09, Gra94]. Abbildung 2-3 zeigt den Prozessablauf beim Setzen eines Hülsenweiterblindniets. Im ersten Schritt erfolgt das Durchsetzten der in die Fügepartner eingebrachten Vorlöcher mit dem Blindniet (1, 2). Nachdem der Blindniet mit dem Setzkopf auf Auflage gebracht wurde, erfolgt eine Zugkraftbeaufschlagung des Nietdorns (2, 3). Zunächst kommt es infolge der Dornzugkraft zu einem Einziehen des Dornkopfes in die Niethülse, wobei sich diese radial aufzuweiten beginnt (3). Anschließend kommt es zum Abstützen des Schließkopfes auf dem Fügeteil und zu dessen vollständiger Ausformung bis der Dorn bei Erreichen einer definierten Kraft an seiner Sollbruchstelle reißt (3, 4) [HH08, Tim03].

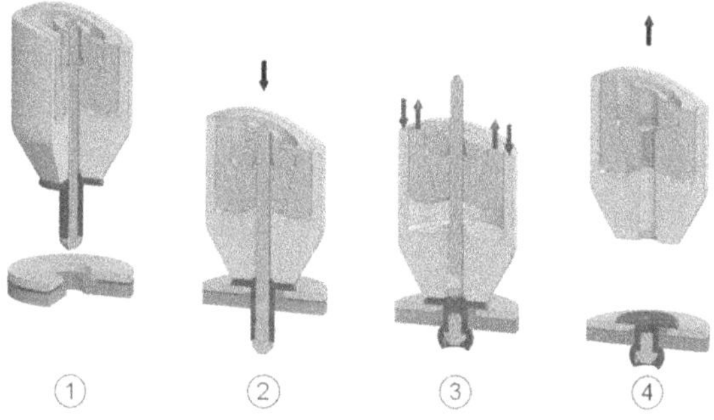

Abbildung 2-3: Verfahrensablauf beim Blindnieten mit Hülsenweiter [DH13]

Neben herkömmlichen Stahl- und Aluminium-Verbindungen sind auch Untersuchungen zum Fügen von Magnesium sowie unverstärkten Thermoplasten bekannt [HL08, HL07, HT03]. Neben einer Nietgeometrieoptimierung und der Entwicklung von Konstruktionshinweisen für das Fügen von unverstärkten Thermoplasten erfolgt in [HT03] auch eine stichprobenartige Betrachtung eines gefüllten Thermoplasts.

In [SKG10] wird das Deformationsverhalten metallischer Fügeverbindungen unter Last untersucht und der Setzvorgang sowie das Versagensverhalten simuliert. [Wiß07] und [HW07] stellen für Stahlwerkstoffe zudem ein Fügepunktersatzmodell vor, das hinsichtlich der Vergleichbarkeit von simulierten und experimentellen Ergebnissen unter Crashbelastung gute Übereinstimmung zeigt. Eine gezielte Untersuchung der Schwingfestigkeit hochfester metallischer Blindnietverbindungen unter Variation der Parameter verbleibende Klemmkraft und Lochleibungsdruck ist aus [HH08] bekannt. Der Einfluss der Parameter Blindniettyp, Fügeelementanzahl sowie Randabstand auf die Schwingfestigkeit wird für Stahl- und Aluminiumfeinbleche in [Tim03] untersucht. In [LG10] wird als Alternative zur Auslegung der Fügeverbindung anhand der Maximalkräfte eine Auslegung anhand einer dynamisch ermittelten Ersatzkraft vorgeschlagen. Die Untersuchungen beziehen sich dabei neben Blindniet- auch auf Stanznietverbindungen. Eine umfassende Validierung der Methodik ist zum jetzigen Zeitpunkt allerdings noch ausständig.

Stand der Technik ist außerdem der kombinierte Einsatz des Blindnietens mit Klebstoffen [HL09, Lei09, HL08, DFK+07, Wib06, WHT05]. Insbesondere [Lei09] führt Untersuchungen zur Optimierung der Parameter und Blindnietgeometrien im Hinblick auf das hybride Fügen metallischer Werkstoffe durch. Untersuchungen zur Dichtheit und Tragfähigkeit von Blindnietverbindungen, unter Einsatz von Kleb- und Dichtstoffen, sind aus [GLB+11, WHB+08, WDH07, HDF+06] bekannt. Die Vorteile solcher kombinierter Fügeverbindungen liegen in der Unterstützung der Klebverbindung durch die Fügeelemente im Hinblick auf Schälzugbelastungen sowie in der zusätzlichen Energieabsorption im Crashfall [Mes11, CGM+10]. Gegenüber elementar umformtechnisch gefügten Verbindungen ergeben sich die Vorteile durch die flächige Kraftübertragung der Klebverbindung und die galvanische Trennung der Fügepartner durch die Klebschicht. Beim Einsatz des hybriden Fügens im Karosseriebau dienen die Fügeelemente zudem als Vorfixierung bis zur Klebstoffaushärtung im KTL-Durchlauf.

Bekannt sind Blindniete aus Metallen mit verschiedenen Beschichtungen sowie auch Blindniete aus FKV [HL08, Eur05, Gra94, DE102006019156A1]. Für Anwendungen mit geringen Festigkeitsanforderungen sind Blindniete aus unverstärkten Kunststoffen Stand der Technik [Gra94]. Durch neue Entwicklungen zur Prozessüberwachung und Automatisierung, wie z.B. Bilderkennungssysteme zur Vorlochfindung, findet das Blindnieten neben der Montage zunehmend auch im Karosseriebau Einsatz [WHF10, Tim08, KDL+06, Tim06]. Prinzipiell erstreckt sich das Anwendungsspektrum von der Bau- bis hin zur Luftfahrtindustrie [Eur05, HK96, Gra94]. In [Eur05] werden verschiedene Blindniettypen für FKV vorgestellt und für Hülsenweiter nur die Fügerichtung FKV in Metall als zulässig befunden. Prinzipiell kann jedoch mittels Blindnieten, im Gegensatz zu den anderen vorgestellten Fügeverfahren, auch die Fügerichtung Metall in FKV realisiert werden. Ein wesentlicher Unterschied zum Automobilbau ergibt sich für die Luftfahrtindustrie aus der Verwendung perfekter Passungen und dem Verzicht auf unterschiedliche Vorlochdurchmesser zum Toleranzausgleich. Auch werden als Werkstoffe für das Nietelement Titan und Nickellegierungen bevorzugt [Eur05].

Identifizierte Defizite im Stand der Technik:

- Entwicklung von hülsenfaltenden Blindnieten, die hinsichtlich Prozessstabilität und -überwachbarkeit für Karosseriebauanwendungen genügen, steht aus (FM3)

- Untersuchungen zu hülsenweitenden Blindnieten mit schließkopfseitigen CFK fehlen (FM4)
- Untersuchungen zu den Einflussfaktoren beim hybriden Fügen von CFK-Misch-verbindungen mittels umformtechnischer Prozesse und Kleben stehen aus (FM5)
- Untersuchungen zum Einfluss von Fügeimperfektionen bei kombinierten Fügeverbindungen fehlen (FM6)

2.2.2.2 Fließformschrauben

Prinzipiell können beim Fließformschrauben zwei Verfahrensvarianten unterschieden werden. Sowohl das Fließformschrauben mit setzseitig vorgelochten Fügepartner als auch das Fließformschrauben unter Verzicht auf Vorlöcher erfordern nur eine einseitige Zugänglichkeit der Fügestelle [Som09]. Unabhängig von der Verfahrensvariante ist die Verwendung eines Niederhaltersystems zur Beaufschlagung der Fügestelle mit einer definierten Kraft Stand der Technik. Hierdurch wird einem axialen Auseinanderbewegen der Fügepartner infolge prozessbedingten Materialaufstiegs entgegengewirkt [Küt04].

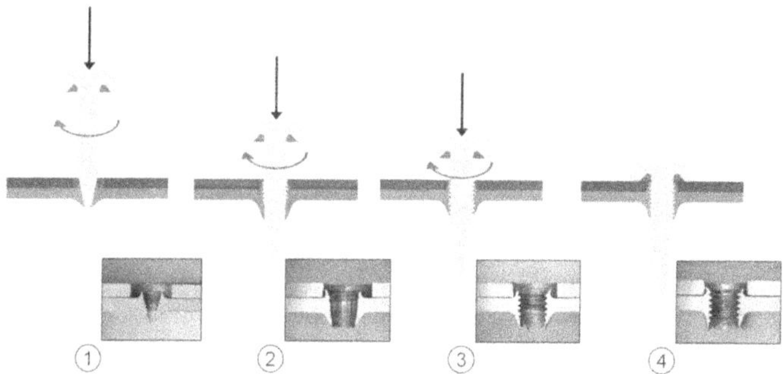

Abbildung 2-4: Verfahrensablauf beim Fließformschrauben „mit Vorloch" nach [Arn12]

Der Prozessablauf des Fließformschraubens gliedert sich in vier Hauptschritte (siehe Abbildung 2-4). Bei setzseitig vorgelochtem Fügepartner taucht die Schraube im ersten Schritt durch das Vorloch hindurch und setzt mit einer von der Fügeaufgabe abhängigen Anpresskraft und Drehzahl auf den unteren Fügepartner, das Einschraubteil, auf. Infolge der durch Anpresskraft und Drehzahl induzierten Reibungswärme kommt es zu einer auf den Fügestellenbereich begrenzten Plastifizierung des Einschraubteils. Das plastifizierte Material beginnt zunächst entgegen der Einschraubrichtung in das Vorloch zu fließen. Im weiteren Verlauf kommt es auch zum Materialfluss in Vorschubrichtung und letztendlich zur Durchdringung des Einschraubteils (1). Anschließend wird vom Kalibrierungsabschnitt der Schraube ein zylindrischer Durchzug ausgeformt in den spanlos ein

Mutterngewinde gefurcht wird (2, 3). Den Fügeprozess abschließend wird die Schraube in das gefurchte Gegengewinde eingeschraubt und mit einem definierten Drehmoment angezogen (4). Nach Prozessende führt die Materialabkühlung zu einem Schrumpfen des Gewindedurchzuges auf das Schraubengewinde. In Verbindung mit dem vorherigen Hinterfließen der Schraubengewindegänge durch das plastifizierte Material resultiert eine optimale Gewindeflankenüberdeckung. Gegenüber herkömmlichen Schraubverbindungen mit geschnittenen Gewindegängen sind so deutlich höhere Festigkeitskennwerte möglich [Som09]. Eine Einschränkung auf die Fügerichtung FKV in Metall ergibt sich jedoch aus der Notwendigkeit mindestens im Einschraubteil umformtechnisch Gewindegänge auszuformen.

Die fertigungstechnischen Nachteile von Vorlöchern in Bezug auf Vorlochfindung und Toleranzketten sind hinreichend bekannt. Ein Verzicht auf Vorlöcher ist beim Fließformschrauben prinzipiell möglich. Im Unterschied zur Verfahrensvariante „ohne Vorloch“ muss neben dem Einschraubteil auch der setzseitig Fügepartner, das Klemmteil, in der Fügezone plastifiziert und durchdrungen werden. Hierdurch ergibt sich zum einen eine Zunahme der tragenden Gewindegänge und zum anderen entstehen Vorteile hinsichtlich des Verbindungsverhaltens, da der von vorgelochten Fügeverbindungen bekannte Setzeffekt beim Scherzug (SZ) nicht auftritt [Som09]. Daneben wird die Klebmöglichkeit entscheidend verbessert, da die Problematik der Vorlochverschmutzung mit Klebstoff entfällt. Der Vorlochverzicht bedingt allerdings eine Zunahme des zu plastifizierenden Materials und infolge dessen ein Anwachsen des Materialflusses in und entgegen der Fügerichtung. Dies erschwert die Erreichung der Schraubenkopfauflage, führt zum Abheben der Fügepartner voneinander und erfordert zudem höhere Prozesskräfte [Küt04].

Stand der Technik ist das Verbinden von Aluminium in verschiedenen Blechdicken mit und ohne Vorloch im Klemmteil [HF10, Bye06, KSH05, HB04]. Das Verbinden von höherfesten Stahlwerkstoffen mittels Fließformschraubens ist ebenfalls sowohl mit als auch ohne Vorloch im Klemmteil realisierbar [SHK10, Som09, HT06, HTH+06, Küt04]. Die Verfahrensgrenzen unterscheiden sich dabei in Abhängigkeit der Verfahrensvariante. Aus Gründen der Prozesssicherheit und Einschränkungen im Hinblick auf zu fügende Werkstofffestigkeiten werden in industriellen Anwendungsfällen Klemmteile aus Stahl zumeist vorgelocht, wohingegen Aluminium mit und ohne Vorloch Einsatz findet [Bir12, Kli11, Ban10, MB07, MM07]. Der Einsatz des Verfahrens als Hybridfügeverfahren mit Klebstoff ist für Stahl und Aluminium ebenfalls bekannt [Lak08, BH06, Ban05]. [HWK09] gibt einen Überblick über die im Crashfall bei verschiedenen Stahl- und Aluminiumverbindungen zu erwartenden Verbindungsfestigkeiten. Untersuchungen hinsichtlich des Fügens von Mehrblechverbindungen aus Aluminium und Stahl mit Gesamtblechdicken von bis zu 6 mm, laufen zum aktuellen Zeitpunkt im EFB-Projekt „Eignung von loch- und gewindeformenden Schrauben zum Fügen von Mehrblechverbindungen“ [HF11]. Für beide Verfahrensvarianten sind diverse Elemente verschiedener Hersteller bekannt, die jedoch nicht auf das Fügen von FKV, sondern auf das Verbinden metallischer Fügepartner abzielen [z.B. DE202009009651U1, DE102008033509-A1, DE29616218U1, EP464071B1].

Untersuchungen zur prinzipiellen Fügemöglichkeit von faserverstärkten Kunststoffen duroplastischer Matrix mit Stahl oder Aluminium mittels Fließformschraubens sind im Rahmen des Projektes „FügeKunst“ erfolgt [HDB+04]. Hierbei wird jedoch vorrangig die Verfahrensvariante mit Vorloch im setzseitig angeordneten FKV betrachtet. Grundlagenuntersuchungen zum Fügen faserverstärkter thermoplastischer Kunststoffe mit Aluminium sind ebenfalls bekannt [Küt04]. In beiden Fällen werden jedoch keine detaillierten Untersuchungen hinsichtlich entstehender Fügeimperfektionen angestellt oder Fügbarkeitsoptimierungen vorgenommen. Im Moment wird das Direktverschrauben von FKV im Rahmen eines EFB-Projektes untersucht, wobei insbesondere die gesundheitlichen Aspekte entstehender Stäube sowie Vorspannkraftverluste durch Kriechen fokussiert werden sollen [Nag13, Flü11].

Eine Übertragung von Erkenntnissen aus dem Bereich Bohren und Fräsen von FKV ist nur eingeschränkt möglich, da meist auf die singuläre Bearbeitung von FKV oder die Bearbeitung von FKV-Titan- sowie FKV-Aluminium-Stacks unter Verwendung von Kühl-, Schmier- und Oberflächensystemen fokussiert wird [MHH12, SBW+11, BHS08]. So werden z.B. in [MHH12] kleine Spitzenwinkel zur Verringerung der Delaminationsgefahr vorgeschlagen, dabei aber auf die Gefahr des Ausreißens beim rückseitigen Durchdringen ohne Unterlage eingegangen. Eine weitere Unterscheidung liegt in den, im Gegensatz zum Einmalwerkzeug „Schraube“, wesentlich komplexeren Geometrien der Werkzeuge und dem damit verbundenen Untersuchungsschwerpunkt der Werkzeugstandzeiterhöhung [SBW+11, Bex10]. Dennoch sind Teilerkenntnisse aus diesem Zweig der Forschung übertragbar. [CLN+08] und [AFC+07] fassen als Reviews gelaufene Untersuchungen zusammen, wobei Delaminationen übereinstimmend als kritischster Bohrdefekt vor anderen Imperfektionen wie Faserauszügen oder thermischen Einflüssen genannt werden. In [AFC+07] wird zudem die Zunahme von Delaminationen beim Bohrprozess mit Erhöhung der Vorschub- und Schnittgeschwindigkeit aufgeführt. In [TCD90] wird dieser Zusammenhang zwischen Vorschubgeschwindigkeit und eingebrachten Imperfektionen für GFK ebenfalls beobachtet, während für die Schnittgeschwindigkeit ein umgekehrter Zusammenhang konstatiert wird, der sich jedoch erst bei Werten unter 500 U/min deutlich auswirkt. Für CFK wird der negative Einfluss höherer Schnitt- und höherer Vorschubgeschwindigkeiten in [DR03] bestätigt, wobei der Einfluss der Schnittgeschwindigkeit als wesentlich stärker ausgeprägt charakterisiert wird.

Identifizierte Defizite im Stand der Technik:

- Untersuchung der Verfahrensvariante „ohne Vorloch" an großserientauglichen CFK stehen aus (FM7)
- Einflüsse der Prozessparameter auf die Verbindungserstellung sowie die Einbringung von Fügeimperfektionen bei der Verfahrensvariante „ohne Vorloch" sind unbekannt (FM8)
- Für den Einsatz bei CFK-Mischverbindungen optimierte Elemente fehlen (FM9)
- Lösungen zur Erstellung von Fügeverbindungen, bei denen das Einschraubteil aus CFK ist, sind unbekannt (FM10)

2.2.2.3 Stanznieten mit Halbhohlniet

Das Halbhohlstanznieten erfordert im Gegensatz zum Blindnieten und Fließformschrauben eine zweiseitige Zugänglichkeit der Fügestelle, kommt aber ohne eine vorherige Vorlochoperation aus [Sch09]. Der Verfahrensablauf lässt sich nach Abbildung 2-5 untergliedern [HOP+10, Die07]. Beim Fügeprozess wird das Blechpaket zunächst zwischen Niederhalter und Matrize fixiert (1, 2), bei kombinierten Fügeverbindungen der Klebstoff verquetscht und der Niet zugeführt (3). Anschließend durchtrennt der Niet den oberlagigen Werkstoff und schneidet in den matrizenseitigen Fügepartner ein (4). Unter weiterer Kraftbeaufschlagung verspreizt sich der Niet und bildet im matrizenseitigen Material einen Schließkopf aus ohne dieses dabei zu durchstoßen (5, 6). Der Stanzbutzen aus dem stempelseitigen Fügepartner verbleibt in der Nietbohrung [Ste11]. Für FKV-Mischverbindungen kann durch den hohen Umformgrad des matrizenseitigen Werkstoffes beim Halbhohlstanznieten nur die Fügerichtung FKV in Metall realisiert werden.

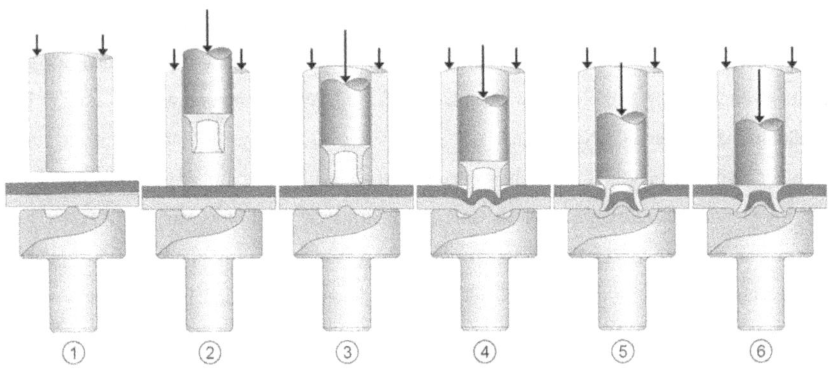

Abbildung 2-5: Verfahrensablauf beim Halbhohlstanznieten [Ste11]

Zum Stand der Technik kann das elementare und hybride Verbinden von Stahl- und Aluminiumwerkstoffen bis Zugfestigkeiten von 800 N/mm^2 gezählt werden, wobei bis zu drei Bleche miteinander verbunden werden können [HLT11, Mes11, DFK+07]. Neben pastösen Klebstoffen können auch Klebstoffbänder und -folien Verwendung finden [HWK+04, HW03]. In [Hor08] werden Untersuchungen zum Verbinden von Magnesiumhalbzeugen unter Verwendung von hohen Setzgeschwindigkeiten oder thermischer Unterstützung angestellt. Die Simulation elementarer Setzvorgänge liefert beim Halbhohlstanznieten gute Übereinstimmungen mit experimentellen Befunden [NIM+11, HLP+11, Eck09, ERR+07, PHL+06]. Die Simulation des hybriden Setzprozesses ist hingegen noch mit numerischen Instabilitäten behaftet [NIM+11]. Neben der Simulation des Setzprozesses finden auch Simulationen zur Vorhersage verschiedener Versagensformen und Kraft-Weg-Verläufe Beachtung [HOP+10, Eck09, ERR+07, MG05]. Untersuchungen zum Hybridfügen von Stahl-Aluminium-Mischverbindungen unter Einbeziehung der Delta-Alpha-Problematik werden in [HDT+02] vorgestellt. Unter anderem wird ein Nachweis für die Beschädigung der Klebstoffschicht in den zur Nachstellung des KTL-Durchlaufs verwendeten Wärmeprozessen erbracht. Weiterhin werden verschiedene konstruktive Möglichkeiten zur Reduktion der Globalverformung vorgestellt. Die Ermittlung der Festigkeitsniveaus erfolgt allerdings nach Zerkleinerung von Langproben mit fünf Fügepunkten auf Normprobengröße. Durch die Zerteilung der Langproben kann ein Abbau der im Bauteil eingefrorenen Eigenspannungen erfolgen, so dass nur eine Aussage hinsichtlich der Ablösung der Klebschicht möglich ist.

Neben der klassischen Verfahrensvariante mit starrer Matrize sowie zentrischer und quasistatischer Krafteinleitung sind auch Varianten mit geteilten Matrizen, erhöhten Fügegeschwindigkeiten oder radialer Stempelkrafteinleitung Schwerpunkt diverser Untersuchungsprojekte [Jäc14, HLT11, NKH+09, Kra04, TSW+03]. Ziel ist dabei vorwiegend die Reduktion der benötigten Füge- bzw. Reaktionskräfte, wobei in [Jäc14] auch die Möglichkeit der Reduktion von Fügeimperfektionen in FKV-Mischverbindungen durch das serielle Halbhohlstanznieten untersucht wird. In [HLT11, Töl10] werden Untersuchungen zum Einfluss von metallischen Imperfektionen beim Fügen von Mehrphasenstählen unter schwingender Belastung angestellt. In diesem Zusammenhang werden verschiedene Methoden zur Erfassung von Anrissen diskutiert. Weitere Untersuchungen zum Verhalten unter schwingender Belastung werden in [SSK07, Wan05] vorgestellt. Das korrosive Verhalten von Halbhohlstanznietverbindungen unter Verwendung verschiedener Beschichtungen und Elemente wird in [MGF08, RHG+07, GSH+07, GHS06] untersucht. In [RHG+07] wird zudem der Einfluss unterschiedlicher Kopfendlagen sowie Unterkopfdichtmitteln für Chrom-Nickelbleche betrachtet. Vergleichbare Betrachtungen hinsichtlich variabler Nietkopfendlagen sind für CFK-Mischverbindungen hingegen nicht bekannt.

In [HT03] wird das Fügen von unverstärkten Thermoplasten mit Stahl und Aluminium betrachtet und optimiert. Dabei erfolgt auch eine stichprobenartige Einbeziehung eines gefüllten Thermoplasts. Im Hinblick auf das Fügen von FKV mittels Halbhohlstanznieten liegen, abgesehen von den beiden genannten BMBF-Projekten, Untersuchungen aus [GM13, NMG12, KF12, KMM+11, KM11] vor, wobei hier eine Fokussierung auf FKV-Aluminium-Verbindungen erfolgt. Die Eignung der für Halbhohlstanznieten gängigen ALMAC®-Beschichtung wird zusammen mit experimentellen Beschichtungen aus Galvanoaluminium sowie Al/Cr- und Al/Ti-Schichten, die im Physical-Vapour-Deposition Verfahren (PVD) aufgetragen wurden, für FKV-Aluminium-Verbindungen in [NMG12, KF12] untersucht. [GM13] beschäftigt sich hingegen mit der Simulation des Setzprozesses sowie der Simulation der hierbei hervorgerufenen Imperfektionen im FKV. Eine Aussage zu den Auswirkungen der hervorgerufenen Imperfektionen erfolgt allerdings nicht. Eine weitere Verfeinerung des entwickelten Simulationsansatzes ist aktuell Gegenstand eines Forschungsprojektes [MK13]. [KMM+11, KM11] beschäftigen sich mit der Versagensanalyse unter Zugbelastung, wobei für FKV-Aluminiumverbindungen im Wesentlichen aufgrund der geringen Festigkeit des Aluminiums eine plastische Deformation des Schließkopfes mit anschließender Elementverkippung beobachtet werden kann. In [HPY08] wird der Stand der Technik zum Halbhohlstanznieten aufgezeigt, wobei FKV-Metall-Verbindungen keine Erwähnung finden. Im Moment laufen im Rahmen eines EFB-Projektes Bestrebungen zur Untersuchung des Stanznietens im Hinblick auf Fügeimperfektionen im FKV [AG13, Ber11].

Für das Fügen mittels Halbhohlstanznietens existieren verschiedene Nietformen, die zumeist den zu fügenden Werkstoffen angepasst sind. So werden prinzipiell verschiedene Kopf- (Senkkopf, Flachkopf und Flachrundkopf) und Fußgeometrien (C-Niet, P-Niet, HD2-Niet, etc.) unterschieden [HLT11, Die07, BP99, DE102005052360B4]. Je nach Werkstofffestigkeit und Blechpaketdicke können zudem Niete unterschiedlicher Härte eingesetzt werden. Neben den klassischen Stahlnieten sind auch Niete aus Aluminium und nichtrostendem Stahl Gegenstand von Untersuchungen [HLP+11, HFB+09]. Speziell für das Fügen von FKV und Stahl optimierte Elemente sind hingegen nicht bekannt.

Identifizierte Defizite im Stand der Technik:

- Fokussierung bisheriger Untersuchungen auf FKV-Aluminium-Verbindungen führt zu Vernachlässigung von CFK-Stahl-Verbindungen (FM11)
- Einfluss veränderlicher Nietkopfendlagen infolge von Materialdickentoleranzschwankungen auf Verhalten von CFK-Mischverbindungen ist unbekannt (FM12)
- Für den Einsatz bei CFK-Mischverbindungen optimierte Elemente fehlen (FM13)
- Untersuchungen zum Stanznieten von CFK-Dicken über 2,5 mm stehen aus (FM14)

2.2.2.4 Stanznieten mit Vollniet

Beim Vollstanznieten kann wie beim Halbhohlstanznieten auf Vorlochoperationen verzichtet werden, erforderlich ist jedoch auch hier eine zweiseitige Zugänglichkeit der Fügestelle [Sch09]. Der Verfahrensablauf lässt sich in drei Hauptschritte unterteilen (siehe Abbildung 2-6) [Die07]. Im ersten Schritt werden die zu fügenden Materialien mittels Niederhalter und Matrize fixiert und bei kombinierten Fügeverbindungen der Klebstoff verquetscht (1). Im zweiten Schritt durchstanzt der Vollniet das komplette Materialpaket (2). Der Stanzbutzen fällt dabei in eine dafür vorgesehene Aufnahme in der Matrize. Im Anschluss wird durch Kraftbeaufschlagung das matrizenseitige Blech im Bereich der Matrizenkontur zum plastischen Fließen gebracht, wodurch eine Verfüllung der Schaftnuten des Vollnietes erzielt wird (3). Hierdurch kommt es zu einer formschlüssigen Fügeverbindung, bei der keine Verformung des Nietes auftritt [VKH+05]. Da das plastische Fließen des matrizenseitigen Werkstoffes die Voraussetzung für die Verbindungserstellung ist, muss bei duroplastischen FKV der metallische Partner stets matrizenseitig angeordnet werden.

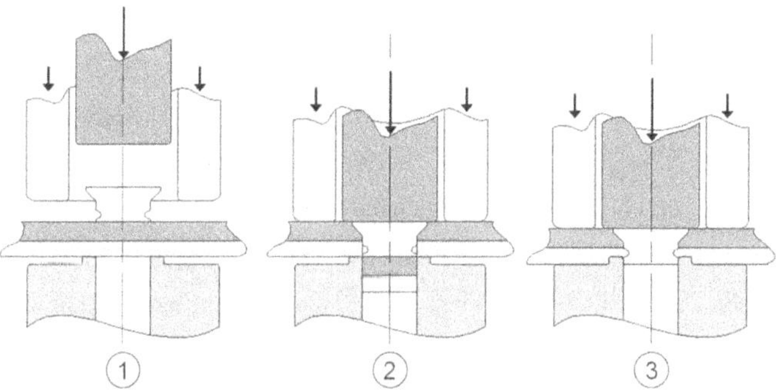

Abbildung 2-6: Verfahrensablauf beim Vollstanznieten [Die07]

Stand der Technik beim Vollstanznieten ist das elementare oder hybride Verbinden von verschiedenen Stahl- und Aluminiumpaarungen, wobei Anwendungen zum Fügen von maximal vier Blechen bekannt sind [Mes11]. Gängige industrielle Anwendungsfälle beschränken sich jedoch zumeist auf Zweiblechverbindungen [Mül09, Sow03, BP99, HK96]. Die Einsatzgrenzen liegen im metallischen Bereich matrizenseitig bei Materialien mit einer Zugfestigkeit von etwa 1000 N/mm^2 und stempelseitig von etwa 1600 N/mm^2 [HS10]. Neben Stahl- und Aluminiumwerkstoffen sind auch Untersuchungen zum Fügen von Magnesiumblechen mittels Vollstanznieten in [BKV+09, Don03] beschrieben. Neben der Fügbarkeit höherer Werkstoffgüten liegt der Vorteil des Vollstanznietens gegenüber dem Halbhohlstanznieten, hauptsächlich in tendenziell geringeren Bauteilverzügen, in der Möglichkeit beidseitig ebene Fügeverbindungen zu erstellen sowie in der matrizenseitigen Verwendbarkeit dünnerer Bleche [Mes11]. Bei kombinierten Fügeverbindungen können neben pastösen Klebstoffen auch Klebebänder oder -folien zum Einsatz kommen [HW03]. Hinsichtlich der Simulation des Versagensverhaltens liegen aus [Wiß07] für Stahlwerkstoffe Ergebnisse vor. [HWK09] stellt zudem eine Übersicht für im Crashfall zu erwartende Verbindungsfestigkeiten für verschiedene Stahl- und Aluminiumverbindungen zur Verfügung.

Neben der konventionellen Verfahrensvariante mit starrer Matrize existiert auch eine Variante mit zweiteiliger Matrize, die zur Vermeidung eines vorzeitigen Einprägens des Matrizenprägerings während des Stanzvorgangs vielversprechend erscheint [MIK+10, NI09]. Festigkeitssteigerungen mittels dieser Verfahrensvariante konnten jedoch nicht nachgewiesen werden [NI09]. Daneben gibt es unter anderem, ebenfalls zur Vermeidung eines vorzeitigen Eindringens des Prägerings, Bestrebungen zum Fügen mit erhöhten Setzgeschwindigkeiten [MIK+10].

Für Vollstanzniete finden verschiedene Geometrien aus Stahl oder Aluminium, aber auch anorganischen Werkstoffen wie Keramik, Verwendung, wobei das Ziel zumeist das Verbinden metallischer Werkstoffe ist [DE102009052879A1, DE102011009649A1, HS10, HFB+09, BKV+09, Don03]. Insbesondere verschiedene Rillengeometrien zur Optimierung der Schaftnutausfüllung bei metallischen Verbindungspartnern sowie Mehrbereichsniete mit mehreren übereinander angeordneten Schaftnuten sind Stand der Technik [VKH+05, DE29707669U1]. Mehrbereichsniete zeichnen sich dabei durch bessere quasistatische Festigkeitskennwerte sowie eine erhöhte Arbeitsaufnahme aus, sind jedoch hinsichtlich der Zeitstandfestigkeit Nieten mit einer Hauptnut unterlegen [VKH+05]. In [HS10] werden zudem hinsichtlich des Fügens von höchstfesten Stählen modifizierte Geometrien untersucht, die insbesondere im Hinblick auf die Reduzierung der Spannungen im Nietelement vielversprechend erscheinen. Untersuchungen zum korrosiven Verhalten verschiedener Beschichtungen und Elemente wurden in [BKV+09, MGF08, RHG+07, GSH+07] durchgeführt. Spezifisch für das Fügen von FKV entwickelte Niete sind nicht bekannt.

Neben den genannten BMBF-Forschungsprojekten sind Untersuchungen zum Fügen von FKV-Stahl mittels Vollstanznieten in [RM11] erfolgt, wobei jedoch lediglich Scherzugergebnisse vorgestellt werden. Der hier verwendete FKV-Werkstoff besitzt zudem nur eine Zugfestigkeit in x-Richtung von unter 400 N/mm^2. Bekannt ist jedoch das Fügen von FKV mittels Vorlöchern und Vollnieten aus der Luftfahrtindustrie [Eur05].

Identifizierte Defizite im Stand der Technik:

- Für den Einsatz bei CFK-Mischverbindungen optimierte Elemente fehlen (FM15)
- Detaillierte Untersuchungen zum Verhalten von CFK beim Stanzen stehen aus (FM16)

2.2.3 Fügesicherheit von FKV-Mischverbindungen im Karosseriebau

Fügesicherheit (FS) kann als Analyse der Funktionsgewährleistung unter den zu erwartenden Lebensdauerbelastungen beschrieben werden [MR03]. Hinsichtlich der Fügesicherheit von FKV-Mischverbindungen im Karosseriebau müssen daher jene Belastungen einbezogen werden, welche innerhalb der Karosserie an den Fügestellen zu erwarten sind. Neben experimentellen Nachweisen ist für eine sinnvolle Auslegung und zur Reduktion der versuchstechnischen Absicherungsumfänge auch die Berechenbarkeit von Fügeverbindungen zu gewährleisten.

Für die Konstruktion komplexer, formschlüssig verbundener Geometrien, wie sie in der Luft- und Raumfahrt verstärkt Anwendung finden, kommen vor allem numerische Methoden zur Vorhersage der Versagenskraft zum Einsatz [PF11, GM10]. Um jedoch die Materialabsicherung zu unterstützen, bieten sich vor allem flexibler anwendbare analytische Modelle als Ergänzung zur experimentellen Absicherung an. Unabhängig ob eine numerische oder analytische Berechnung vorgenommen wird, ist das Vorgehen stets zweigeteilt. Zunächst ist eine Vorhersage der Spannungsverteilung an der Bolzenverbindung notwendig, um anschließend die Gegenüberstellung der ermittelten Spannungen zu einem spezifischen Versagenskriterium zu ermöglichen [WP81]. Die Berechnung von FKV-Verbindungen ist dabei stark von der Versagensart abhängig [PF11]. Hinsichtlich des Versagens von formschlüssigen FKV-Stahl-Verbindungen können unter Ausschluss von Elementversagen folgende sechs Versagensarten für Scherzugbelastung unterschieden werden (siehe Abbildung 2-7) [PF11, Sch07, Dut00]:

- Lochleibungsversagen (bearing failure) (A)
- Flankenzugbruch (tension failure) (B)
- Scherbruch (shear-out failure) (C)
- Elementausknöpfen (pull-out failure) (D)
- Spaltbruch (cleavage failure) (E)
- Kombinierter Scher- und Flankenzugbruch (cleavage-tension failure) (F)

Lochleibungsversagen tritt infolge der über den Bolzen auf das Laminat wirkenden radialen Druckkräfte auf. Beim Flankenzugbruch kommt es hingegen zum Versagen des Grundmaterials durch die Reduzierung des Nettoquerschnitts sowie durch die Spannungsüberhöhung am Lochrand [WH99]. Durch die punktförmige Fügeverbindung kommt es zudem zum Auftreten von Scherspannungen durch die gegensätzlich wirkenden Kräfte im Bereich der Lochflanke, welche zum Scherbruch führen können. Das Ausknöpfen des Elements ergibt sich bei den zu betrachtenden Mischverbindungen, wenn im Stahl und FKV annähernd die gleichen Belastungen ertragen werden können. Dies führt zunächst zum Verkippen und dann zum Auszug des Elements aus dem metallischen Partner. Infolge einer geringen Zugfestigkeit quer zur Belastungsrichtung kann auch ein

Spaltbruch im FKV induziert werden. Dieser Versagensfall kann zudem in Kombination mit dem Scherbruch auftreten, wobei sowohl Spaltbruch als auch kombinierter Scher- und Flankenzugbruch in der Regel nur nach vorherigen Lochleibungsversagen eintreten und daher sekundäre Versagensformen darstellen [PF11].

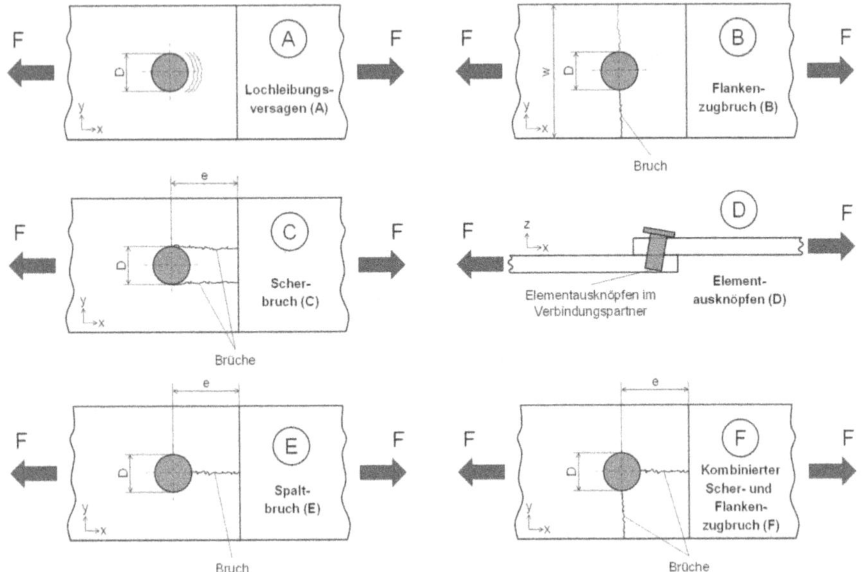

Abbildung 2-7: Versagensarten elementar gefügter FKV-Stahl-Verbindungen bei Scherzugbelastung [WFF+13]

Für die primären Versagensformen ergeben sich die Versagenskräfte bei Bolzenverbindungen nach Gleichung (2.1) bis (2.3), wobei explizit zwischen Bolzen- und Vorlochdurchmesser unterschieden wird. In der Literatur wird diese Unterscheidung, aufgrund der standardmäßigen Verwendung perfekter Passungen in der Luftfahrindustrie, nicht vorgenommen. Problematisch ist, dass die vorgestellten Formeln auf die Festigkeit des gekerbten Laminats mit den spezifischen zu untersuchenden Geometrien referenzieren und damit weder allgemeingültig sind, noch eine Ableitung der Verbindungsfestigkeit aus den globalen Materialkennwerten erlauben. Dieser Nachteil potenziert sich, da die richtungsabhängigen Festigkeitskennwerte von FKV-Materialien vielfach von dem Anisotropiegrad und den geometrischen Randbedingungen abhängig sind. Vorteilhaft ist jedoch, dass auf diese Weise die Herausforderung der Bestimmung der Spannungsverteilung einfach gelöst werden kann. Die in den Formeln eingesetzten geometrischen Parameter werden entsprechend Abbildung 2-7 verwendet. Der für Nietverbindungen zusätzlich mögliche Versagensfall Elementausknöpfen kann nach Gleichung (2.4) beschrieben werden.

$F_{ms,\, Lochleibung} = R_L \cdot D \cdot t$ nach [Sch07] (2.1)

Mit F_{ms} = Höchstscherzugkraft, R_L = Lochleibungsfestigkeit, t = Probendicke, D = Elementdurchmesser.

$F_{ms,\, Flankenzugbruch} = \widehat{R}_x \cdot (w-d) \cdot t$ nach [Sch07] (2.2)

Mit $\widehat{R}_x$ = Zugfestigkeit des gekerbten Laminats in x-Richtung, w = Probenbreite, d = Durchmesser des Bolzenloches.

$F_{ms,\, Scherbruch} = \widehat{R}_{xy} \cdot 2 \cdot e \cdot t$ nach [Sch07] (2.3)

Mit $\widehat{R}_{xy}$ = Schubfestigkeit des gekerbten Laminats in x-Richtung, e = Randabstand.

$F_{ms,\, Elementausknöpfen} = F_{Elementausknöpfen}$ nach [Sch07] (2.4)

Mit $F_{Elementausknöpfen}$ = Kraft, bei der die Elemente aus dem Fügepartner ausknöpfen.

Neben der Kraftübertragung mittels Formschluss kann eine kraftschlüssige Komponente infolge von axialer Vorspannkraft hinzukommen. Diese wird für Lochleibungsversagen nach Gleichung (2.5) berücksichtigt.

$F_{ms,\, Lochleibung\, bei\, Form\text{-}und\, Kraftschluss} = R_L \cdot D \cdot t + \mu_0 \cdot F_V$ nach [Sch07] (2.5)

Mit μ_0 = Haftreibungskoeffizient zwischen Fügepartnern, F_V = axiale Vorspannkraft.

Es existieren zudem semi-empirische Modelle, die eine Versagensvorhersage anhand Kriterien vornehmen, welche von der globalen Überschreitung der richtungsabhängigen Festigkeiten abweichen. Auf dieser Basis erlauben sie eine Berechnung in Abhängigkeit geometrischer Zusammenhänge. Solche Modelle gehen damit einen entscheidenden Schritt in Richtung Allgemeingültigkeit. Sie basieren, wie von [WN74] vorgeschlagen, zumeist auf der Gegenüberstellung der Spannung an einem vom Loch um einen charakteristischen Abstand b_c entfernten Punkt zu der vom Laminat maximal ertragbaren Spannung (siehe Abbildung 2-8).

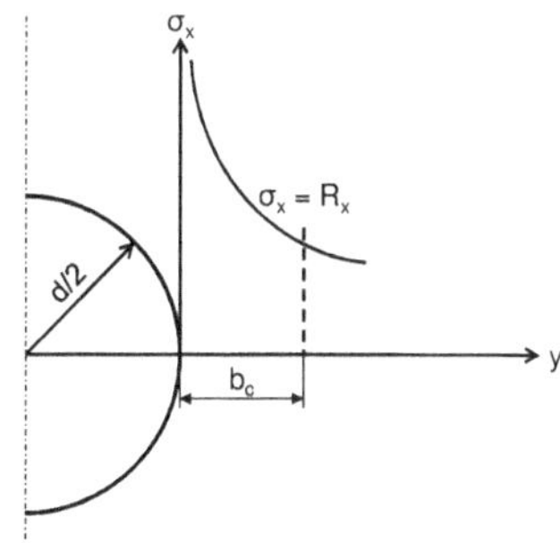

Abbildung 2-8: Point Stress Criterion [WN74]

[CL06] stellt ein hierauf basierendes Modell inklusive der experimentellen Methodik zur Bestimmung der charakteristischen Abstände vor, welches insbesondere für die Vorhersage von Lochleibungsversagen sowie Flankenzugbruch geeignet ist. In [WP81] wird ein ebenfalls auf diese Methode zurückgreifendes Modell für Scherbruch vorgeschlagen. Obwohl beide Modelle gute Vorhersageergebnisse ermöglichen, ist der Versuchsaufwand zur Bestimmung der charakteristischen Abstände hoch und materialspezifisch vorzunehmen. Darüber hinaus ist die Berechnung der Spannungsverteilung komplex und teils nur numerisch möglich, so dass die Vorteilhaftigkeit dieser Modelle relativiert wird.

In der Luftfahrtindustrie werden Fügeverbindungen meist auf Lochleibung ausgelegt, wobei Randabstände, Laminatdicken sowie -aufbauten konstruktiv angepasst werden, um dieses Versagensbild sicherzustellen [Sch07]. Entsprechend hoch ist der Erfahrungsstand zum Lochleibungsversagen [TFG09]. Aber auch der Flankenzugbruch findet vielfach Beachtung [WH99]. Untersucht werden insbesondere die Einflüsse von Laminataufbau, Vorspannkraft, Lochüberdeckung sowie von den geometrischen Verhältnissen Probenbreite/Bolzendurchmesser w/D und Randabstand/Bolzendurchmesser e/D [Kel04, Par01, YSW+98, WHC96, Eri90]. Außerdem sind der Einfluss der Belastungsgeschwindigkeit, der Prüftemperatur sowie der Alterung durch Feuchtigkeitsaufnahme Gegenstand von Untersuchungen an epoxidharzbasiertem CFK [HSB+13, KW76]. Hinsichtlich der Abhängigkeit von der Belastungsgeschwindigkeit wird in [HSB+13] die Aussage getroffen, dass dehnratenabhängige Effekte je nach Material sowie den spezifischen Randbedingungen auftreten können. Eine Vorhersage ob und in welchen Umfang solche Effekte eintreten, ist zum jetzigen Zeitpunkt jedoch noch nicht möglich [HSB+13]. In [KW76] wird für verschiedene Laminataufbauten eine Reduktion der Lochleibungsfestigkeit um ca. 30 % bei 126° C (260°F) gegenüber dem Zustand bei Raumtemperatur (RT) beobachtet. Durch eine Feuchtigkeitsaufnahme von ca. 1,5% kommt es hingegen lediglich zu einer Reduktion um 10% gegenüber dem trockenen Zustand. Bei kombinierter Heiß-Nass-Belastung kommt es zu einer Reduktion um ca. 40%, sodass eine Wechselwirkung der beiden Faktoren unwahrscheinlich scheint [KW76]. Neben Festigkeitsuntersuchungen sind zudem mikroskopische Betrachtungen, auch in Kombination mit akustischen Emissionsanalysen, der wirkenden Versagensmechanismen und des Schadensfortschritts Gegenstand von Untersuchungen [STW+10, XI05, WS04]. In [IRE00] wird das Versagen bei Lochleibung in die vier Schritte Matrixrisse in der harzreichen Oberflächenlage, Faserbrüche, Delamination und schließlich Totalversagen infolge von Faserknicken eingeteilt. [TFG09, Dut00, CM97] stellen die Ergebnisse verschiedener, zum Versagen von FKV-Bolzenverbindungen durchgeführten Untersuchungen zusammenfassend vor, wobei die Schwerpunktlegung der durchgeführten Untersuchungen auf Lochleibungsversagen und Flankenzugbruch deutlich wird. Auf Basis der zu beobachtenden komplexen Zusammenhänge wird in [TFG09] eine kombinierte Untersuchung von Material und Verbindungsgeometrie als sinnvoll erachtet, was die angestrebte Fügbarkeitsbetrachtung umso wertvoller erscheinen lässt.

Eine ausschließliche Auslegung auf Lochleibungsversagen ist in der Automobilindustrie aufgrund der insgesamt dünneren Laminate sowie der infolge der Flanschbreiten und begrenzten Bauräume tendenziell niedrigeren Randabstände nur eingeschränkt möglich. Zu beachten ist zudem, dass in der Luftfahrtindustrie zumeist eine Auslegung auf eine möglichst hohe Lebensdauer angestrebt wird, während in der Automobilindustrie der Crashfall häufig die bestimmende Größe ist. Im Bereich der für den automobilen Karosseriebau realistischen Randabstände ist vorrangig Scherbruch zu erwarten. Aufgrund der konstruktiven Vermeidung dieses Versagensbildes in der Luftfahrtindustrie sind bisher vergleichsweise wenig detaillierte Untersuchungen des Scherbruches angestellt worden. In [LL02] wird jedoch zur Maximierung der Energieabsorption im Crashfall eine beispielhafte Auslegung von automobilen Türverstärkungen aus glasfaserverstärkten Kunststoff (GFK) auf Scherbruch vorgenommen. In [WHC96] wird zudem in Nebenbetrachtungen zum, in der Untersuchung fokussierten Lochleibungsversagen, auch für den Scherbruch ein positiver Effekt höherer Vorspannkräfte auf die übertragbaren Lasten konstatiert. Dieser Effekt wird, im Gegensatz zum Lochleibungsversagen, aber weniger auf die laterale Unterstützung der Fasern gegen Knicken und Beulen als vielmehr auf den mittels Reibung übertragenen Kraftanteil zurückgeführt. In [Col87] wird zudem darauf hingewiesen, dass ermittelte Laminatschubfestigkeiten aufgrund Spannungsüberhöhungen am Lochrand nicht ohne Anpassungen auf Fügeverbindungen übertragbar sind. [Mat87] zeigt hierzu eine beispielhafte Spannungsverteilung in der Scherebene. In [Hart87] wird zudem auf den starken Einfluss des Randabstandes auf die in-plane Schubfestigkeit hingewiesen, während in [CHR81] der Einfluss des Randabstandes auf die Spannungskonzentration in der Scherebene zumindest für $e/D \geq 3$ als gering charakterisiert wird. Neuere Untersuchungen zu diesem Phänomen sind aus [LL02] für glasfaserverstärkte Laminate bekannt, die eine Zunahme des Kerbfaktors mit e/D konstatieren. Diese simulativen Ergebnisse widersprechen jedoch teilweise jenen aus [Har87], sodass weiterer Untersuchungsbedarf besteht.

Zur Überprüfung experimenteller Materialabsicherungen, in deren Folge nur jeweils der spezifisch eintretende Versagensfall bei definierten geometrischen Randbedingungen überprüft werden muss, scheinen die Zusammenhänge nach Gleichung (2.1) bis (2.5) gegenüber den komplexeren analytischen Vorhersagemodellen durchaus geeignet. Zur Berechnung der Festigkeiten bei gekerbten Strukturen ist zudem die Verwendung von Kerbfaktoren K nach Gleichung (2.6) bekannt. Für FKV empfiehlt sich die Ermittlung von Kerbfaktoren an unendlichen Platten, um Randeinflüsse zu minimieren. Entgegen der üblichen Vorgehensweise werden analog [LL02] in dieser Arbeit an endlichen Proben ermittelte Kerbfaktoren verwendet. Hiermit wird den geringen Flanschbreiten im Automobilbau sowie den damit verbundenen Randeinflüssen Rechnung getragen. In [LL02] wird die oben genannte Formel für Scherbruch bei FKV über die Verwendung eines Kerbfaktors entsprechend zu Gleichung (2.7) angepasst. Eine entsprechende Anpassung der Berechnung der Lochleibungsfestigkeit und der Versagenskraft bei Elementausknöpfen ist nicht notwendig, da hier die Ermittlung des Kennwertes an gekerbten Proben bzw. direkt an der Fügeverbindung notwendig ist. Eine Adaption für den Flankenzugbruch mittels Kerbfaktor wird in [WHK+99] vorgestellt (siehe Gleichung (2.8)). Eine Überprüfung der Zusammenhänge an umformtechnisch gefügten FKV-Verbindungen fehlt bisher jedoch. In [Hart87] wird zudem eine experimentelle Vorgehensweise zur Abtestung von elementaren Bolzenverbindungen vorgeschlagen. Aufgrund der Fokussierung dieser Abtestungsmethodik auf die Luftfahrtindustrie und die dort zu erwartenden Belastungen sowie die damit verbundene Fokussierung auf Lochleibungsversagen und Flankenzugbruch erscheint eine Übertragbarkeit auf die Automobilindustrie aber nicht gegeben.

$$K = \frac{R}{\hat{R}}$$ [WHK+99] (2.6)

Mit R = Festigkeit des ungekerbten Werkstoffs und $\hat{R}$ = Festigkeit des gekerbten Werkstoffs.

$$F_{ms,\,Scherbruch} = 2 \cdot t \cdot e \cdot \frac{R_{xy}}{K_{xy}}$$ nach [LL02] (2.7)

Mit K_{xy} = Kerbfaktor für Schubbelastung in x-Richtung.

$$F_{ms,\,Flankenzugbruch} = \frac{R_x}{K_x} * (w-d) * t$$ [WHK+99] (2.8)

Mit K_x = Kerbfaktor für Zugbelastung in x-Richtung.

In [ABC+12, EVT+08, Kel04, BK99, BKJ99] werden darüber hinaus Betrachtungen für Belastungen senkrecht zur Laminatoberfläche durchgeführt, die in etwa einer quasistatischen Kopfzugbelastung (KZ) entsprechen. Für FKV mit Epoxidharzmatrix kann als Versagensform ein Durchziehen des Verbindungselementes (fastener pull-through) beobachtet werden (siehe Abbildung 2-9) [Kel04]. Für die Vorhersage des Versagen bei fastener pull-through werden in [ABC+12, EVT+08, BKJ99] FEM-Ansätze vorgeschlagen, die eine hinreichend gute Abschätzung liefern. Eine analytische Beschreibung dieses Versagensfalles fehlt zum jetzigen Zeitpunkt hingegen noch. Bekannt sind aber die Abhängigkeit des Versagens vom Kopfdurchmesser des Elementes und der Verlauf der Bruchebene in einem Winkel von ca. 45° vom Rand des Elementkopfes weglaufend [ABC+12, Kel04, BK99].

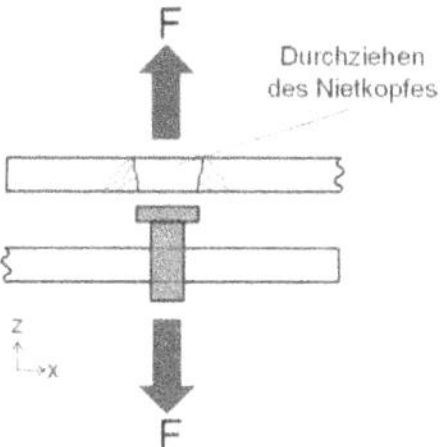

Abbildung 2-9: Versagensart elementar gefügter FKV-Stahl-Verbindungen bei Kopfzugbelastung [HSB+13]

Die vorgestellten Untersuchungen beziehen sich vorwiegend auf elementar mit Bolzen gefügte Verbindungen. Sie sind für den Automobilbau damit vorwiegend zur Unterstützung von Materialabsicherungen sowie zur Charakterisierung des Materialverhaltens bis zur Aushärtung des Klebstoffes von Interesse. In [Kel04] werden für ein UD-Laminat mit Epoxidharzmatrix umfangreiche Untersuchungen an mittels Klebstoff und Bolzen hybrid gefügten Proben durchgeführt. Der Schwerpunkt der Untersuchungen liegt auf der Lastverteilung zwischen Kleb- und Bolzenverbindung bei Verwendung von 2K-Polyurethanklebstoffen. Hierbei wird ein positiver Einfluss des Bolzenelementes auf die Maximalkraft und die Spannungsverteilung in der Klebschicht unter quasistatischer sowie dynamisch zyklischer Last konstatiert. Für Klebstoffe mit hoher Steifigkeit, wie z.B. den im Karosseriebau üblichen Epoxidharzklebstoffen, erfolgt jedoch nahezu keine Lastübertragung über den Bolzen, was sich in einem fehlenden positiven Einfluss unter quasistatischer Scherzugbelastung widerspiegelt. Im dynamisch zyklischen Bereich kommt das Nachversagen der Bolzenverbindung, im Anschluss an das Versagen der Klebschicht, aber positiv zum Tragen. Der Einfluss der Materialalterung infolge von Temperaturzyklen und Feuchtigkeit sowie der Kombinationen aus beiden wird ebenfalls für hybrid gefügte und elementar geklebte Proben untersucht. Hierbei wird der Einfluss im quasistatischen und dynamisch zyklischen Scherzugbereich als signifikant charakterisiert. Der deutlichste Effekt wird für die Belastungstemperatur konstatiert, die aber nur für dynamisch zyklische Lasten betrachtet wird. Eine Übertragbarkeit der Untersuchungen auf im Automobilbau angedachte FKV-Werkstoffe erscheint fraglich, da die Glasübergangstemperatur der untersuchten Matrixwerkstoffe bei maximal 60°C lag. Bei automobilen Anwendungen können jedoch Einsatztemperaturen bis zu 105° C auftreten, welche bei der Auslegung entsprechend berücksichtigt und abgesichert werden müssen.

Ein weiterer Faktor im Rahmen der Fügesicherheit ist die Betrachtung des korrosiven Verhaltens. Als Herausforderung des Mischbaus zeigt sich die Verbindung von Werkstoffen mit unterschiedlichen elektrochemischen Potenzialen [Wal10, DSW+05, Wal01]. Dies führt in Kombination mit einer wässrigen Lösung zu Kontaktkorrosion. Als Erklärung für dieses Phänomen wird zumeist die elektrochemische Spannungsreihe herangezogen, die eine Erklärung für die aufgrund der Potenzialdifferenz ablaufende Bimetallkorrosion liefert (siehe Abbildung 2-10) [Rei11].

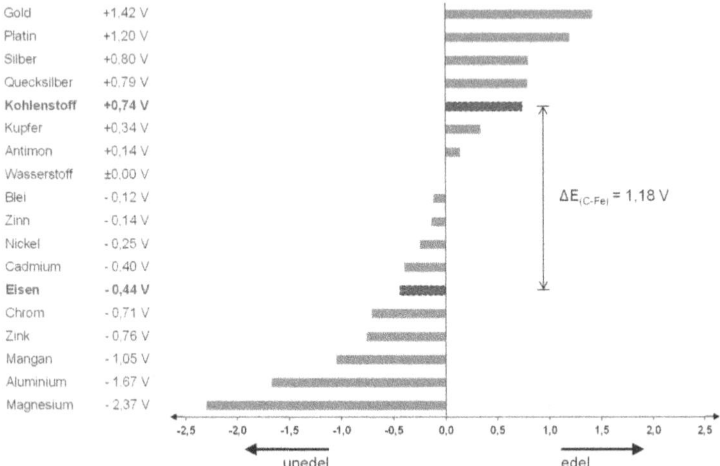

Abbildung 2-10: Elektrochemische Spannungsreihe [Kic08]

Es wird deutlich, dass zwischen dem eisenbasierten Stahl und den C-Fasern ein erheblicher Potenzialunterschied besteht, welcher ein entsprechendes Korrosionsrisiko beinhaltet. Aus [HBD+04] und [BMK+03] sind VDA-Wechseltestuntersuchungen an FKV-Stahl-Verbindungen bekannt. Die in diesen Projekten verwendeten FKV unterscheiden sich jedoch, z.B. im Fehlen von Glasfasern, wesentlich von den in dieser Arbeit untersuchten CFK-Werkstoffen. Umfangreiche Untersuchungen zum korrosiven Verhalten von FKV-Aluminium-Verbindungen sind aus dem DFG/AiF-Clusterprojekt „KOMMA" bekannt [NMG12, KF12, SG12]. Hierbei wird neben Entwicklungen zu einzelnen Fügeverfahren wichtige Grundlagenforschung hinsichtlich der Auswirkungen von Korrosion bei Fügeverbindungen aus FKV und Aluminium geleistet. Ein signifikant negativer Einfluss auf die Verbindungsfestigkeit kann dabei nicht festgestellt werden.

Identifizierte Defizite im Stand der Technik:

- Fokussierung auf die Versagensformen Flankenzugbruch und Lochleibung führt zur Vernachlässigung des für geringe Randabstände dominanten Scherbruchversagens sowie des Elementdurchzugversagens (FS1)
- Analytische Vorhersage des Scherbruchversagen unter Einbeziehung der Randbedingungen des umformtechnischen Fügens im Karosseriebau, wie z.B. Vorhandensein von Fügeimperfektionen, ist aktuell nicht möglich (FS2)

- Bestimmende Festigkeit und Bruchfläche als Voraussetzung für ein analytisches Modell zur Vorhersage der Versagenskraft bei Elementdurchzug sind unbekannt (FS3)
- Vergleichende Untersuchung des Verhaltens umformtechnischer Fügungen unter für automobile Anwendungen zu erwartenden Belastungsarten für großserientaugliche CFK und/oder Verzicht auf spezielle Vorbehandlungsmethoden stehen aus (FS4)
- Verhalten umformtechnischer Fügeverbindungen im Scherbruch bei variierenden Prüfbedingungen, wie z.B. Temperatur oder Belastungsgeschwindigkeit, ist nur ungenügend untersucht (FS5)

3 Untersuchungsziel und wissenschaftlicher Ansatz

Aus dem vorgestellten Stand der Technik leitet sich erheblicher Forschungsbedarf hinsichtlich der Fügbarkeit von CFK-Mischverbindungen mittels umformtechnischer Prozesse ab. Um die bestehenden Defizite zu konkretisieren und sowohl die Einflüsse von Seiten des umformtechnischen Fügens als auch des werkstofflichen Einsatzgebietes CFK zu berücksichtigen, müssen alle Teilgebiete der Fügbarkeit betrachtet werden. Aus dem Verständnis der Fügbarkeit als ganzheitliche, globale Querschnittsfunktion und der damit verbundenen Einbeziehung der Produktentstehungs- und Produktnutzungsprozesse können hierauf aufbauend zusätzliche Anforderungen an die Fügestelle identifiziert werden. Eine Nichtbetrachtung dieser bestehenden Anforderungen führt häufig zu nachträglich notwendig werdenden Änderungen, die mit entsprechenden Kosten verbunden sind. Im Hinblick auf das Fügen im Karosseriebau sind daher die prozesstechnischen Randbedingungen zu integrieren. Zu diesem Zweck wird eine Ergänzung der Fügbarkeit um den Prozessgedanken, wie in [Füs05] vorgeschlagen, vorgenommen (siehe Abbildung 3-1).

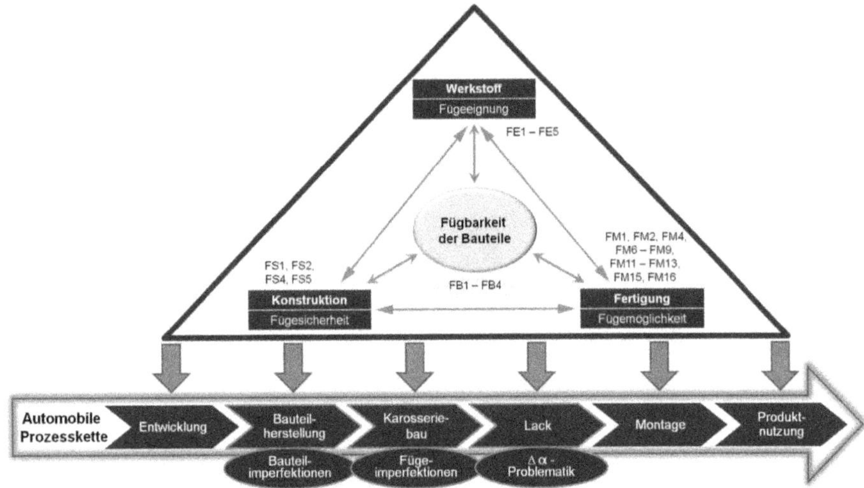

Abbildung 3-1: Fügbarkeit von CFK unter Fokussierung des Karosseriebauprozesses nach [Füs05]

Neben der Analyse der beim Fügen eingebrachten Fügeimperfektionen ergibt sich aus dieser Betrachtungsweise die Notwendigkeit den Einfluss von Fertigungsmängeln im CFK-Grundmaterial auf die Fügeverbindung zu untersuchen. Weiterhin werden die Delta-Alpha-Problematik sowie die Temperaturbelastung durch den anschließenden Lackdurchlauf als Herausforderungen an die Fügeverbindung identifiziert. Unter Abgleich dieser Herausforderungen mit dem Stand der Technik, dessen zu betrachtende Defizite in Abbildung 3-1 ebenfalls aufgeführt werden, ergibt sich folgender Aufbau für die weitere Vorgehensweise (siehe Abbildung 3-2). Hierbei soll stets ein die verschiedenen Fügetechniken vergleichender Standpunkt eingenommen werden.

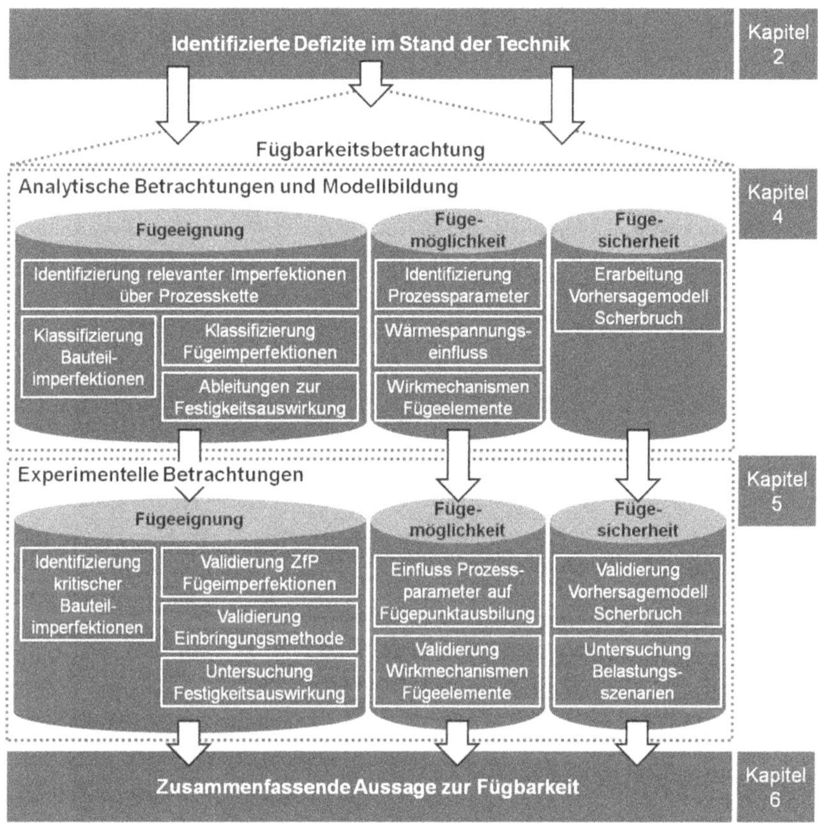

Abbildung 3-2: Schematische Darstellung des gewählten Aufbaus

Die in Kapitel 4 zu den einzelnen Teilfeldern angestellten theoretischen Überlegungen werden in Kapitel 5 experimentell validiert und anschließend in Konstruktionshinweise überführt. Hierbei wird, wo sinnvoll anwendbar, durchgängig auf die Methode der statistischen Versuchsplanung (DoE) zurückgegriffen. Der Schwerpunkt der Untersuchung liegt auf der Fügeeignung von CFK für umformtechnische Fügeverbindungen. Besonderes Augenmerk wird dabei auf die Auswirkung von Fügeimperfektionen gelegt. Zur Beschreibung ihrer Auswirkungen auf die bestimmenden Festigkeiten formschlüssiger Fügeverbindungen wird ein empirisch-analytischer Ansatz auf Basis von Regressionsgleichungen gewählt. Hierdurch kann ein auf andere CFK-Materialien übertragbares Modell geschaffen werden. Abschließend soll in Kapitel 6 die Fügbarkeit von CFK-Mischverbindungen, aufbauend auf den durchgeführten Untersuchungen, bewertet werden.

4 Analytische Betrachtungen und Modellbildung

Im folgenden Kapitel sollen die aufgezeigten Untersuchungspunkte systematisch analysiert werden. Ziel ist dabei insbesondere die Schaffung von allgemein gültigen Grundlagen für die anschließend durchgeführten experimentellen Betrachtungen. Die in dieser Arbeit verwendeten Werkstoffe werden in Kapitel 5.1.1 detailliert vorgestellt und einfachheitshalber im Fließtext mit den in Tabelle 5.1 eingeführten Bezeichnungen, z.B. Flechten-RTM oder Gelege-NP, abgekürzt. Als Bezugssystem wird einheitlich das in Abbildung 4-1 dargestellte Koordinatensystem verwendet. Die Kernergebnisse werden analog den identifizierten Wissensdefiziten am Teilkapitelende stichpunktartig zusammengefasst.

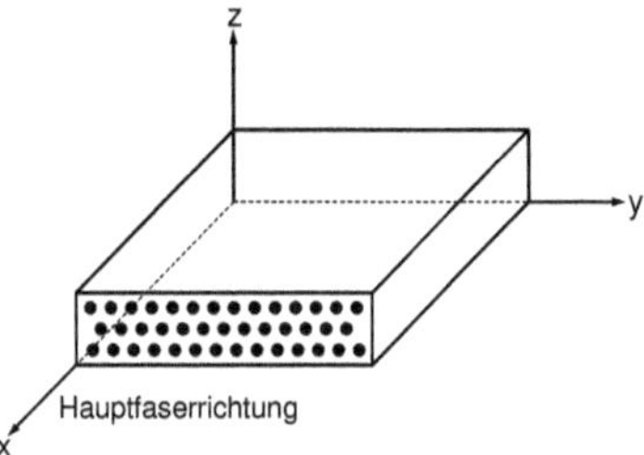

Abbildung 4-1: Verwendetes Bezugskoordinatensystem

4.1 Fügeeignung

[Eur05] identifiziert für das Blindnieten Fügeimperfektionen als eine wesentliche Herausforderung. Die Notwendigkeit Fügeimperfektionen zu untersuchen, gilt für die selbstlochenden Fügeverfahren des Stanznietens sowie Fließformschraubens verstärkt. Diese können im Unterschied zum Blindnieten nicht auf eine vorgelagerte Prozessstufe aufbauen, die speziell für die Locheinbringung in FKV ausgelegt wurde. Neben Fügeimperfektionen sind weitere Fertigungsimperfektionen zu berücksichtigen. Prinzipiell lassen sich diese nach dem Prozessschritt ihres Entstehens in Füge- und Bauteilimperfektionen einteilen. Da aufgrund der statistischen Prozesssteuerung und vorhandener Prozessunzulänglichkeiten nicht davon ausgegangen werden kann, dass jedes FKV-Bauteil einwandfrei ist, muss mit verschiedenen Bauteilimperfektionen gerechnet werden. Während in der Luftfahrtindustrie eine vorgeschaltete 100%-Prüfung der zu fügenden Bauteile umsetzbar ist, kann dies in Großserienanwendungen der Automobilindustrie nicht mehr realisiert werden. Um den Prüfaufwand, aber auch den Ausschuss gering zu halten, müssen jene Bauteilimperfektionen herausgefiltert werden, deren Vorhandensein für die Fügeverbindung kritisch ist. Zu diesem Zweck sind zunächst alle auftretenden Bauteilimperfektionen zu erfassen und hinsichtlich der zu erwartenden Auswirkungen zu priorisieren. Anschließend soll für ausgewählte Imperfektionen jeweils ein Grenzfall bewertet werden.

Auch hinsichtlich der Fügeimperfektionen ist zunächst eine Klassifizierung und Priorisierung vorzunehmen. Ziel ist es, die Auswirkungen dieser Imperfektionen auf die Verbindungsfestigkeit, speziell unter Scherbruch, bewertbar zu machen. Bisher ist insbesondere der direkte Zusammenhang zwischen Imperfektionsgröße und Festigkeitseinfluss nur unzureichend analysiert. Diese ungelöste Fragenstellung ergibt sich auch daraus, dass aktuell keine Untersuchungen zur zerstörungsfreien Detektion von Imperfektionen in fügeelementbasierten FKV-Stahl-Verbunden bekannt sind. Es gilt daher zunächst ein zerstörungsfreies Prüfverfahren zu qualifizieren, welches den Anforderungen einer quantifizierenden Messung gerecht wird. Hierdurch soll die Beschreibung des Zusammenhanges zwischen spezifischen Fügeimperfektionsumfängen und der Material- sowie Verbindungsfestigkeit ermöglicht werden. Der Prozessreihe folgend werden im Anschluss zunächst Bauteilimperfektionen betrachtet.

4.1.1 Bauteilimperfektionen

Bauteilimperfektionen ergeben sich meist aus Abweichungen im Produktionsprozess. Als Beispiele können das Nichtentfernen von Schutzfolien auf Faserhalbzeugen sowie Toleranzen beim Stacken angeführt werden. Auf Basis der in der Fertigung zu beobachtenden Bauteilimperfektionen werden in Abhängigkeit der Auftretenshäufigkeit und der für das Fügen zu erwartenden Problematik einzelne Imperfektionen für weitere Untersuchungen ausgewählt (siehe Tabelle 4.1).

Tabelle 4.1: Untersuchungsprogramm zur Ermittlung des Einflusses unterschiedlicher Bauteilimperfektionen

Imperfektion	Entstehung im Fertigungsprozess	Simulative Einbringung	Bewertungskriterium [Ausprägung]	Bekannte Auswirkungen
Lunker: Einschluss von Luft- oder Fremdkörpern	Suboptimale Prozessführung, Prozessstörungen, Umgebungseinflüsse etc.	Verwendung von n.i.O. Material aus NP-Prozess	Porenvolumengehalt [ca. 5%]	Zug- u. Biege-E-Modul relativ unabhängig, Zugfestigkeitsabfall (35% bei 7 Vol.-%), Biegefestigkeitsabfall vergleichbar [BKG95]. Schub- und Druckfestigkeitsabfall bei Erreichen Vol-%-Grenzwert [CAR01, TLS87]
Delamination: Flächige Ablösung zweier Einzellagen	Trennmittelrückstände, nicht entfernte Schutzfolien, Fremdmaterialien etc.	Einlegen von Teflonfolie am Fügepunkt	Delaminierte Fläche [30 mm x 48 mm]	Druckfestigkeitsabfall mit anfänglichem Grenzwert und anschließend asymptotischem Verlauf [Sch12, BD83] Geringer Einfluss auf Zugfestigkeit [BD83]
Faserbruch: Bruch der C- oder Glasfaser	Fehler im Fertigungsprozess des textilen Halbzeugs z.B. Flechtfehler etc.	Manuelles Durchtrennen der Faserbündel am textilen Halbzeug	Anzahl der durchtrennten Faserbündel [2 x]	Linearer Zugfestigkeitsabfall [Erb04]
Ondulation: Welligkeit im Faserverlauf	Fehler im Stackingprozess, Drapierfehler etc.	Manuelles Einbringen von Falten (Alternativ: Einlegen einer lokalen Zusatzlage)	Zusatzlage [30 mm x 48 mm]	Spezialfall der Faserfehlorientierung
Fasergasse: Abweichung im Abstand paralleler Faserrovings	Prozess bedingt, Bauteilgeometrie bedingt etc.	Verwendung von n.i.O. Material mit entsprechender Imperfektion	Abstand zwischen den C-Rovings [1 mm]	-
Faserfehlorientierung: Abweichung von der vorgesehenen Faserorientierung	Fehler im Stackingprozess, Drapierfehler, Verschub der Fasern im RTM-Prozess etc.	Manuelles Einbringen von Winkelversatz der Einzellagen im Stackingprozess	Winkelabweichung zum Normverlauf [4°]	Starker Druckfestigkeitsabfall (75% bei 3°) [Erb04, Wis90]

Tabelle 4.1 fasst die Möglichkeit ihrer Entstehung im Produktionsprozess, die Art und Weise der Simulation in Probenkörpern, die gewählte Ausprägung sowie die erwartete Auswirkung zusammen. Um die Auswirkungen der Imperfektionen auf das umformtechnische Fügen zu untersuchen, werden diese, vorranging für das beispielhaft gewählte Flechten-RTM, an den Fügepunkten von Scher- und Kopfzugproben eingebracht. Hieraus resultiert auch die Fläche der Delamination, die zwischen den beiden mittleren Faserlagen über die komplette Probenbreite mit Hilfe einer 30 mm breiten Teflonfolie nachgestellt wird. Die Imperfektion „Faserbruch“ ist in „Faserbruch C-Faser“ und in „Faserbruch G-Faser“ unterteilt, wobei jeweils zwei benachbarte Faserbündel durchschnitten werden. Die Winkelabweichung der Imperfektion „Faserfehlorientierung“ bezieht sich auf die beiden Faserlagen des Flechten-RTM zueinander. Der Abstand bei der Imperfektion „Fasergasse“ beschreibt hingegen die Breite des Bereichs, welcher durch ein Auseinanderrutschen benachbarter Faserrovings, z.B. beim Infiltrieren oder Stacken, über die komplette Laminatdicke von C-Fasern frei bleibt. Im Unterschied hierzu sind Lunker keine lokale, sondern eine globale Imperfektion über das gesamte Laminat. Die exakte Bestimmung des Porenvolumengehaltes mittels ZfP ist nach dem Stand der Technik noch nicht hinreichend gelöst, so dass für das Gelegematerial lediglich ein Wert um die 5 Vol.-% angenommen werden kann. Für das Flechten-RTM ist hiergegenüber von leicht reduzierten Werten auszugehen. Die klassische Form der Ondulation kann für das Flechten-RTM nicht untersucht werden, da dessen Einzellagendicke eine Faltung nicht zulässt. Um die Imperfektion so realistisch wie möglich abzubilden, wird daher an den Fügepunkten eine dritte Lage mit einer Breite von 30 mm eingelegt. Hierdurch kann zwar der lokal veränderte Faservolumengehalt infolge von Falten, nicht aber die Umlenkung der Fasern, untersucht werden.

Nach der Herstellung des Ersatzmateriales, welches die ausgewählten Bauteilimperfektionen aufweist, und dessen Zuschnitt auf die benötigte Probengeometrie, werden das Vorhandensein sowie die lagerichtige Einbringung der Imperfektionen mittels zerstörungsfreier und zerstörender Prüfung nachgewiesen. Die anschließend gefertigten Fügeverbindungen werden mittels visueller Begutachtung und Mikroschliffen hinsichtlich Auffälligkeiten Referenzverbindungen ohne entsprechende Materialimperfektionen gegenüber gestellt. Für die Untersuchung der Bauteilimperfektionen kommen das Blindnieten, das Halbhohlstanznieten und das Fließformschrauben zum Einsatz. Für das Blindnieten wird die Fügerichtung Stahl in FKV gewählt, um den kritischsten Verbindungsfall abzubilden. Für das Fließformschrauben und das Halbhohlstanznieten ist hingegen nur die Fügerichtung FKV in Stahl darstellbar. Abschließend werden quasistatische Scher- und Kopfzugprüfungen durchgeführt, womit sich ein Vorgehen nach Abbildung 4-2 ergibt.

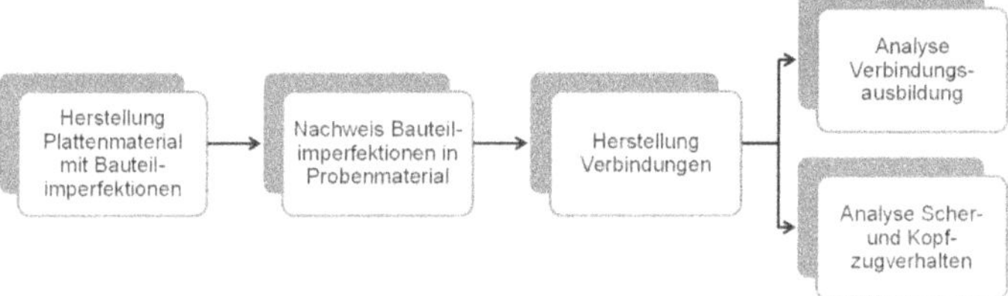

Abbildung 4-2: Vorgehen zu Analyse der Auswirkungen von Bauteilimperfektionen

4.1.2 Fügeimperfektionen

Fügeimperfektionen entstehen unmittelbar beim Fügeprozess und können bei selbstlochenden Fügeverfahren im besten Fall reduziert, nicht aber vollständig vermieden werden. Sie stellen daher, noch vor Bauteilimperfektionen, den Hauptfokus der Untersuchungen dar. Das gewählte Vorgehen nach Abbildung 4-3 wird im Folgenden näher erläutert.

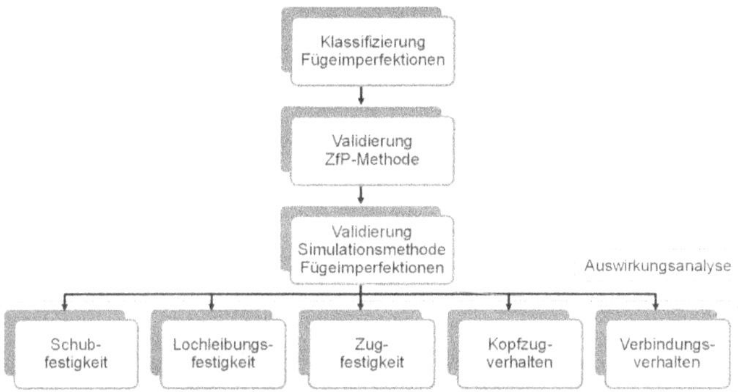

Abbildung 4-3: Vorgehen zu Analyse der Auswirkungen von Fügeimperfektionen

4.1.2.1 Klassifizierung von Fügeimperfektionen

Aufgrund der Vielzahl unterschiedlicher Imperfektionen werden vor Durchführung weiterer Untersuchungen, zunächst die zu beobachtenden Arten klassifiziert. Durch das umformtechnische Fügen, speziell mit selbstlochendem Charakter, sind vorwiegend Zwischenfaserbrüche und Delaminationen zu erwarten. Diese resultieren zum einen aus dem Stanzprozess und den hierbei auf die einzelnen Fasern und Faserlagen wirkenden Biegemomenten (siehe Abbildung 4-4). Zum anderen führt die verrichtete Umformarbeit am Fügeelement zu dessen radialer Aufweitung, welche für den FKV einer Belastung auf Lochleibung entspricht. Hierdurch werden wiederum verstärkt Delaminationen hervorgerufen [XI05]. Im Rahmen der Optimierung der Fügemöglichkeit werden in Kapitel 4.3 vertiefte Analysen zu den wirkenden Mechanismen angestellt, denen hier nur bedingt vorgegriffen werden soll.

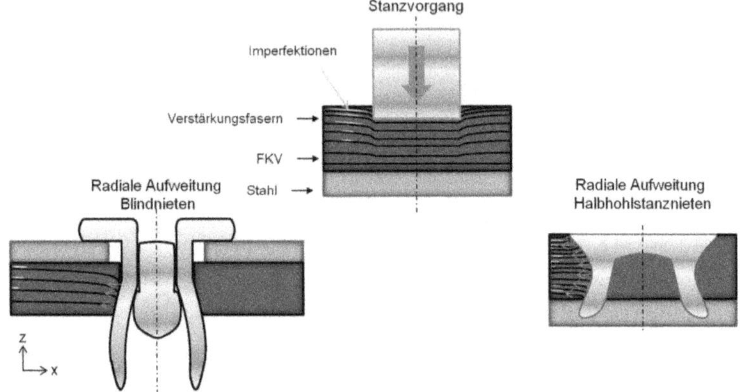

Abbildung 4-4: Beim umformtechnischen Fügen entstehende Imperfektionen im CFK [WFN+13]

Makroskopische Analysen bestätigen das überwiegende Auftreten von Delaminationen und Zwischenfaserbrüchen sowie in geringerem Umfang von Faserbrüchen und -ondulationen. Die Fügeimperfektionen zeigen damit Ähnlichkeit zu den in [XGG05] für Schlag-Scher-Tests erfassten Schädigungen. Es wird vorgeschlagen Zwischenfaserbrüche, Delaminationen sowie Faserbrüche aufgrund der zu erwartenden starken Auswirkung als Fügeimperfektionen erster Ordnung zu bezeichnen (siehe Abbildung 4-5). Da Faserbrüche unmittelbar am Lochrand systemimmanent sind, werden diese nicht als Imperfektionen betrachtet.

Bezeichnung / Definition	Bild		Erwartete Auswirkung auf
	Schnitt in 0°	Schnitt in 90°	
Delamination: Flächige Trennung in der Matrix oder an der Faser / Matrix-Grenzfläche. Spezialfall des Zwischenfaserbruchs [Sch07].	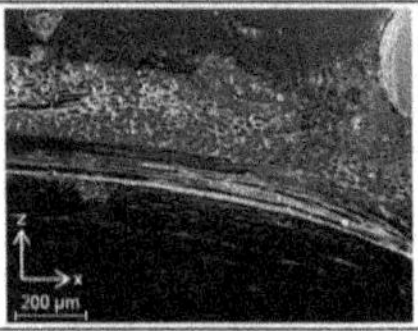	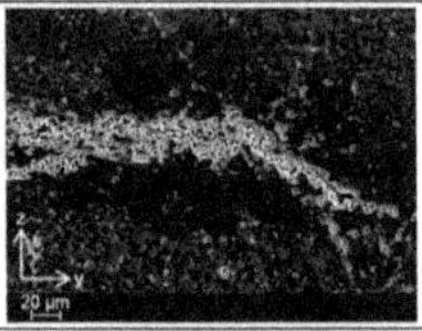	Schubfestigkeit, Zugfestigkeit, Lochleibungsfestigkeit, Versagenskraft im Elementdurchzug (analog Zwischenfaserbruch)
Faserbruch: Bruch der Verstärkungsfaser [Sch07].			Zugfestigkeit, Lochleibungsfestigkeit, Versagenskraft im Elementdurchzug
Zwischenfaserbruch: Riss in der Matrix zwischen den Fasern oder an der Faser / Matrix-Grenzfläche [Sch07].		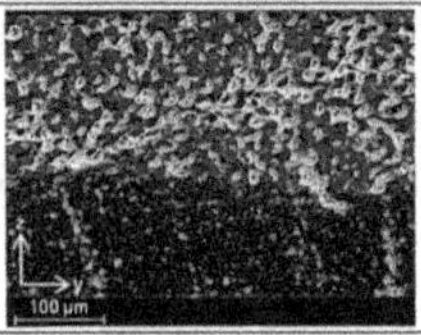	Schubfestigkeit, Zugfestigkeit Versagenskraft im Elementdurchzug (analog Zwischenfaserbruch)

Abbildung 4-5: Fügeimperfektionen erster Ordnung

Darüber hinaus sind weitere Imperfektionen infolge des umformtechnischen Fügens zu beobachten, für die jedoch singulär gesehen nur geringe Auswirkungen zu erwarten sind. Da sie aber vielfach Fügeimperfektionen erster Ordnung nach sich ziehen, sind sie für das Verständnis und die Optimierung von Fügungen dennoch von großer Bedeutung. Es wird vorgeschlagen, die Imperfektionen dieser Kategorie als Fügeimperfektionen zweiter Ordnung zu bezeichnen. Hierunter fallen unter anderem folgende Imperfektionen:

- Faserondulationen
- Niederhalterabdrücke und andere Oberflächenkratzer
- Einfallstellen bzw. Materialaufwürfe
- Freigelegte Fasern

Beim Blindnieten mit schließkopfseitigem Stahlpartner (Fügerichtung 1) können keine bzw. nur minimale Fügeimperfektionen beobachtet werden (siehe Abbildung 4-6). Im gezeigten Mikroschliff quer zu den C-Fasern können nur kleine Zwischenfaserbrüche in geringer Anzahl detektiert werden (siehe Abbildung 4-6 rechte Detailaufnahme). Die Ausprägung der Innenkante des Vorloches hängt dabei von der Qualität des Locheinbringungs- und nicht des Fügeprozesses ab. Auch am äußeren Rand des Elementkopfes, welcher den zweiten kritischen Bereich markiert, können für den gezeigten Mikroschliff keine Fügeimperfektionen beobachtet werden. An dieser Stelle wurden im Rahmen der Untersuchungen jedoch bisweilen leichte Delaminationen festgestellt.

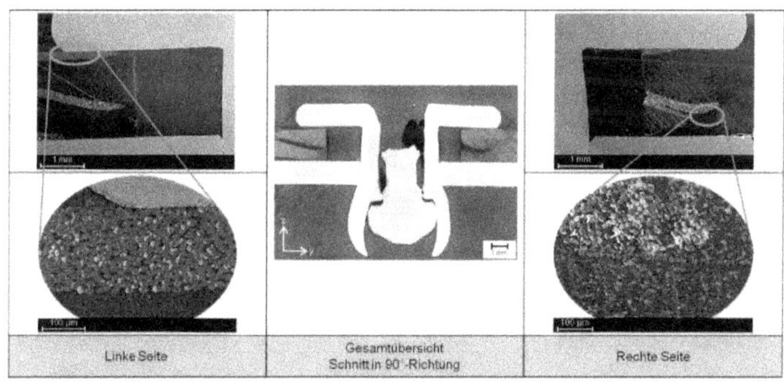

Abbildung 4-6: Mikroskopische Analyse von Fügeimperfektionen beim Blindnieten CFK-Stahl

Das Blindnieten in umgekehrter Fügerichtung bildet aufgrund der Ausprägung des Schließkopfes im CFK den hinsichtlich Fügeimperfektionen kritischeren Fall (siehe Abbildung 4-7). Bei der Schließkopfausbildung kommt es zu einer Aufweitung der Blindnietaußenkontur und damit zu einer radialen Druckbelastung des FKV. Darüber hinaus kommt es durch das Einziehen des Nietdorns zu einer Krafteinwirkung in z-Richtung auf den FKV und infolge dessen zu Faserondulationen (siehe linkes unteres Bild in Abbildung 4-7). Diese Verformungen führen zu Zwischenfaserbrüchen und Delaminationen im Bereich des Nietelementes (siehe mittleres und rechtes unteres

Bild in Abbildung 4-7). Insgesamt sind die beim Fügen eingebrachten Imperfektionen jedoch als geringfügig zu bewerten. An der Übergangsstelle von FKV zu Blindnietschließkopf kommt es zu einer teilweisen Schließkopfausbildung im Material. Dies führt zu Zwischenfaserbrüchen und Delaminationen sowie je nach Ausbildung auch zu einem leichten Materialeinzug oder -aufwurf.

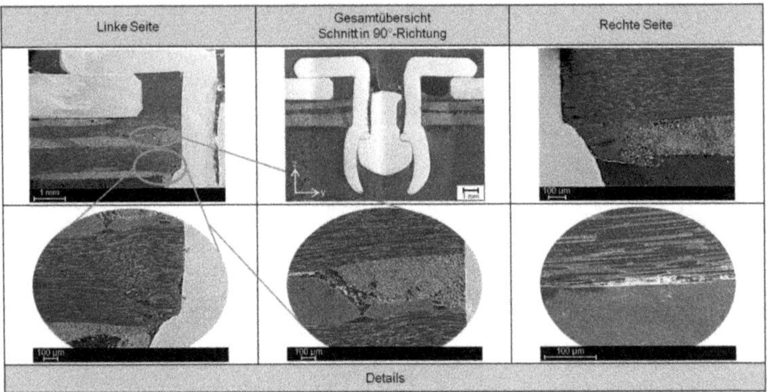

Abbildung 4-7: Mikroskopische Analyse von Fügeimperfektionen beim Blindnieten Stahl-CFK

Das Fließformschrauben kennzeichnet sich durch eine umfangreichere Einbringung von Imperfektionen (siehe Abbildung 4-8). Dies ist zum einen auf den selbstlochenden Prozess zurückzuführen. Vorteilhaft ist jedoch das direkte Anliegen der Schraubenoberfläche auf dem FKV in Form einer perfekten Passung. Weitere Imperfektionen, insbesondere sich rissartig ausbreitende Zwischenfaserbrüche oder je nach Lage auch Delaminationen, werden durch die Ausbildung von Gewindegängen im CFK hervorgerufen (siehe rechtes unteres Bild in Abbildung 4-8).

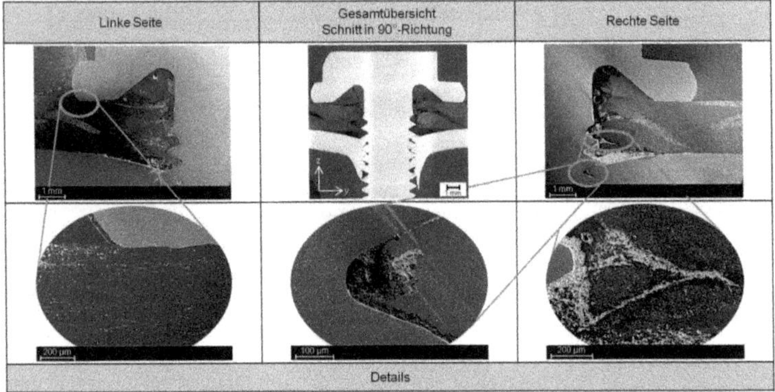

Abbildung 4-8: Mikroskopische Analyse von Fügeimperfektionen beim Fließformschrauben [WFG+13]

Das Gewinde führt zu einer weiteren Materialverdrängung und entfaltet aufgrund seiner spezifischen Form eine Keilwirkung, welche zu einer Schälbeanspruchung und damit zum Lösen der Faser-Matrix-Bindung oder zu Matrixbrüchen führt. Durch Unebenheiten der Schraubenoberfläche auf mikroskopischer Ebene kommt es zudem zu Mitnahme von FKV-Materialresten in den Gewindegängen, welche im Stahlpartner zu einer Behinderung der Gewindegangfüllung führen (siehe mittleres unteres Bild in Abbildung 4-8).

Die beim Halbhohlstanznieten eingebrachten Fügeimperfektionen weisen im Vergleich der Verfahren den größten Umfang auf (siehe Abbildung 4-9). Da der Bereich im Inneren des Elementes vollständig vom Grundmaterial abgetrennt ist und damit keinen Beitrag zur Verbindungsfestigkeit leistet, ist dieser bei mikroskopischen Betrachtungen von der Bewertung auszunehmen. Die im Gegensatz zu den anderen Fügeelementen abweichend verwendete Kopfform des Senkrundkopfs führt aufgrund der hier zusätzlich verrichteten Umformarbeit zu verstärkten Delaminationen und Zwischenfaserbrüchen im Kopfbereich (siehe rechtes unteres Bild in Abbildung 4-9).

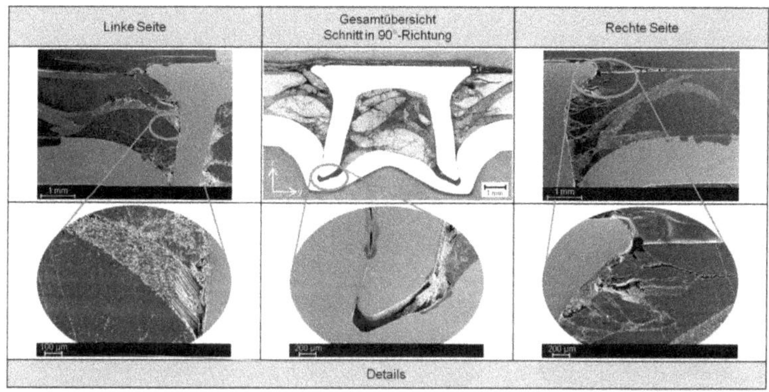

Abbildung 4-9: Mikroskopische Analyse von Fügeimperfektionen beim Halbhohlstanznieten [WFN+13]

Diese Verformungen sowie die spezifische Ausbildung des Schließkopfes führen zu Faserondulationen in Fügerichtung, welche wiederum Delaminationen und Zwischenfaserbrüche zur Folge haben (siehe linkes unteres Bild in Abbildung 4-9). Eine weitere vielfach zu beobachtende Auffälligkeit ist die Mitnahme von FKV-Materialresten unter der Nietschneide, welche die Hinterschnitt- und Restbodendickenausbildung beeinträchtigen (siehe mittleres unteres Bild in Abbildung 4-9). Durch das globale Aufspreizen der Nietfüße kommt es zu einer radialen Kraftwirkung senkrecht zur Fügerichtung und damit zu einer Belastung des FKV-Substrates, die in Fügeimperfektionen resultiert. Die gewählte Kopfform bietet jedoch hinsichtlich des korrosiven Verhaltens und der Aufbringung einer gewissen Vorspannkraft durchaus Vorteile.

Das Vollstanznieten kennzeichnet sich gegenüber dem Halbhohlstanznieten unter anderem durch den anders gearteten Stanzvorgang und die fehlende Elementumformung. Trotz der hier, relativ gesehenen, stärkeren Materialverdrängung in Fügerichtung kommt es beim Vollstanznieten in geringeren Umfang zu Fügeimperfektionen (siehe Abbildung 4-10). Dies ist auf die fehlende Umformung in radialer Richtung und die anders geartete Kopfform zurückzuführen. Der Scherschneidprozess in Verbindung mit der Schneidenform sowie Oberflächenrauheiten führen zu Faserondulationen und in stärkerer Ausprägung zu am Lochrand angrenzenden Faserbrüchen (siehe rechtes unteres Bild in Abbildung 4-10). Diese ziehen wiederum Zwischenfaserbrüche und Delaminationen auch in größerer Entfernung vom Lochrand nach sich (siehe linkes unteres Bild in Abbildung 4-10). Die Oberflächenrauheiten sowie die spezifische Rillengeometrie führen ähnlich wie beim Fließformschrauben zur Materialmitnahme in den Ringnuten, die anschließend ein Hinterfließen mit Stahl behindern (siehe mittleres unteres Bild in Abbildung 4-10). Hierbei können neben der unten gezeigten Teilfüllung sowohl Komplett- als auch vollständige Nichtfüllungen beobachtet werden. Aufgrund der stark schwankenden Ringnutfüllung, kann das Vollstanznieten nur als bedingt geeignet für das Fügen von CFK-Stahl-Verbindungen betrachtet werden.

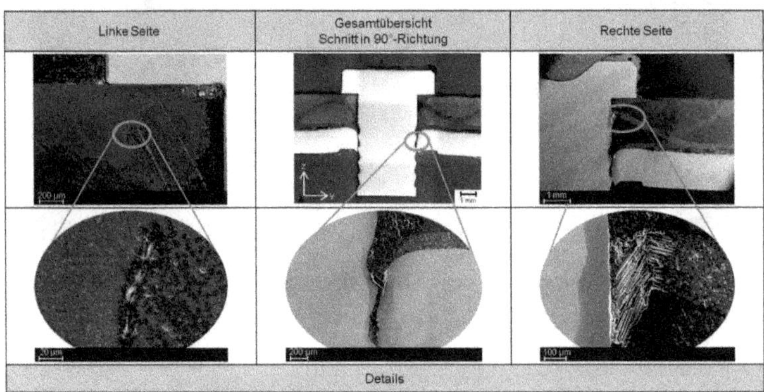

Abbildung 4-10: Mikroskopische Analyse von Fügeimperfektionen beim Vollstanznieten

4.1.2.2 Entwicklung einer Methodik zur Einbringung von Fügeimperfektionen

Eine weitere wesentliche Herausforderung ergibt sich aus der Notwendigkeit gezielt Fügeimperfektionen in Material- und Fügeproben einzubringen. Als Randbedingung einer geeigneten Simulationsmethode muss die anschließende Prüfbarkeit der Proben in standardisierten Tests erfüllt werden. In [XGG05] wird Druckbelastung als eine der Hauptursachen für das Entstehen von Imperfektionen bei Schlag-Scher-Tests angeführt. Da die Imperfektionen, welche bei Schlag-Scher-Tests entstehen, den zu erwartenden Fügeimperfektionen durchaus entsprechen, sollen diese mittels Belastung auf Flächenpressung simuliert werden. Zur Validierung ob die nachgestellten Imperfektionen mit den durch Fügeprozesse hervorgerufenen Imperfektionen vergleichbar sind, werden die zwei Einbringungsmethoden, Halbhohlstanznieten und Flächenpressung, hinsichtlich ihres Versagensniveaus in Scherzugversuchen gegenübergestellt.

4.1.2.3 Analyse der in-plane Schubfestigkeit

Da Fügeimperfektionen beim umformtechnischen Fügen nicht vollständig zu vermeiden sein werden, ist die Kenntnis ihrer Auswirkungen und damit auch ihre analytische Erfassung von elementarer Wichtigkeit. Aus der Betrachtung der Versagensfälle nach Abbildung 2-7 und der Bewertung ihrer Relevanz ergeben sich die Lochleibungs- sowie die in-plane Schub- und Zugfestigkeit als bestimmende Größen für die Festigkeit elementarer Fügeverbindungen im Scherzug. Die Betrachtung der Auswirkungen von Fügeimperfektionen wird daher auf diese Festigkeiten fokussiert. Für Elementdurchzug werden, analog diesem Vorgehen, die Auswirkungen auf die Maximalkraft betrachtet. Für die Schub-, die Lochleibungs- und die Zugfestigkeit wird zudem die Schaffung von Grundlagen für die Ermittlung von Abminderungsfaktoren über Regression angestrebt. Ergänzend werden Orientierungsversuche an verklebten Proben durchgeführt.

Es wird postuliert, dass der Grad an Imperfektionen für jede Fügetechnologie spezifisch aber relativ konstant über variierende Randabstände ist. Veränderte Randabstände führen damit zu veränderten Verhältnissen zwischen von Imperfektionen belasteten und unbelasteten Bereichen und damit zu unterschiedlichen sich ergebenden reduzierten in-plane Schubfestigkeiten. Aus diesem Grund ist für Scherbruchversagen ein Modell, welches Imperfektionen über eine Verringerung des effektiven Randabstandes erfasst, geeigneter als die Berücksichtigung von Imperfektionen über eine verringerte Festigkeit. Der Grad der Abschwächung des Rückwandechos (RWE) im C-Scan kann als Imperfektionsgrad an einem Punkt der Probe über deren gesamte Dicke gedeutet werden. Für jeden Fügepunkt existieren zwei Scherebenen, welche zwei Linien im C-Scan ergeben, für welche die Länge der Zonen mit unterschiedlicher RWE-Abschwächung gemessen werden kann (siehe Abbildung 4-11). Die Auswertung soll anhand der Analyse der Anteile von Zonen mit 0% - 33%, 34% - 66% und 67% - 100% Abschwächung vorgenommen werden. Auf dieser Basis ergeben sich Datenfelder in der Form von Gleichung (4.1).

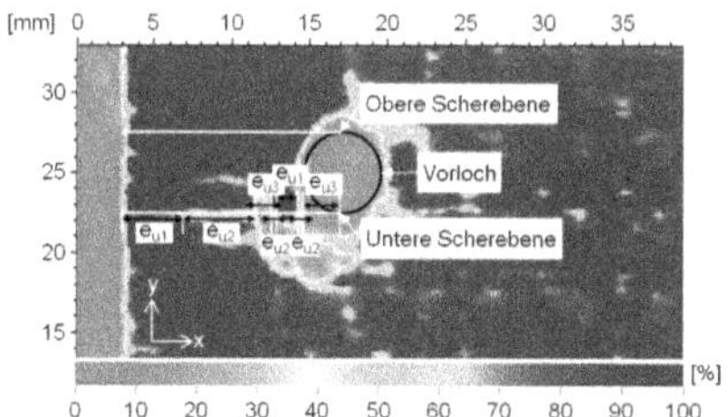

Abbildung 4-11: Vermessung der Zonen mit unterschiedlicher RWE-Abschwächung im C-San [WFR+14]

$$\left.\begin{array}{l}\left(e_{u,1,i}\cdot\theta_{u,1,i}+e_{u,2,i}\cdot\theta_{u,2,i}+e_{u,3,i}\cdot\theta_{u,3,i}\right)=e_{u,i}\\ \left(e_{l,1,i}\cdot\theta_{l,1,i}+e_{l,2,i}\cdot\theta_{l,2,i}+e_{i,3,i}\cdot\theta_{l,3,i}\right)=e_{l,i}\end{array}\right\}\rightarrow F_{ms,i} \qquad \text{[WFR+14]} \quad (4.1)$$

Mit θ = Abminderungsfaktor infolge Imperfektionen, i = Index der Probennummer, u = Index für obere Scherebene im C-Scan, l = Index für untere Scherebene im C-Scan, 1 = Index für Bereich mit 0% – 33% RWE-Abschwächung, 2 = Index für Bereich mit 34% – 66% RWE-Abschwächung und 3 = Index für den Bereich mit 67% – 100% RWE-Abschwächung.

$F_{ms,i}$ kann für diese Gleichungssysteme über $F_{ms,i} / (\widehat{R}_{xy} \cdot t \cdot 2)$ zum, auf Basis der Schubfestigkeit des gekerbten Laminats und der Probendicke zu erwartenden, effektiven Randabstand $e_{eff,i}$ angepasst werden, was zu einer Beziehung nach Gleichung (4.2) führt. Hierauf basierend kann die Modellfunktion für die Regressionsanalyse nach Gleichung (4.3) und das übergeordnete Optimierungsziel als Gleichung (4.4) geschrieben werden.

$$e_{u,i}+e_{l,i} = 2 \cdot e_{eff,i} \qquad \text{[WFR+14]} \quad (4.2)$$

$$\left(e_{u,1,i}+e_{l,1,i}\right) \cdot \theta_{1,i}+\left(e_{u,2,i}+e_{l,2,i}\right) \cdot \theta_{2,i}+\left(e_{u,3,i}+e_{l,3,i}\right) \cdot \theta_{3,i} = 2 \cdot e_{eff,i} = \frac{F_{ms,i}}{\widehat{R}_{xy} \cdot t} \qquad \text{[WFR+14]} \quad (4.3)$$

$$\min \sum_{i=1}^{n} (\theta_{1,i}-\theta_1)^2+(\theta_{2,i}-\theta_2)^2+(\theta_{3,i}-\theta_3)^2 \qquad \text{[WFR+14]} \quad (4.4)$$

Mit n = Stichprobengröße.

θ_1 kann als Ankerwert zu $\theta_1 = 1$ gewählt werden, sodass dieser Bereich ohne Reduzierung in die Berechnung eingeht. Um den Analyseaufwand zu reduzieren und damit das entwickelte Regressionsmodell anwendungsorientierter zu gestalten, kann zudem eine lediglich auf den Bereichen mit 67% – 100% und 0% - 66% RWE-Abschwächung basierende Auswertung vorgenommen werden. Dieses reduzierte Modell soll auch für die Zug- und Lochleibungsfestigkeit untersucht werden. Eine Verallgemeinerung von Gleichung (4.3) ist zudem über das Ersetzen von $\widehat{R}_{xy}$ durch die Schubfestigkeit des Laminates und den entsprechenden Kerbfaktor möglich.

4.1.2.4 Analyse der Zugfestigkeit in x-Richtung

Aufgrund der wirkenden Querschnittsfläche ist unter Zugbelastung in x-Richtung vornehmlich die Ausdehnung von Imperfektionen in y-Richtung relevant. Zur Abschätzung der Auswirkungen von Imperfektionen wird analog der Schubfestigkeit vorgegangen. Gemäß dem vereinfachten Modell werden für die Regression hinsichtlich der RWE-Abschwächung nur zwei Bereiche differenziert, womit sich Gleichung (4.5) ergibt. Für ungelochte Proben ist entsprechend $K_x = 1$ und $d = 0$ zu setzen.

$$F_m = \frac{R_x}{K_x} \cdot t \cdot [\theta_{y,12} \cdot (w-d-w_y)+\theta_{y,3} \cdot w_y] \qquad (4.5)$$

Mit θ_y = Abminderungsfaktor infolge Imperfektionen in y-Richtung, w_y = Ausdehnung der Imperfektionen in y-Richtung.

Neben einem negativen Effekt von Fügeimperfektionen, wird in der Literatur demgegenüber auch die Bildung einer pseudo-plastischen Zone vertreten, die zum Abbau von Spannungskonzentrationen unter Zugbelastung durch Delaminationen führt (siehe Abbildung 4-12) [WHK+99, RR95, EA90]. [Har87] geht hierdurch sogar von einer Egalisierung des Spannungszustandes im Bereich der Delaminationen aus. Über die positiven Effekte einer solchen Spannungsumlagerung könnte eine Herabsetzung der Zugfestigkeit durch Delaminationen zumindest teilkompensiert werden. Die Spannungsumlagerung wird aber stärker auf die Entstehung von Delaminationen als auf ihr Vorhandensein zurückgeführt. Aus diesem Grund kann ihr positiver Einfluss nur bedingt Fügeimperfektionen zugeordnet werden, welche schon vor Belastung im Material vorhanden sind.

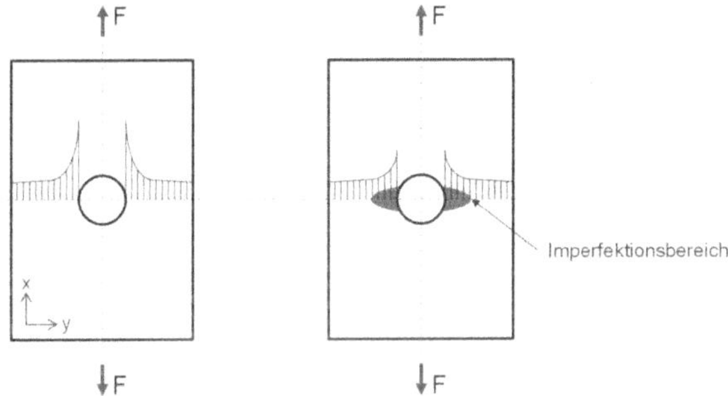

Abbildung 4-12: Einfluss von Fügeimperfektionen auf Spannungsverteilung bei Zugbelastung nach [Har87]

Dem Ansatz des charakteristischen Abstandes nach [WN74] folgend, kann das Versagen auf Zug jedoch als Überschreitung der Festigkeit des ungekerbten Laminates in einen spezifischen Abstand vom Loch berechnet werden. Hiernach üben Imperfektionen innerhalb des charakteristischen Abstandes, unter dem Postulat, dass dieser sich durch die Imperfektionen nicht verändert, keinen wesentlichen Einfluss auf die Zugfestigkeit in x-Richtung aus (siehe Abbildung 4-13).

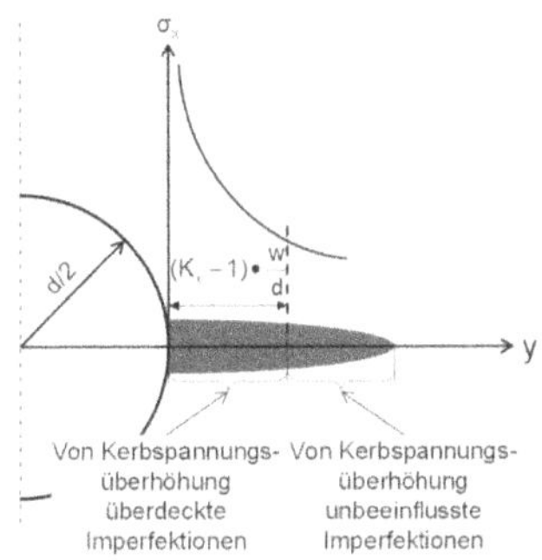

Abbildung 4-13: Einfluss von Imperfektionen im unmittelbaren Lochumfeld bei Zugbelastung

Auf dieser Basis wird für gelochte Proben erwartet, dass die Auswirkungen von Imperfektionen im Lochumfeld aufgrund von Kerbspannungsüberhöhungen abgemildert werden. Zur Berücksichtigung dieses Effektes wird Gleichung (4.6) vorgeschlagen, die in Abhängigkeit des Kerbfaktors und des Verhältnisses von Probenbreite zu Lochdurchmesser einen Bereich um das Loch definiert, in welchen Imperfektionen keinen negativen Effekt haben. Hierdurch wird ein Übertrag des Abminderungsfaktors zwischen gelochten und ungelochten Proben ermöglicht.

$$F_m = \frac{R_x}{K_x} \cdot t \cdot \left[\theta_{y,12,K} \cdot \left[w - d - \left[w_y - 2 \cdot (K_x - 1) \cdot \left(\frac{w}{d}\right) \right] \right] + \theta_{y,3,K} \cdot \left[w_y - 2 \cdot (K_x - 1) \cdot \left(\frac{w}{d}\right) \right] \right] \quad (4.6)$$

Mit $\theta_{y,K}$ = Abminderungsfaktor für Imperfektionen in y-Richtung bei Kerbwirkung.

Für den Fall von Zugbelastung werden eher geringe Auswirkungen erwartet, da das Versagen unter dieser Belastungsart von den Fasern dominiert wird und die beim umformtechnischen Fügen eingebrachten Imperfektionen besonders die Matrix beeinträchtigen. Da sich jedoch die ertragbaren Belastungen stets aus den Verbund von Faser und Matrix ergeben und die Stütz- sowie Lastverteilungsfunktion der Matrix ebenfalls entscheidend ist, ist dennoch von einer gewissen Beeinträchtigung der Zugfestigkeit in x-Richtung auszugehen.

Unter Schubbelastung wird ebenfalls ein glättender Umverteilungseinfluss auf die Spannungsverteilung durch Delaminationen sowie der Effekt des charakteristischen Abstandes hinsichtlich der Auswirkung von Fügeimperfektionen postuliert (siehe Abbildung 4-14). Da jedoch für Gelege-NP experimentell keine Schubfestigkeit des Laminates ermittelt werden konnte, ist eine Validierung hier nur eingeschränkt möglich.

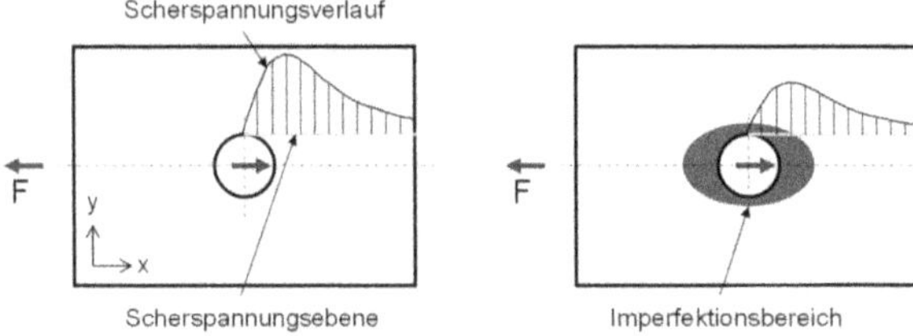

Abbildung 4-14: Einfluss von Fügeimperfektionen auf Spannungsverteilung bei Schubbelastung

4.1.2.5 Analyse der Lochleibungsfestigkeit

Die bestimmende geometrische Kenngröße bei Lochleibungsbelastung, welche analog dem Randabstand bei Schub- und der Probenbreite bei Zugbelastung für ein Regressionsmodell herangezogen werden kann, ist der Bolzendurchmesser. Im Gegenzug zum Randabstand und zur Probenbreite stellt der Bolzendurchmesser jedoch keine globale sondern eine lokale Kenngröße dar. Während

Imperfektionen im Bereich von e und w die wirkende Fläche unwiderruflich beeinträchtigen, besteht für d die Möglichkeit einer Veränderung der von Imperfektionen beeinträchtigten Fläche über ein Hineinziehen in unberührte Bereiche. Prinzipiell kann eine entsprechende Abminderung über Gleichung (4.7) erfasst werden. Eine analytische Berücksichtigung eines Kerbfaktors ist für Lochleibungsbelastung, aufgrund des fehlenden ungekerbten Referenzwertes, hingegen weder möglich noch nötig. Für Lochleibungsbelastung wird aufgrund des angenommenen Hineinziehens des Bolzens in ungeschädigte Bereiche nahezu keine Beeinflussung der Festigkeit infolge von Fügeimperfektionen erwartet. Aus diesem Grund erscheinen Regressionsanalysen hier allgemein wenig zielführend.

$$F_{ms,\,Lochleibung} = R_L \cdot t \cdot [\theta_{y,12} \cdot (D-D_y) + \theta_{y,3} \cdot D_y] \qquad (4.7)$$

4.1.2.6 Analyse des Elementdurchzugversagens

Hinsichtlich des Elementdurchzugversagens ist ein Zusammenhang zwischen dem Zugkopfdurchmesser und den ertragbaren Maximalkräften bekannt. Eine analytische Beschreibung des Versagensfalles steht momentan noch aus. Interessant ist in diesem Zusammenhang insbesondere inwieweit sich ein Wechselspiel zwischen der Imperfektionsausdehnung um das Fügeloch und dem Zugkopfdurchmesser zeigt. Aufgrund des vom Fügeloch nach außen gerichteten Versagens wird erwartet, dass bei Zugkopfdurchmessern, welche den kompletten Bereich der Imperfektionen überdecken, keine Auswirkungen von Imperfektionen zu beobachten sind. Neben der Schubfestigkeit werden für den Elementdurchzug die schwerwiegendsten Auswirkungen von Imperfektionen erwartet, da beide stark von den Eigenschaften der Matrix abhängen.

4.1.2.7 Analyse des Verhaltens von mit Klebstoff hybrid gefügten Fügeverbindungen

Als werkstoffgerechtes Fügeverfahren für FKV wird häufig das Kleben angeführt, welches im Gegensatz zu punktförmigen Elementverbindungen eine flächige Kraftübertragung ohne mechanische Imperfektionseinbringung ermöglicht [Ehr04]. Um der Anforderung an eine Fixierung bis zur Klebstoffhärtung im KTL-Prozess gerecht zu werden, wird das Kleben aus wirtschaftlichen und fertigungstechnischen Gesichtspunkten im den Karosseriebau vorwiegend als hybrides Verfahren mit dem umformtechnischen Fügen eingesetzt. Bei mittels hybriden Verfahren gefügten Flanschen befinden sich die umformtechnischen Fügeverbindungen meist in der Mitte der geklebten Fläche. Für diesen Fall liegen die Imperfektionen, die durch den mechanischen Fügeprozess entstanden sind, im nach [Hab09] weniger belasteten Bereich der Klebverbindung (siehe Abbildung 4-15). Für Klebverbindungen wird durch diese Tatsache und die flächige Kraftübertragung von einer weniger ausgeprägten Reaktion auf Fügeimperfektionen ausgegangen.

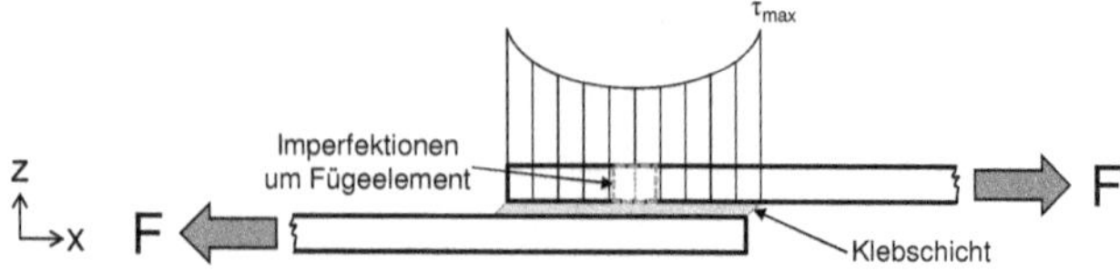

Abbildung 4-15: Schubspannungsverteilung in einer überlappten Klebverbindung nach [Hab09]

Hinzu kommt, dass bei dem für die untersuchten CFK zu beobachtenden Versagen, nur die Imperfektionen zum Tragen kommen, die in der Schicht des Substratbruches liegen (siehe Abbildung 4-16). Imperfektionen in anderen Schichten spielen hingegen keine Rolle in Bezug auf die Tragfähigkeit der Klebverbindung. Dies ist insbesondere beim Blindnieten in der Fügerichtung Stahl in FKV vorteilhaft, da hier Imperfektionen schwerpunktmäßig durch den Schließkopf in dem der Klebverbindung abgewandten Bereich hervorgerufen werden.

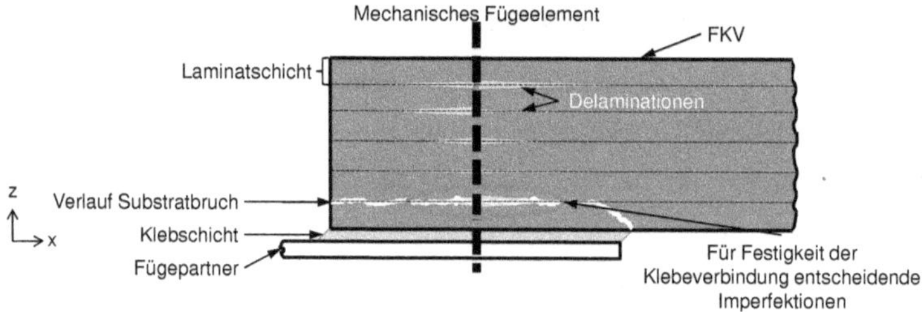

Abbildung 4-16: Auswirkungen von Fügeimperfektionen auf Klebverbindungen mit Substratbruchversagen

Erarbeitete Kernergebnisse:

- Identifizierung von Bauteilimperfektionen, welche als kritisch für das umformtechnische Fügen experimentell näher untersucht werden
- Vorwiegende Beobachtung von Delaminationen und Zwischenfaserbrüchen als Fügeimperfektionen über alle betrachten Fügeverfahren
- Entwicklung eines Regressionsmodells, welches die Beschreibung der Auswirkungen spezifischer Fügeimperfektionsumfänge auf verschiedene Materialfestigkeiten ermöglicht
- Aufstellung Postulat, dass Fügeimperfektionen im unmittelbaren Lochbereich unter Zugbelastung von wirkender Kerbspannungsüberhöhung überdeckt werden
- Charakterisierung des Fügeimperfektionseinflusses bei kombinierten Fügeverbindungen als weniger kritisch wie bei rein umformtechnischen CFK-Mischverbindungen

4.2 Fügemöglichkeit

Im Rahmen der Fügemöglichkeitsanalyse ergeben sich verfahrensspezifische unterschiedliche Herausforderungen. Während das Blindnieten durch den Vorlochprozess weitestgehend materialunabhängig und dementsprechend unkritisch ist, werden die anderen Verfahren vorwiegend als selbstlochende Verfahren eingesetzt. Hierbei erweist sich neben der Imperfektionseinbringung unter anderem die Mitnahme von FKV-Resten und infolge dessen die Verringerung von Hinterschnitt und Gewindegangfüllung als problematisch. Die für das jeweilige Fügeverfahren dominanten Fragestellungen sollen herausgearbeitet, analysiert und anschließend über gezielte Einstellung der Parameter oder Elementneuentwicklungen gelöst werden. Der Arbeitspunkt Fügemöglichkeit steht dabei in enger Wechselwirkung zur Analyse der Fügeeignung. Während im Arbeitspunkt Fügeeignung die Grundlagen für ein Verständnis der Auswirkung von Fügeimperfektionen geschaffen werden sollen, geht es hinsichtlich der Fügemöglichkeit, schon aus qualitätsprüftechnischen Gründen, um ihre Minimierung.

Als wesentliche Herausforderung des Karosseriebaus hinsichtlich der Fügemöglichkeit ergibt sich zudem der nachgeschaltete Durchlauf der Lackiererei [DSW+05, Wal01]. Insbesondere der Wärmeprozess des KTL-Trockners, der das Fahrzeug auf etwa 180°C aufheizt, diese Temperatur über 20 Minuten hält und dann wieder auf Raumtemperatur abkühlt, ist bei Mischverbindungen aufgrund der teils stark unterschiedlichen Wärmeausdehnungskoeffizienten α kritisch. Aufgrund der Bauteilfixierung mittels Fügeelementen und der Klebstoffaushärtung wird die auftretende Relativverschiebung blockiert und es kommt zum Aufbau von Eigenspannungen im Bauteil bzw. zum Abbau dieser Spannungen über Material- oder Klebschichtschädigungen. Die im FKV hervorgerufenen Imperfektionen durch die Delta-Alpha-Problematik unterscheiden sich dabei prinzipiell nicht von Fügeimperfektionen. Der Einfluss der Wärmeausdehnung auf bestehende Fügeimperfektionen muss jedoch untersucht werden. In diesem Rahmen gilt es, eine geeignete Probengeometrie zu entwickeln, die eine ausreichende Länge zur Abbildung von Ausdehnungsunterschieden aufweist, gleichzeitig aber für eine Zugprüfung nicht zerteilt werden muss.

4.2.1 Blindnieten

Die Fügepunktausbildung ist aufgrund des vorgeschalteten Lochprozesses beim Blindnieten im Wesentlichen auf die Wahl eines geeigneten Elementes mit passender Klemmlänge beschränkt. Eine detaillierte Bemusterung und Parametrierung der Fügepunktausbildung ist daher von untergeordneter Bedeutung. Aufgrund der in Kapitel 5 aufgezeigten geringfügigen Fügeimperfektionen beim Blindnieten und des gewählten Fokus auf selbstlochende Fügeverfahren, wird im Rahmen dieser Arbeit keine Blindnietweiterentwicklung vorgenommen. Die Verwendung eines Hülsenfalters lässt, aufgrund einer weiteren Reduzierung von Fügeimperfektionen, ein noch unkritischeres Verhalten erwarten. Um den Imperfektionsgrenzfall beim Blindnieten abzusichern, wird der Fokus jedoch bewusst auf den Hülsenweiter gelegt.

4.2.2 Fließformschrauben

Über eine analytische Modellbildung sollen die Einflussgrößen, welche beim Fließformschrauben die Imperfektionsbildung im FKV beeinflussen, identifiziert, beschrieben und anhand gezielter Parameteruntersuchungen anschließend experimentell optimiert werden. Die Imperfektionsbildung im FKV resultiert zunächst aus der an diesem verrichteten mechanischen Arbeit beim Lochformungsprozess. Weitere Imperfektionen werden durch die Ausbildung der Gewindegänge im FKV verursacht. Die für das Fließformschrauben ohne Vorloch wesentlichen Parameter sind die Niederhalterkraft, die Bit-Kraft, die Drehzahl sowie das Anzugsmoment. Hinsichtlich des Direktverschraubens ist dabei vornehmlich der erste Hauptschritt, das Durchdringen des FKV-Materials, von Interesse. Da die Niederhalterkraft nur bei Überschreitung der zulässigen Flächenpressung kritisch ist und bei den verwendeten Materialien und Materialdicken ein Abheben der Fügepartner infolge aufsteigenden Materials nicht beobachtet werden kann, wird der Parameter Niederhalterkraft für weitere Untersuchungen konstant bei der Standardeinstellung von 392 N gehalten, was einer Flächenpressung von ca. 16 N/mm^2 entspricht. Eine Variation gestaltet sich auch vor dem Konzept der Überdrückung und der damit einhergehenden Beeinflussung der Bit-Kraft schwierig. Hinsichtlich der Verfahrensvariante mit Vorloch ist zudem der Einfluss unterschiedlicher Vorlochdurchmesser von Interesse.

4.2.2.1 Parameteruntersuchung: Bit-Kraft und Drehzahl

Der Lochformungsprozess im FKV lässt sich beim Fließformschrauben aufgrund der komplexen Zusammenhänge und der Parameterwechselwirkungen nur unzureichend analytisch beschreiben. Aufgrund der Wechselwirkungseffekte wird eine experimentelle Parameteruntersuchung auf Basis eines faktoriellen Versuchsplans notwendig. Es kann aber angenommen werden, dass unter Konstanz der Schraubengeometrie und des Reibwertes als Randbedingungen, die am FKV verrichtete Arbeit und damit auch die eingebrachten Imperfektionsumfänge direkt und indirekt von den Prozessparametern Axialkraft F_{Axial} und Drehzahl abhängen. Der in Gleichung (4.8) und Abbildung 4-17 beschriebene Zusammenhang, hinsichtlich der auf die Faserlagen wirkenden Biegemomente, liefert eine Erklärung, dass eine Minimierung der Axialkraft positiv auf die beim Lochformungsprozess eingebrachten Imperfektionen wirkt.

$$M_{Biege} = F_{Axial} \cdot l \qquad \text{[WFF+13]} \quad (4.8)$$

Mit M_{Biege}= Biegemoment und l = Biegeradius.

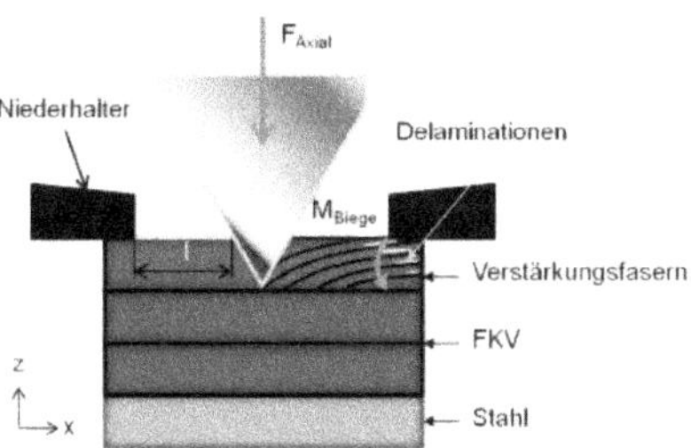

Abbildung 4-17: Durch Lochformungsprozess verursachte Fügeimperfektionen [WFF+13]

Für die Gewindegangausformung ist nach Gleichung (4.8) sowie Abbildung 4-18 ebenfalls eine Minimierung der Axialkraft anzustreben. Zusätzlich wirkt eine Reduzierung der Drehzahl schwingungsminimierend auf das Gesamtsystem und verringert auftretende Abweichungen des Elements von der idealen Schraubachse infolge unwuchtinduzierter Fliehkräfte (siehe Gleichung (4.9)). Diese Anforderungen können jedoch, aufgrund der für die Plastifizierung des Stahlpartners notwendigen hohen Bitkräfte und Drehzahlen, nicht global erfüllt werden. Für die angestrebte Elementneuentwicklung wird daher eine zeitliche Entkopplung des Plastifizierungs- und Gewindeformungsprozess über einen konischen Bereich nach der Schraubenspitze vorgeschlagen.

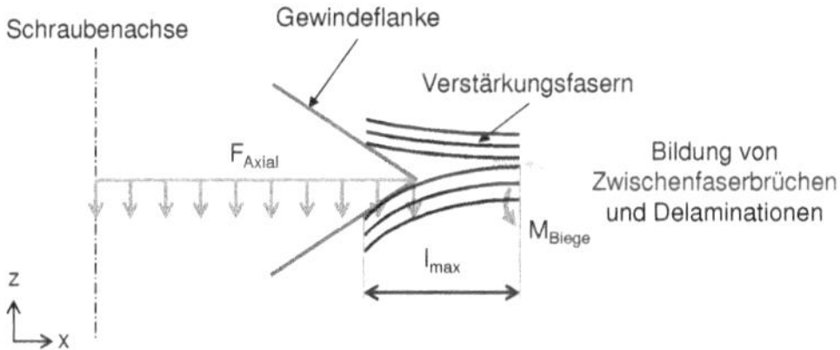

Abbildung 4-18: Durch Gewindeformungsprozess verursachte Fügeimperfektionen [WFF+13]

$$F_{Flieh} = m_{Unwucht} \cdot r_{Unwucht} \cdot \omega^2_{Unwucht} \qquad \text{[GF05]} \qquad (4.9)$$

Mit F_{Flieh} = Fliehkraft, $m_{Unwucht}$ = Masse der Unwucht, $r_{Unwucht}$ = Exzentrizität der Unwucht, $\omega_{Exzentrizität}$ = Winkelgeschwindigkeit der Unwucht.

4.2.2.2 Parameteruntersuchung: Anzugsmoment

[Kel04] zeigt, dass steigende Vorspannkräfte delaminierte Bereiche stabilisieren und so zu einer Erhöhung der Festigkeit unter Lochleibung führen. Dieser Effekt soll anhand des Fließformschraubens für Scherbruchversagen untersucht werden. Für genormte Schraubverbindungen kann die Vorspannkraft anhand des Anzugmomentes berechnet werden. Für Fließformschraubverbindungen ist dies aufgrund prozesstechnisch schwankender Kopfanlageflächen, des infolge des Fließformens veränderlichen Gewindereibungskoeffizienten μ_G sowie der zu geringen freien belasteten Gewindelänge nicht möglich. Es lässt sich aber annehmen, dass höhere Anzugsmomente M_A nach Gleichung (4.10) zu höheren Vorspannkräften führen. Da unter Konstanz der Materialpaarung sowie der Randbedingungen von analogen Verläufen für μ_G ausgegangen werden kann und im Labor konstante Kopfauflagen sichergestellt werden können, ist eine experimentelle Untersuchung veränderlicher Vorspannkräfte möglich.

$$F_V = \frac{M_A}{\frac{d_2}{2} \cdot \tan\left(\beta + \arctan\left(\frac{\mu_G}{\cos\left(\frac{\lambda}{2}\right)}\right)\right) + \mu_K \cdot \frac{D_K}{2}} \qquad \text{[GF05]} \quad (4.10)$$

Mit d_2 = Flankendurchmesser, β = Gewindesteigungswinkel, λ = Flankenwinkel, μ_K = Reibungskoeffizient unter Kopf und D_K = wirksamer Durchmesser der Kopfauflage.

4.2.2.3 Parameteruntersuchung: Vorlochdurchmesser

Eine beim Fließformschrauben wesentliche konstruktive Randbedingung ist der Vorlochdurchmesser. Prinzipiell ist ein Verzicht auf Vorlöcher wünschenswert, um zum einen die Lochfindungsproblematik zu umgehen und zum anderen die fertigungstechnisch günstige, durchgängige Applikation von Klebstoffnähten zu ermöglichen. Bei der Verfahrensvariante „mit Vorloch" muss die Klebstoffnaht mit ausreichendem Abstand vom Vorloch unterbrochen werden, da ansonsten die Gefahr des Klebstoffaustritts und damit die Gefahr der Anlagenverschmutzung besteht. Herstellerseitig wird für die Verfahrensvariante mit Vorloch bei Verwendung von M5-Schrauben materialunabhängig ein Vorlochdurchmesser von ca. 7 mm empfohlen, weshalb auf die Betrachtung größerer Lochdurchmesser verzichtet wird [Arn09]. Die Verwendung kleinerer Vorlöcher ist aus Toleranzkettengründen für Karosseriebauanwendungen nicht möglich, da es sonst zum Kontakt der Schraube mit dem Lochrand und damit zu einer Veränderung der Prozessrandbedingungen kommen kann. Um die Eigenschaften von vorgelochten und unvorgelochten Verbindungen besser zu verstehen, sollen dennoch Fügeverbindungen mit unterschiedlichen Vorlochdurchmesser untersucht und Fügeverbindungen ohne Vorloch gegenübergestellt werden.

4.2.2.4 Elemententwicklung

Der Durchdringungsmechanismus der herkömmlichen Fließformschraube kann als Zerspanen mit geometrisch unbestimmter Schneide beschrieben werden. Im Gegensatz zum Bohren ergibt sich der Materialabtrag wesentlich über die vertikal wirkende Anpresskraft und nicht über das radial wirkende Schnittmoment. Klassische Bohrprozesse benötigen daher tendenziell geringere Axialkräfte und reduzieren damit verbunden das auf die Verstärkungsfasern in Fügerichtung wirkende Biegemoment nach Gleichung (4.8). Der Materialabtrag des Bohrens steht jedoch im Widerspruch zum Fließformen im Stahl. Die Herausforderung ergibt sich aus der Übertragung eines bohrenden Anteils auf die klassische Fließformspitze. Hierzu sollen Nuten in die Spitzengeometrie integriert und ihre Wirkung getestet werden. Eine Alternative zum Bohrmechanismus könnten Elemente mit verrundeter Spitze bzw. großem Spitzenwinkel darstellen. Im Gegensatz zu [MHH12], der für die letzte Laminatlage durch kleine Spitzenwinkel eine Reduzierung von Delaminationen infolge des reduzierten Biegemoments beschreibt, liegen für den betrachteten Fall mit Stahl als Unterlage veränderte Randbedingungen vor. Hier kann durch größere Spitzenwinkel die wirkende Flächenpressung und damit das Biegemoment auf die Fasern schneller verringert und somit die Delaminationsgefahr reduziert werden.

Untersucht wird als Referenz die Geometrie des Standardelements mit Doppelspitze (siehe Abbildung 4-19). Auf Basis der Voruntersuchungen aus [SWF+14] wird zudem eine der Standardgeometrie angelehnte Variante mit größerem Spitzenradius R_S zur Untersuchung gewählt. Da sich in den Vorversuchen spanende Spitzen als am besten geeignet erwiesen, werden drei Varianten mit spanendem Charakter in das Versuchsprogramm aufgenommen. Durch einen kleineren Neigungswinkel der Schabenut ergeben sich anteilig höhere radiale Schnittkräfte, während die Spanabfuhr tendenziell durch einen größeren Neigungswinkel begünstigt wird. Welcher der beiden Effekte überwiegt, wird experimentell ermittelt.

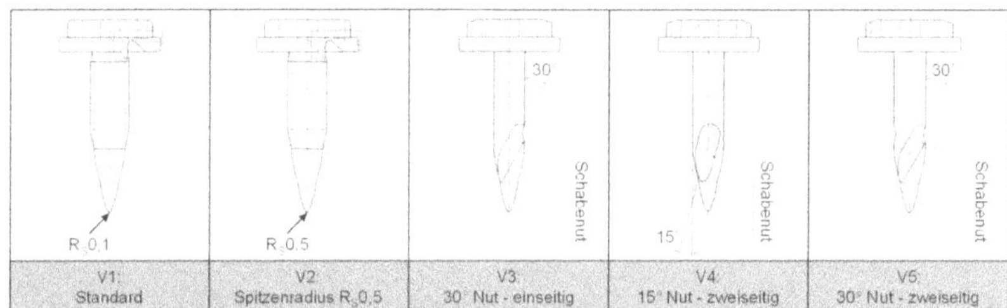

Abbildung 4-19: Untersuchungsprogramm zur Entwicklung einer optimalen Spitzengeometrie

Aufbauend auf den Voruntersuchungen aus [SWF+14], die einen Einfluss des Flankenwinkels sowie der Gewindeendkontur vermuten lassen, wird mittels DoE ein Versuchsplan mit fünf Gewindevarianten aufgestellt (siehe Abbildung 4-22). Aus der Volumenverdrängung ergibt sich eine senkrecht zur Gewindeoberfläche wirkende Kraft, die gleich der Gegenkraft des Gewindes ist. Diese Gewindekraft $F_{Gewinde}$ lässt sich betragsmäßig in eine die Faserlagen spaltende Kraft $F_{Spaltung}$ und eine auf das Laminat wirkende Druckkraft F_{Druck} aufteilen (siehe Abbildung 4-20).

Abbildung 4-20: Wirkende Gewindekräfte bei unterschiedlichem Flankenwinkel [WFF+13]

Unter der vereinfachenden, nach [SWF+14] plausiblen, Annahme, dass die Gewindekraft mit dem verdrängten Materialvolumen korreliert, ergibt sich eine Abhängigkeit der Spaltkraft vom Gewindevolumen. Nach Abbildung 4-20 führen größere Flankenwinkel α zu einer anteiligen Reduzierung der Spaltkraft und zu einer anteiligen Erhöhung der Druckkraft. Dies ist hinsichtlich der Imperfektionsreduzierung positiv zu bewerten. Mit größeren Flankenwinkeln geht jedoch auch eine Steigerung des Gewindevolumens und damit der Gewindekraft einher. Da die wirkende Gewindekraft rechnerisch nicht zu bestimmen ist, soll der optimale Ausgleich des Zielkonfliktes zwischen Gewindevolumen und Flankenwinkel experimentell mittels DoE bestimmt werden. Die Kerbwirkung der einzelnen Gewinde sollte sich bei flacheren Flankenwinkeln sowie bei Abrundung der Gewindespitze reduzieren. Die Verrundung hat eine Reduzierung der Spaltkraft am Gewindeende zur Folge und wirkt daher imperfektionsminimierend (siehe Abbildung 4-21). Bei konstanter Gewindehöhe und -steigung werden daher der Flankenwinkel variiert sowie zwei auf dem 60°-Flankenwinkel basierende Rundgewindevarianten gefertigt.

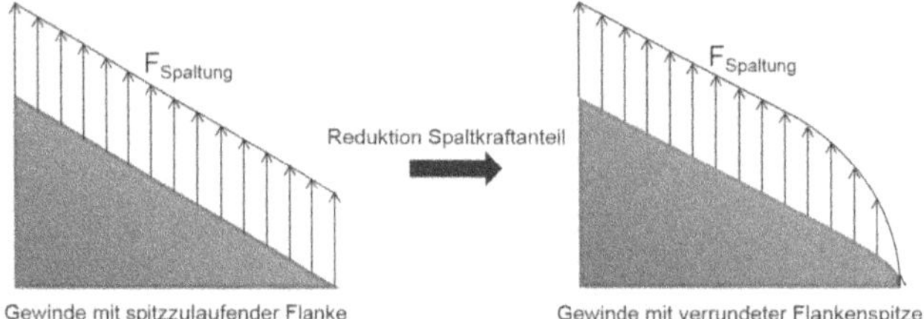

Abbildung 4-21: Wirkung einer Verrundung an der Gewindespitze auf die Spaltkraft [WFF+13]

Durch die Anpassung der Flankenwinkel verändert sich zwar vorrangig lediglich der zylindrische Anteil im Gewindegrund, daneben aber auch das Gewindevolumen. Durch die Verrundung ergibt sich für die beiden Rundgewindevarianten zudem ein von 60° abweichender tatsächlicher Flankenwinkel von 43° und 25°. Der Einfluss der Gewindegeometrie auf die Verbindungsausbildung im Stahlpartner ist von untergeordneter Bedeutung. Entscheidend ist jedoch, dass eine saubere Verbindungsausprägung gewährleistet bleibt. Begrenzend wird hier insbesondere das Abscheren der Gewindegänge bei zu starker Reduzierung des Flankenwinkels gesehen.

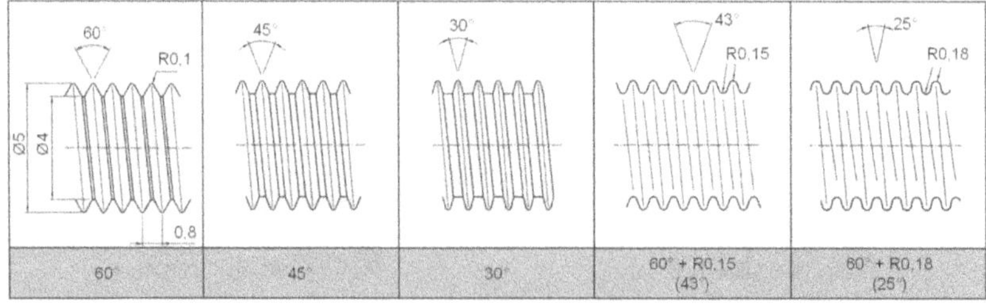

Abbildung 4-22: Untersuchungsprogramm zur Entwicklung einer optimalen Gewindegeometrie

4.2.3 Stanznieten mit Halbhohlniet

Beim Halbhohlstanznieten ist die Entwicklungsaufgabe zweigeteilt. Die erste Aufgabe ergibt sich daraus, dass im Gegensatz zu den anderen betrachteten Fügeverfahren die Materialdicke hinsichtlich der Elementauswahl von entscheidender Bedeutung ist. Während z.B. der in dieser Arbeit verwendete Blindniet RIBE Ribulb IRSS einen Klemmbereich von 1,5 – 6,0 mm abdecken kann und auch die verwendeten Fließlochschrauben und Vollstanzniete für verschiedene Materialpaarungsdicken genutzt werden können, ist beim Halbhohlstanznieten die Elementlänge auf die zu fügenden Blechdicken abzustimmen. Vor diesem Hintergrund spielen die Dickentoleranzen, welche bei FKV-Bauteilen ±0,2 mm betragen können, eine entscheidende Rolle. Hierbei wirken zwei Effekte. Zum einen kommt es zu einer Beeinträchtigung der Hinterschnittausbildung im Stahlpartner und zum anderen wird der tragende Materialquerschnitt sowie der Fügeimperfektionsumfang verändert. Diese Effekte sollen über eine Variation der Kopfendlage simuliert werden, wobei sowohl Auswirkungen hinsichtlich Festigkeit als auch Korrosion zu erwarten sind.

Tabelle 4.2: Untersuchungsprogramm zur Halbhohlstanznietentwicklung

	Parametereinstellstufe				
Parameter	**Standard**	**1**	**2**	**3**	**Bild**
Schneidwinkel [°]	C-Schneide [Bay11b]	30	45	60	
Flankenstärke [mm]	0,90	1,00	1,10	-	
Härteklasse	H4	H5	H6	-	-
Bohrungstiefe [mm]	5,00	5,50	6,00	-	NT
Bohrungsgeometrie	Sackloch-bohrung	Konische Bohrung (siehe Bild)	-	-	
Kopfdurchmesser [mm]	7,75	8,75	10,00	-	KD

Die zweite Aufgabe ergibt sich aus den Unzulänglichkeiten bestehender Nietgeometrien hinsichtlich des Fügens von FKV, sodass eine gezielte Elementweiterentwicklung angestoßen wird. Die Entwicklungsrichtungen nach DoE lassen sich wie in Tabelle 4.2 dargestellt untergliedern und sind auf die Behebung folgender Herausforderungen abgestimmt:

- Aufbauchen des Nietschaftes durch hohe CFK-Materialaufnahme in der Bohrung
- Aufbauchen des Nietschaftes durch geringe Lochleibungsfestigkeit des CFKs

- Mitnahme von CFK-Resten unter der Nietschneide
- Starke Fügeimperfektionseinbringung im Vergleich zu anderen Fügeverfahren

4.2.4 Stanznieten mit Vollniet

Die Herausforderung beim Vollstanznieten liegt zum einen in der Entwicklung einer Stanzschneide, die den FKV möglichst wenig schädigt und zum anderen in der Optimierung der Rillengeometrie dahingehend, dass möglichst wenig FKV-Reste mitgenommen werden, die eine anschließende Hinterschnittbildung verhindern. Zunächst werden sechs Schneidgeometrien (SG) in Anlehnung an die Methoden von TRIZ entworfen, die sich in drei Gruppen unterteilen lassen (siehe Abbildung 4-23). Die Ausführung als rotationssymmetrische Elemente ist aufgrund der anisotropen Eigenschaften von FKV zwingend erforderlich, da ansonsten je nach Orientierung der Elemente zu den Fasern mit einem unterschiedlichen Schneidverhalten zu rechnen ist.

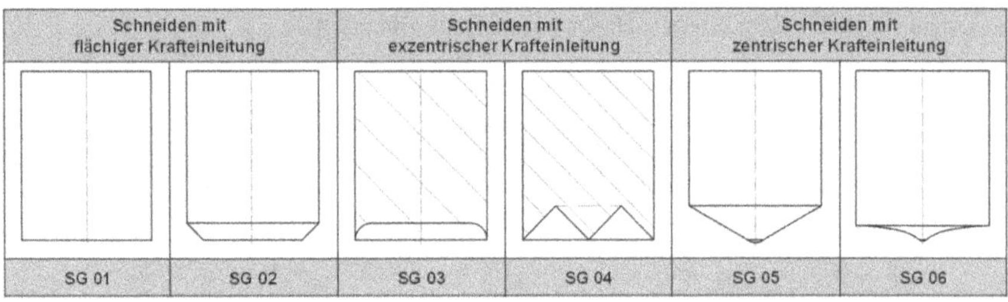

Abbildung 4-23: Untersuchungsprogramm zur Entwicklung einer optimalen Schneidgeometrie

Beim Vollstanznieten werden bevorzugt Schneiden mit flächiger Krafteinleitung eingesetzt. SG 01 bildet als Referenz die standardmäßig verwendete Geometrie ab [HS10]. Bei gleicher lokal wirkender Flächenpressung verringert sich bei einer Reduzierung der Fläche die notwendige Kraft. Dieser Effekt wird auch bei Verwendung von Dachschliffnieten für hochfeste Stähle genutzt [HS10], wobei für FKV eine Reduzierung der wirkenden Kräfte geringere Imperfektionen hervorrufen sollte. Um der Anforderung der Rotationssymmetrie gerecht zu werden, wird die Flächenreduzierung mittels Phase am Nietelement realisiert, wobei ein weiterer Vorteil der Dachschliffniete, der allmählich umlaufende Schnitt, verloren geht.

Einen weiteren Ansatz zur Kraftreduzierung bildet der Einsatz von umlaufenden Schneiden bzw. eine exzentrische Krafteinleitung. Bei FKV erscheint dieser Ansatz besonders vorteilhaft, da die saubere Schneidkante durch die Aussparung in der Nietmitte über eine größere Schnittlänge gewährleistet wird. Bei herkömmlichen Geometrien kommt es hingegen unmittelbar nach dem Einstanzen zur Bildung eines Stanzbutzens, welcher zu einem undefinierten Schneidprozess führt.

Durch den Übergang vom sauberen Scher-Schneiden zum Durchdrücken mit unbestimmter Geometrie, ist aufgrund des Entstehens von mehrachsigen Spannungszuständen mit einer Zunahme der induzierten Imperfektionen zu rechnen. SG 04 unterscheidet sich dabei gegenüber SG 03 durch die tiefere Aussparung sowie durch die zusätzliche Schneide in der Mitte, welche zu einer Entlastung der äußeren Schneide führt.

Einen weiteren Ansatz zur Reduzierung der beim Stanzen entstehenden Imperfektionen bilden das zentrische Anbrechen der Fasern sowie das anschließende Abtrennen der Imperfektionen beim Schneiden mit der Außenkante. Diese Möglichkeit ergibt sich aus dem spezifischen Bruchverhalten der C-Fasern. Diese brechen, wie in Abbildung 4-24 ersichtlich, aufgrund der geringen Steifigkeit der Matrix und des beim Schneiden induzierten Biegemoment in einem gewissen Abstand von der Schneidkante. Bei gleichbleibender Entfernung des Faserbruchs von der Schneidkante, verringert sich der Imperfektionsradius durch eine mittige Krafteinleitung. SG 06 unterscheidet sich dabei von SG 05 durch den konkaven Verlauf der Schneide, welcher den Anteil der nach außen wirkenden Kräfte, die das FKV auf Lochleibung belasten, reduziert.

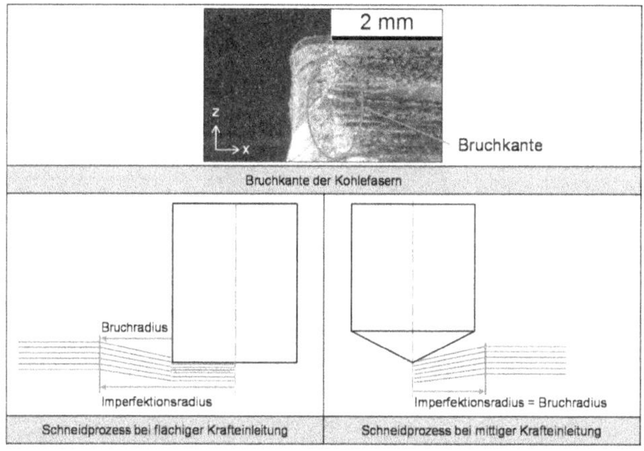

Abbildung 4-24: Bruch- und Imperfektionsradius in Abhängigkeit der Krafteinleitung beim Stanzen von CFK

Neben der Schneidgeometrie bildet die Entwicklung einer geeigneten Rillengeometrie (RG) den zweiten Herausforderungsschwerpunkt. Prinzipiell lässt sich konstatieren, dass die dem nietkopfzugewande Rillenkante so ausgeprägt sein muss, dass sie angesammelte FKV-Materialreste gut nach oben ausfließen lässt und keine zusätzlichen Materialien abschert (siehe Abbildung 4-25). Die an der Rillenflanke wirkende Gesamtkraft F_{Gesamt} teilt sich dabei in Abhängigkeit des Flankenwinkels in eine Druckkraft F_{Druck} und eine abscherend wirkende Kraft F_{Scher}.

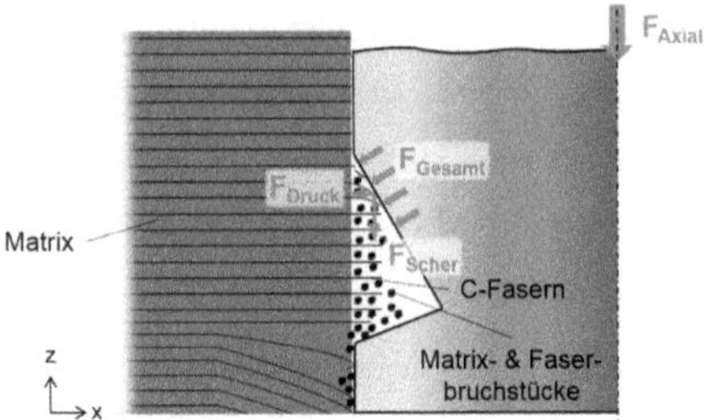

Abbildung 4-25: Darstellung der Rillenverfüllung und der wirkenden Kräfte beim Stanzen von CFK

Die dem nietkopfabgewandte Rillenkante muss dagegen so ausgeprägt sein, dass sie bei Kopfzugbelastung größtmöglichen Widerstand bietet und beim Einstanzen möglichst wenig FKV-Materialreste in die Ringnut hineinnimmt, gleichzeitig aber beim anschließenden Verprägen das Hineinfließen des Stahls nicht behindert. Im Sinne eines physikalischen Widerspruchs nach TRIZ lässt sich die Herausforderung wie folgt zusammenfassen: „Prozessbedingt wären steile Winkel ideal, da sie ein höheres Hinterschnittvolumen ermöglichen, andererseits wären flache Winkel optimal, da sie eine geringere Materialmitnahme bewirken“. Mittels DoE ergibt sich folgendes Versuchsprogramm zur Ermittlung einer optimalen Kombination (siehe Abbildung 4-26). Die RG 08 wird untersucht, um den Einfluss der Schneide auf den Hinterschnitt zu untersuchen.

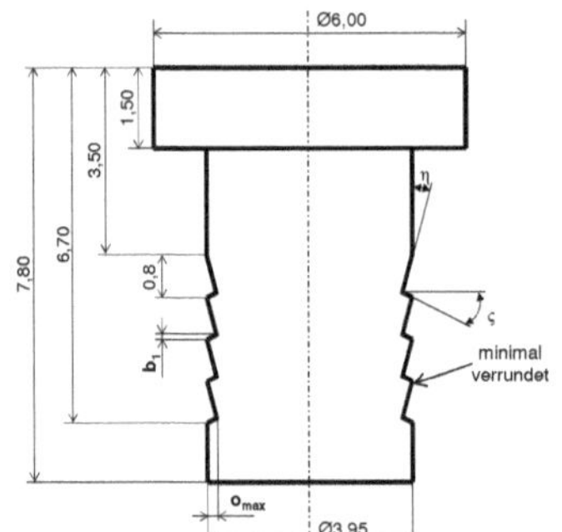

Rillengeometrie	η [°]	ς [°]	b_1 [mm]	o_{max} [mm]
Rillengeometrie 01	15	0	0	0,184
Rillengeometrie 02	13	0	0	0,159
Rillengeometrie 03	11	0	0	0,134
Rillengeometrie 04	9	0	0	0,110
Rillengeometrie 05	15	65,92	0,3	0,128
Rillengeometrie 06	15	51,18	0,2	0,151
Rillengeometrie 07	15	28,03	0,1	0,170
Rillengeometrie 08 + Sonderschneide	15	0	0	0,184

Abbildung 4-26: Untersuchungsprogramm zur Entwicklung einer optimalen Rillengeometrie

4.2.5 Delta-Alpha-Problematik

Durch die Temperaturdifferenz und die abweichenden Wärmeausdehnungskoeffizienten kommt es bei Mischverbindungen im KTL-Trockner zu einer Relativverschiebung ΔL_T der Fügepartner zueinander, die sich nach Gleichung (4.11) berechnen lässt. So beträgt der α-Wert von Stahl $\alpha_{Stahl} \sim 11{,}7 * 10^{-6} K^{-1}$ und der des Flechten-RTM $\alpha_{Flechten-RTM} \sim 0\ K^{-1}$ [Bay11a, GF05].

$$\Delta L_T \sim L_{T,Stahl} - L_{T,CFK} = L_{(296\,K),Stahl} \cdot \alpha_{Stahl} \cdot \Delta T - L_{(296\,K),CFK} \cdot \alpha_{CFK} \cdot \Delta T \qquad \text{[GF05]} \quad (4.11)$$

Mit L_T = Länge bei T und T = Temperatur.

Für eine Bauteillänge von einem Meter ergibt sich nach Gleichung (4.11) eine Ausdehnungsdifferenz von ca. 1,8 mm, die eine entsprechende Relativverschiebung der Bauteile zueinander zur Folge hat. Durch die Relativverschiebung kommt es neben reversiblen auch zu irreversiblen Verformungen in der Fügestelle und damit zu lokalen Teilversagen. Hierbei lassen sich verschiedene Verformungsfälle unterscheiden, wobei ein Ausbeulen des CFKs bzw. eine globale Verformung des Stahlbauteils ebenso wie eine Verformung des Fügeelementes im Folgenden aufgrund der hier zu erwartenden höheren Belastbarkeiten ausgeschlossen werden (siehe Abbildung 4-27). Aufgrund der stark inhomogenen Materialeigenschaften des CFKs können sich während der Temperaturausdehnung wechselnde Bedingungen und damit Überlagerungen der Verkippungsfälle ergeben. Insbesondere die Temperaturvariabilität der CFK-Eigenschaften kann zu einer Veränderung des jeweils eintretenden Verformungsfalles führen. Die in Gleichung (4.12) bis (4.14) beschriebenen Eintrittsbedingungen sind damit nicht über die gesamte Wärmeausdehnung als konstant anzunehmen, sondern beschreiben das Verhalten zu einem spezifischen Zeitpunkt. Die betrachteten Verformungsfälle gelten für elementare Fügeverbindungen sowie für kombinierte Fügeverbindungen bis zur Klebstoffaushärtung.

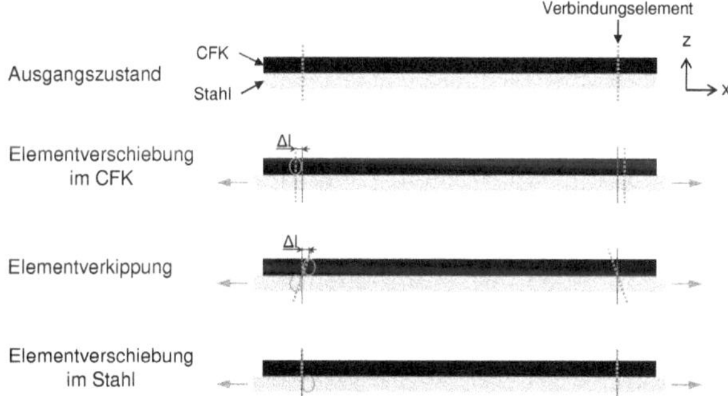

Abbildung 4-27: Verformungsfälle infolge wärmebedingter Bauteilrelativverschiebungen [WWF+13]

Falls die Belastung die Lochleibungsfestigkeit des CFKs früher übersteigt als des Stahls, kommt es zur Elementverschiebung im CFK und damit zur Materialschädigung. Die Eintrittsbedingung lässt sich für diesen Fall nach Gleichung (4.12) formulieren.

$$F_{L,\,zulässig,\,CFK} < F_{L,\,zulässig,\,Stahl} \wedge F_{L,\,zulässig,\,CFK} + F_R < F_{Verschiebung} \qquad [WWF+13](4.12)$$

$$= d \cdot t_{CFK} \cdot R_{L2\%,\,CFK} < d \cdot t_{Stahl} \cdot R_{L2\%,\,Stahl} \wedge d \cdot t_{CFK} \cdot R_{L2\%,\,CFK} + F_R < \varepsilon_{\Delta T} \cdot E_{Stahl} \cdot A_{Stahl}$$

Mit $F_{L,\,zulässig}$ = Zulässige Lochleibungskraft, F_R = Reibkraft, $F_{Verschiebung}$ = Kraft infolge Wärmedehnung, $R_{L2\%}$ = 2% Lochleibungsfestigkeit, $\varepsilon_{\Delta T}$ = Dehnung infolge ΔT, E = E-Modul, $Index_{CFK}$ = CFK, $Index_{Stahl}$ = Stahl, und A = Querschnittsfläche Bauteil.

Wenn die Belastbarkeit von CFK und Stahl aufgrund von Lochleibung im Gleichmaß überschritten wird, kommt es zu einem Verkippen des Elementes. Dies ist jedoch aufgrund der für Stahl wesentlich höheren Lochleibungsfestigkeiten nur für sehr kleine Verhältnisse t_{Stahl} / t_{CFK} zu erwarten. Im Falle der Ausbildung von Schließköpfen, Gewindedurchzügen und Matrizenverprägungen, wie z.B. beim Halbhohlstanznieten oder Fließformschrauben, wird ein Eintreten dieses Falles aufgrund der lokal veränderten Bedingungen jedoch begünstigt. Der Verformungsfall „Elementverkippung" tritt ein, falls Gleichung (4.13) erfüllt wird.

$$F_{L,\,zulässig,\,CFK} = F_{L,\,zulässig,\,Stahl} \wedge F_{L,\,zulässig,\,CFK} + F_R < F_{Verschiebung} \qquad \text{[WWF+13] (4.13)}$$

$$= d \cdot t_{CFK} \cdot R_{L2\%,\,CFK} = d \cdot t_{Stahl} \cdot R_{L2\%,\,Stahl} \wedge d \cdot t_{CFK} \cdot R_{L2\%,\,CFK} + F_R < \varepsilon_{\Delta T} \cdot E_{Stahl} \cdot A_{Stahl}$$

Für den Fall, dass die Belastbarkeit auf Lochleibung im Stahl vor der des CFK-Partners überschritten wird, beginnt eine plastische Einformung des Elementes im Stahl. Die Erfüllung dieser Bedingung nach Gleichung (4.14) ist jedoch für perfekt ebene Fügeverbindungen ebenfalls nur für sehr kleine Verhältnisse von t_{Stahl} / t_{CFK} zu erwarten.

$$F_{zulässig,\,Stahl} < F_{zulässig,\,CFK} \wedge F_{zulässig,\,Stahl} + F_R < F_{Verschiebung} \qquad \text{[WWF+13] (4.14)}$$

$$= d \cdot t_{Stahl} \cdot R_{L2\%,\,Stahl} < d \cdot t_{CFK} \cdot R_{L2\%,\,CFK} \wedge d \cdot t_{Stahl} \cdot R_{L2\%,\,Stahl} + F_R < \varepsilon_{\Delta T} \cdot E_{Stahl} \cdot A_{Stahl}$$

Für den Verformungsfall „Elementverschiebung im CFK" resultiert der größte Anteil der Verformungen nicht im Aufbau von Eigenspannungen, sondern wird über Matrix- oder Faserbrüche und die Entstehung von Delaminationen abgebaut. Ein Einfluss dieser eingebrachten Imperfektionen auf die Maximalkraft unter quasistatischem Scherzug wird jedoch für Lochleibungsversagen, wie in Kapitel 4.1.2.5 erläutert, nicht erwartet. Durch den Wärmeprozess sind jedoch ein Vorspannkraftverlust in der Fügeverbindung und damit ein Verlust des Reibkraftanteils an der übertragbaren Maximalkraft zu erwarten. Für den Fall der Elementverkippung soll angenommen werden, dass alle Beanspruchungen, welche die 2% Lochleibungsfestigkeiten $R_{L2\%}$ im CFK und Stahl überschreiten, anteilig von den beiden Partnern aufgenommen werden. Im CFK kommt es hierbei zu oben beschriebenem Spannungsabbau über lokale Versagensmechanismen, während im Stahlpartner irreversible Verformungen zum Abbau von Eigenspannungen führen. Der Verformungsfall „Elementverschiebung im Stahl" unterscheidet sich hiervon nur durch die anteilige Aufteilung der Beanspruchungen, sodass die induzierten irreversiblen Verformungen im Stahlpartner dementsprechend größer ausfallen.

Im Rahmen ähnlicher Untersuchungen bei Aluminium-Stahl-Verbindungen z.B. zur Bewertung der Taschenbildung verwendete Fünf-Punkt-Proben, sind dahin gehend ungeeignet als durch das notwendige Zerteilen der Proben etwaige Eigenspannungen wieder abgebaut werden [HL09]. Es wird daher folgende Probengeometrie nach Abbildung 4-28 vorgeschlagen. Durch den Randabstand von je 40 mm können Randeffekte ausgeschlossen werden, während die Profilgeometrie des Stahles und die beiden Fügepunkte in der Mitte einen Abbau von wärmeinduzierten Eigenspannungen durch Probenverformung minimieren. Im Zuge dieser Arbeit erfolgt eine Fokussierung auf die in Abbildung 4-28 gezeigte Probenlänge, mit einer Gesamtüberlappung von 320 mm und einem durch Fügepunkte begrenzten Bereich von 240 mm. Hieraus ergibt sich eine zu erwartende Relativverschiebung nach Gleichung (4.11) von 0,44 mm, die sich auf die beiden äußeren Fügepunkte (#1 und #4) symmetrisch verteilt. Die beiden innen gelegenen Punkte (#2 und #3) erfahren jeweils eine Verschiebung um 0,07 mm, wobei sich über die Probenlänge eine konstante Verschiebungskraft nach Gleichung (4.12) von ca. 47 kN ergibt. Für die Blindnietverbindungen ist damit der Verformungsfall „Elementverschiebung im CFK“ zu erwarten, während für die Halbhohlstanznietverbindungen eine abschließende Bestimmung, aufgrund der fehlenden Kenntnis des Schließkopfverhaltens, nicht möglich ist. Es ist jedoch ebenfalls „Elementverschiebung im CFK“ anzunehmen. Für die im CFK entstehenden Imperfektionen wird ein den Verformungen entsprechendes Verhalten mit einer stärkeren Zunahme an den äußeren Punkten erwartet. Die Punkte werden in der Reihenfolge ihrer Nummerierung in Abbildung 4-28 gesetzt.

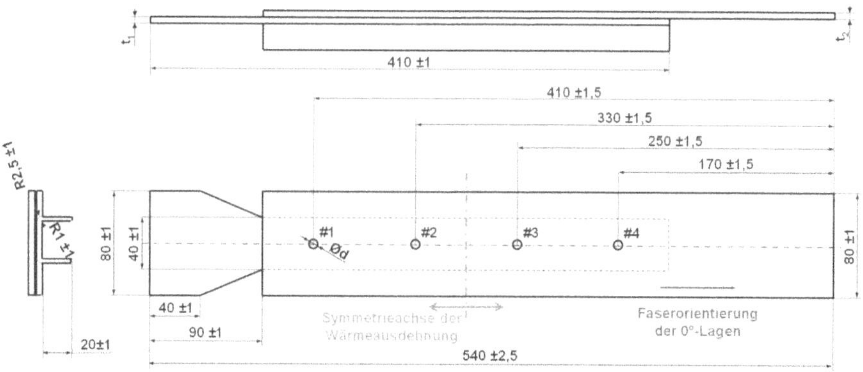

Abbildung 4-28: Probengeometrie zur Untersuchung von wärmebedingten Relativverschiebungen [WWF+13]

Die experimentelle Validierung sowie weitere Untersuchungen zur Delta-Alpha-Problematik sind gemeinschaftlich in [WWB+14] und [WWF+13] veröffentlicht. Zusammenfassend lässt sich für beide untersuchten Fügeverfahren, das Blindnieten sowie das Halbhohlstanznieten, eine Zunahme der Imperfektionen um den Fügepunkt bei Eintreten des Verformungsfalls „Elementverschiebung im CFK“ beobachten. Darüber hinaus kommt es infolge des durchlaufenen Wärmeprozesses zu einer Abnahme der Maximalkräfte. Diese wird aufgrund der eintretenden Versagensfälle, Lochleibung und Elementauszug, jedoch auf den eintretenden Vorspannkraftverlust zurückgeführt. Da der Maximalkraftverlust höher ausfällt als der an einfachen Einpunkt-Scherzugproben nach [Bay05] ermittelte Reibkraftverlust ist aber von einer Wechselwirkung zwischen Imperfektionen und Vorspannkraft auszugehen.

Erarbeitete Kernergebnisse:

- Herleitung der hinsichtlich Fügeimperfektionen bestimmenden Prozessparameter beim Fließformschrauben zu Bit-Kraft und Drehzahl
- Herleitung der hinsichtlich Fügeimperfektionen bestimmenden Elementparameter zu Spitzenradius und -schneidwirkung sowie zu Gewindevolumen und -flankenwinkel
- Aufstellung Postulat einer positiven Wirkung von Vorspannkräften auf Imperfektionen
- Beschreibung des Stanzvorgang in CFK und Identifizierung von Optimierungspotenzialen
- Herleitung der Versuchspläne zur Elemententwicklung beim Stanznieten
- Charakterisierung der Verformungsfälle von formschlüssigen CFK-Mischverbindungen infolge einer wärmebedingten Relativverschiebung sowie Entwicklung einer Probengeometrie zur Untersuchung der Auswirkungen dieser Verschiebung
- Identifizierung einer Maximalkraftabnahme im Scherzug infolge des Imperfektionswachstum bei wärmebedingter Relativverschiebung und Rückführung auf Wechselwirkung zwischen Fügeimperfektionen und Vorspannkräften

4.3 Fügesicherheit

Um die Auslegung von Fügeverbindungen zu ermöglichen und die experimentelle Absicherung zu unterstützen, sollen das Belastungsgrenzverhalten sowie die zu erwartenden Lastarten untersucht werden. Aufgrund der Defizite im Stand der Technik hinsichtlich des Scherbruchversagens wird insbesondere dieser Fall detailliert analysiert. Speziell die Eignung der für Bolzenverbindungen vorgestellten Berechnungsmethoden zur Beschreibung umformtechnisch gefügter Verbindungen soll überprüft und gegebenenfalls Modifikationen abgeleitet werden. Da für das Vollstanznieten vor Erreichen der maximalen Versagenskraft ein Verkippen der Niete zu beobachten ist, das zu einer zusätzlichen Belastung quer zur Hauptlastebene führt, wird dieses Verfahren von den Betrachtungen zur Vorhersage der Versagenskraft ausgenommen.

4.3.1 Analyse des Scherbruchversagens

Das Ziel der analytischen Methodik soll die Berechnung des Scherbruchversagens insbesondere zur Validierung experimenteller Ergebnisse sein. Für die im Rahmen dieser Arbeit untersuchten Laminate konnte für die Scherzugversuche nach [Bay05] durchweg dieses Versagen beobachtet werden. Als Herausforderungen hinsichtlich der Übertragbarkeit bestehender Berechnungsmodelle auf umformtechnisch gefügte Verbindungen sind insbesondere folgende Punkte zu nennen:

- Eine mögliche Verringerung des Randabstandes infolge des elastischen Verhaltens des FKVs bis zum Versagen im Scherbruch wird bisher allgemein nicht berücksichtigt
- Die Berechnung wird anhand des Kennwertes des gekerbten Laminates für einen spezifischen geometrischen Zustand vorgenommen, was zu einer eingeschränkten Übertragbarkeit auf andere geometrische Bedingungen führt
- Der Berechnungsformel wird eine zylindrische Elementform zugrunde gelegt, welche beim umformtechnischen Fügen nur bedingt gegeben ist
- Der Einfluss einer axialen Vorspannung und damit ein mittels Reibung übertragener Kraftanteil wird nicht berücksichtigt
- Eine Reduktion des Randabstandes infolge der Verwendung übergroßer Vorlöcher anstelle von perfekten Passungen wird nicht berücksichtigt
- Die Auswirkungen von Fügeimperfektionen gehen bisher nicht in die Berechnung ein

Unter Last kommt es zu einer elastischen Verformung, welche den Randabstand verringert. Um den Einfluss auf die maximale Versagenskraft zu bewerten, kann die elastische Verformung der Fügeverbindung über den Anstieg c_{LL} des linearen Bereichs des Kraft-Weg-Diagramms berücksichtigt werden. Dieser Parameter ist in Scherzugversuchen nach [Bay05] mit Feinwegaufnehmer ermittelbar. Auf Basis der hierbei gesammelten Daten wird eine Gleichung an den linearen Bereich des Kraft-Weg-Diagramms angepasst, deren Steigung dem Parameter c_{LL} entspricht. Die elastische Verformung υ für eine bestimmte Last F ist mittels Gleichung (4.15) zu bestimmen.

$$\upsilon = \frac{F}{c_{LL}} \qquad \text{[WFR+14] (4.15)}$$

Durch Subtraktion der elastischen Verformung υ vom Randabstand e wird deren Auswirkung auf die Versagenskraft im Scherbruchfall nach Gleichung (4.16) berücksichtigt.

$$F_{ms} = \widehat{R}_{xy} \cdot 2 \cdot (e-\upsilon) \cdot t \qquad \text{[WFR+14] (4.16)}$$

Um die Versagenskraft in Abhängigkeit der elastischen Verformung zu berechnen, muss das Gleichungssystem (4.17) unter Kombination von Gleichung (4.15) und (4.16) bei Erfüllung der Randbedingung $F = F_{ms}$ gelöst werden. Die Lösung des linearen Gleichungssystems charakterisiert die Versagenskraft F_{ms} für die Fügeverbindung unter Berücksichtigung des Einflusses der elastischen Deformation.

$$\begin{bmatrix} 0 \\ 0 \end{bmatrix} = \begin{bmatrix} c_{LL} \\ -\widehat{R}_{xy} \cdot 2 \cdot t \end{bmatrix} \cdot y + \begin{bmatrix} -1 \\ -1 \end{bmatrix} \cdot F + \begin{bmatrix} 0 \\ \widehat{R}_{xy} \cdot 2 \cdot e \cdot t \end{bmatrix} \qquad (4.17)$$

Die zweite Herausforderung ergibt sich aus der, laut Literatur, vorrangig für das Lochleibungsaber auch für das Scherbruchversagen, zu erwartenden starken Abhängigkeit der gekerbten Festigkeitskennwerte von den geometrischen Randbedingungen. So wird in [LL02] der für Scherbruchversagen wirkende Kerbspannungsfaktor für ein stark unidirektionales GFK-Material simuliert und für den kleinsten betrachteten Randabstand von e = 10 mm bei einem Bolzendurchmesser von D = 8,0 mm ein Kerbfaktor von K = 2,0 bestimmt. In der in [LL02] durchgeführten simulativen Sensitivitätsstudie wird dieser Kerbfaktor jedoch für veränderliche Randabstände sowie Bolzendurchmesser im Untersuchungsbereich 10 mm ≤ e ≤ 55 mm, 6 mm ≤ d ≤ 10 mm und 1 ≤ e/d ≤ 6 als variabel bestimmt. So nimmt der Kerbfaktor mit der Erhöhung des Randabstandes zu, während er für größere Bolzendurchmesser sinkt. Diese Variabilität des Kerbfaktors in Abhängigkeit der geometrischen Randbedingungen würde eine Berechnung des Versagens deutlich erschweren. Zur Gewährleistung von Lochleibungsversagen wird jedoch für die meisten FKV ein e/d-Verhältnis von 3 in der Literatur empfohlen. Dies führt zu einem minimalen Randabstand von e = 15 mm, für die in der Automobilindustrie standardmäßig eingesetzten Elemente aus dem Durchmesserbereich D = 5 mm, ab welchem Lochleibungsversagen eintritt. Für viele automobile Anwendungen kann zudem aufgrund Bauraumrestriktionen lediglich von verfügbaren Randabständen im Bereich von 5 ≤ e ≤ 10 mm ausgegangen werden. Für diesen Bereich kann jedoch eine sehr flache oder keine Zunahme des Kerbfaktors angenommen werden, was die Möglichkeit zur Kalkulation auf Basis eines konstanten Kerbfaktors eröffnet. Für eine auf Laminatkennwerten und Kerbfaktor basierte Berechnung muss die Schubfestigkeit des gekerbten Laminats nach Gleichung (2.7) ersetzt werden.

Zylindrische Elemente führen zu einer geraden, senkrecht zur Oberfläche stehenden Scherebene, sodass die Laminatstärke t als Kantenlänge der Scherfläche in Dickenrichtung angenommen wird. Geometrische Besonderheiten der Elemente wie z.B. Gewindegänge oder Senkköpfe führen jedoch theoretisch zu einer Verlängerung der Scherkante in Dickenrichtung und damit zu einer Steigerung der ertragbaren Belastung bis zum Versagen. Um diesen Effekt zu bewerten, werden die Scherbutzen und -ebenen in Voruntersuchungen mittels Sichtprüfung und Mikroskopie untersucht. Für alle untersuchten Fügetechniken kann tendenziell ebene Scherflächen im 90°-Winkel zur Oberfläche beobachtet werden, sodass eine Berechnung auf Basis einer der Laminatstärke gleich gesetzten Kantenlänge der Scherfläche valide erscheint.

Eine Berücksichtigung der axialen Vorspannkraft und damit der Kraftübertragung mittels Reibung ist analog Gleichung (2.5) nach Gleichung (4.18) darstellbar. Aufgrund der starken Beeinflussung der Lochleibungsfestigkeit durch Vorspannkräfte ist für Scherbruchversagen sogar von stimmigeren Berechnungsergebnissen als bei Lochleibungsversagen auszugehen. Voraussetzung ist jedoch die Kenntnis des Reibbeiwertes und der axialen Vorspannung in der Verbindung.

$$F_{ms} = \widehat{R}_{xy} \cdot 2 \cdot e \cdot t + \mu_o \cdot F_v \qquad \text{[WFR+14] (4.18)}$$

In diesem Zusammenhang ist zunächst die Abhängigkeit des Reibbeiwertes von der Vorspannkraft von Interesse. Versuche zeigen, dass für niedrigere Vorspannkräfte leicht höhere Reibbeiwerte zu beobachten sind. Da jedoch die Bestimmung bei höheren Vorspannkräften unanfälliger gegenüber Randbedingungseinflüssen scheint und eine rechnerische Überschätzung kritischer als eine Unterschätzung der Versagenskraft ist, wird die Verwendung von Reibbeiwerten vorgeschlagen, die an mit 5 kN vorgespannten Proben ermittelt werden. Alle untersuchten umformtechnischen Fügeverbindungen weisen, wie in Kapitel 5.4.1 gezeigt, Vorspannkräfte auf, die in etwa auf diesem Niveau oder darunter liegen. Für Flechten-RTM ergibt sich auf dieser Basis der Reibbeiwert zu $\mu_{0,Flecht}$ = 0,15 und für das Gelege-NP zu $\mu_{0,Gelege}$ = 0,13, was innerhalb des in [Sch07] aufgeführten Bereiches von 0,1 bis 0,2 liegt.

Zur Bestimmung der Vorspannkraft umformtechnischer Fügeverbindungen gibt es nach dem Stand der Technik keine für alle Fügetechniken einsetzbare Lösung. Da aufgrund der hohen Prozesskräfte von bis zu 50 kN eine direkte Messung nicht möglich ist, wird eine Methode zur unmittelbaren Messung des Reibkraftanteils entwickelt (siehe Abbildung 4-29 und Abbildung A.I).

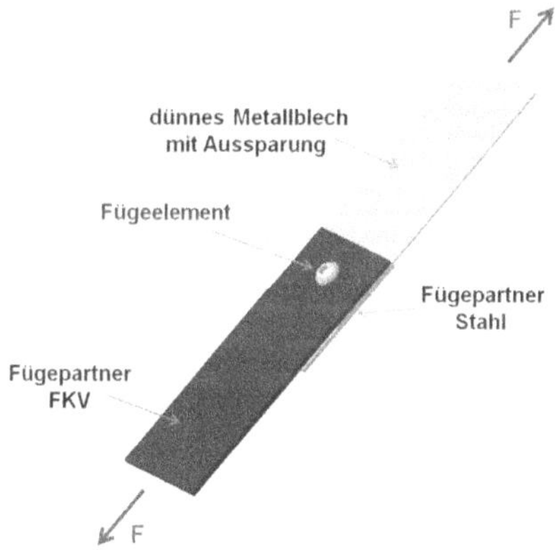

Abbildung 4-29: Prüfkörper zur Bestimmung des mittels Kraftschluss übertragenen Kraftanteils [WFR+14]

Die Methode basiert auf der Messung der Kraft, welche notwendig ist, ein zwischen die zu untersuchende Materialpaarung geklemmtes dünnes Metallblech aus der Verbindung herauszuziehen. Das dünne Metallblech ist dabei mit einer Aussparung um den Fügepunkt in Zugrichtung versehen, um eine Kraftübertragung mittels Formschluss auszuschließen, und entspricht werkstofflich dem metallischen Fügepartner. Notwendig wird zudem eine Verringerung der Materialdicke des Deckblechmaterials, um die Gesamtdicke der Verbindung unverändert zu lassen.

Die Verwendung von übergroßen Vorlöchern führt zum Spiel des Fügeelementes im Vorloch. Hieraus resultiert unter Last zunächst eine alleinige Kraftübertragung durch Reibung. Sobald die Haftreibungsgrenzlast überschritten wird, kommt es zum Rutschen des Nietes im Vorloch und damit zur Reduktion des Randabstandes (siehe Abbildung 4-30 Punkt I und Bereich II). Zu Beginn des Bereichs III in Abbildung 4-30 trifft das Fügeelement dann auf den Rand des Vorloches und die Kraftübertragung erfolgt mittels Form- und Kraftschluss. Dies zeigt sich im starken Kraftanstieg bis zum Versagen der Verbindung im Scherbruch (siehe Abbildung 4-30 Punkt IV).

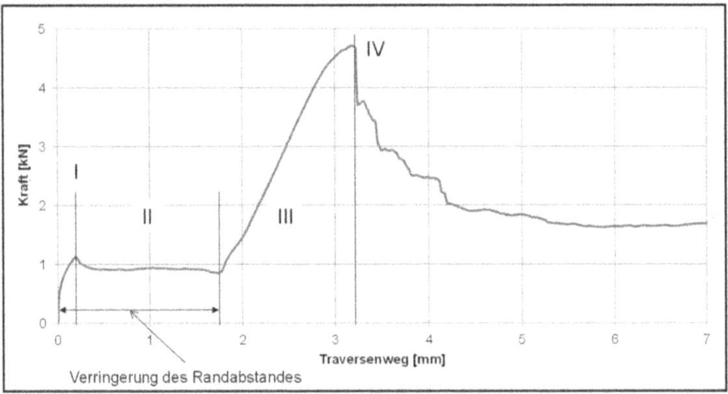

Abbildung 4-30: Kraft-Weg-Diagramm unter Verwendung übergroßer Vorlöcher [WFR+14]

Die Berücksichtigung übergroßer Vorlöcher kann über eine Bereinigung des nominalen Randabstandes e hin zu einem tragenden Randabstand e_{tr} erfolgen. Unter der Annahme, dass die Scherbruchebenen entlang der Tangenten an den Bolzen in Zugrichtung verlaufen, ergibt sich der tragende Randabstand nach Gleichung (4.19) (siehe Abbildung 4-31).

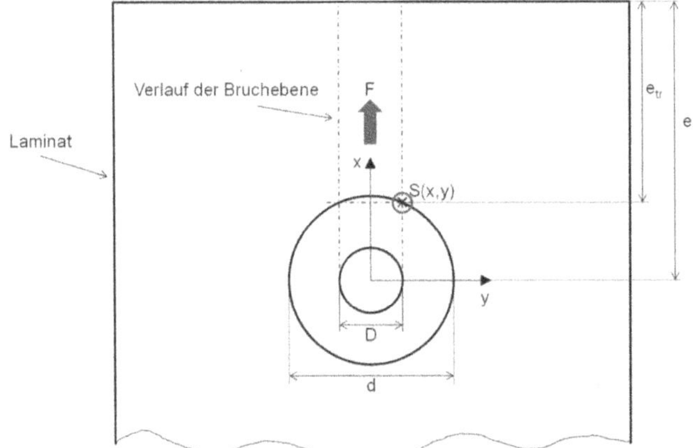

Abbildung 4-31: Veränderung des tragenden Randabstandes infolge übergroßer Vorlöcher [WFR+14]

Grundlage ist die Berechnung des Schnittpunktes S der Bruchtangente und des Vorloches. Die Berechnung auf Basis des tragenden Randabstandes e_{tr} ermöglicht eine höhere Allgemeingültigkeit, da neben der Berücksichtigung übergroßer Vorlöcher auch die Berücksichtigung von Spielpassungen möglich ist. Für das Vorliegen von perfekten Passungen ergibt sich der tragende Randabstand e_{tr} zudem zu e. Beim Blindnieten in der Fügerichtung Stahl in CFK ist aufgrund der Aufweitung der Hülse beim Hülsenweiterkonzept von einer perfekten Passung auszugehen, so dass trotz des ursprünglichen Elementdurchmessers von D = 4,8 mm mit e_{tr} = e gerechnet wird.

$$e_{tr} = e\text{-}0{,}5\cdot\sqrt{d^2\text{-}D^2} \quad \text{[WFR+14] (4.19)}$$

Neben den Abminderungsfaktoren ist die Länge der Bereiche mit unterschiedlicher RWE-Abschwächung für die verschiedenen Fügeverfahren zu bestimmen und in die Berechnung mit einzubeziehen. Der tragende Randabstand e_{tr} ist dann mittels der Abminderungsfaktoren θ_1 - θ_3 und der spezifischen Länge der Abschwächungsbereiche $e_{u1,j} – e_{l3,j}$ nach Gleichung (4.20) zum effektiven Randabstand e_{eff} zu modifizieren.

$$e_{eff,\,j}=\frac{\left[\left(e_{u,1,j}+e_{l,1,j}\right)\cdot\theta_1+\left(e_{u,2,j}+e_{l,2,j}\right)\cdot\theta_2+\left(e_{u,3,j}+e_{l,3,j}\right)\cdot\theta_3\right]}{2} \quad \text{[WFR+14] (4.20)}$$

Mit j = Index für die spezifische Fügetechnik.

Für das Fehlen von Imperfektionen gilt $e_{eff} = e_b$, sodass in den Berechnungsregeln für die Versagenskraft im Scherbruch e und e_b durch e_{eff} ersetzt werden können. Dieser Schritt führt jedoch zunächst dazu, dass die Berechnung nur noch für den spezifischen Randabstand möglich ist, für den das jeweilige $e_{eff,j}$ ermittelt wurde. Unter der in Kapitel 5.4.1 überprüften Annahme, dass sich $e_{l,j}$ analog zu einem wachsenden Randabstand erhöht und analog zu einem abnehmenden Randabstand verringert, kann jedoch eine gewisse Übertragbarkeit der Werte auf andere Randabstände sichergestellt werden.

Unter Verwendung von Laminatkennwerten, der Berücksichtigung der axialen Vorspannkraft, geometrischen Besonderheiten von Vorlöchern sowie Imperfektionen ergibt sich die Berechnung der Versagenskraft im Scherbruch zu Gleichung (4.21).

$$F_{ms,\,Scherbruch} = 2\cdot t\cdot e_{eff}\cdot\frac{R_{xy}}{K_{xy}}+\mu_0\cdot F_V \quad (4.21)$$

4.3.2 Verhalten unter verschiedenen Belastungszuständen

Zur experimentellen Bewertung der Fügesicherheit sind die für das Produkt zu erwartenden Belastungsfälle abzubilden. Für Fügeverbindungen in der Karosserie von PKWs sind dies im Normalfall auf mechanischer Seite quasistatische, dynamisch crashartige sowie dynamisch zyklische Belastungen. Aus [HBD+04] und [BMK+03] sind schwerpunktmäßig Festigkeitskennwerte für CFK-Aluminium-Verbindungen bekannt. Die in den beiden Forschungsprojekten verwendeten CFK-Werkstoffe sind zudem heutigen Materialien von den Festigkeitskennwerten deutlich unterlegen und unterscheiden sich vom untersuchten Flechten-RTM auch im Hinblick auf den strukturellen Aufbau wesentlich. Ziel ist es daher, Verbindungskennwerte für stark anisotrope CFK, wie sie für die Automobilindustrie vornehmlich von Interesse sind, zur Verfügung zu stellen. Insbesondere die Gegenüberstellung unterschiedlicher Fügeverfahren zueinander soll fokussiert werden. Neben den mechanischen Belastungen sind auch kombinierte mechanisch-thermische Belastungen von Interesse. Die Betrachtung des Verhaltens unter quasistatischer Last über variierende Temperaturen bildet hierzu einen wertvollen Indikator.

Hinzu kommen chemische Lasten, welche sich im automobilen Sektor vorwiegend auf Salzwasserkorrosion beschränken [Pöl12, Eur05]. Korrosionsuntersuchungen an FKV-Stahl-Verbindungen, welche nach dem Fügen KTL-beschichtet werden, sind nicht bekannt. Aus diesem Grund sollen verschiedene KTL-beschichtete Fügeverbindungen im VDA-Wechseltest untersucht und bewertet werden. Aufgrund der Wechselwirkung von Elementbeschichtung und KTL-Prozess erscheint eine Analyse des Verhaltens im VDA-Wechseltest besser geeignet als elektrochemische Messungen, z.B. des Ruhepotenzials, welche dieses Zusammenspiel vernachlässigen. Abbildung 4-32 gibt einen Überblick über die zu untersuchenden Belastungszustände.

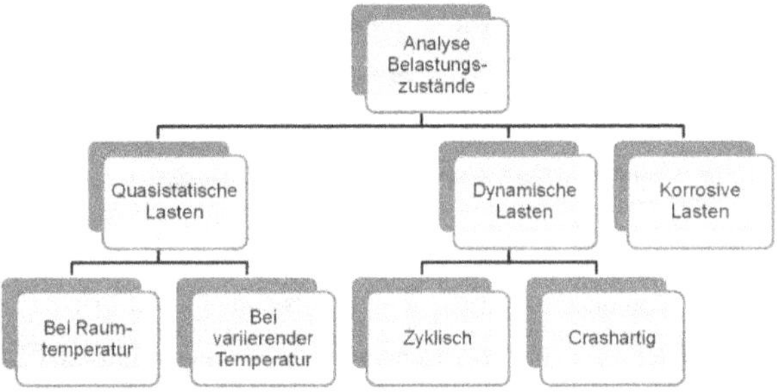

Abbildung 4-32: Aufgliederung der zu untersuchende Belastungsszenarien

Erarbeitete Kernergebnisse:

- Entwicklung einer Berechnungsmethode zur Vorhersage der Versagenskraft von umformtechnisch gefügten CFK-Mischverbindungen unter Berücksichtigung spezifischer Randbedingungen wie dem Vorhandensein von Fügeimperfektionen
- Identifizierung der wesentlichen Belastungsarten für CFK-Mischverbindungen in PKW-Karosserien

5 Experimentelle Betrachtungen

Die angestellten Überlegungen sollen mittels Experimenten validiert und ergänzt werden. Ziel ist dabei nicht nur die Bestätigung der analytischen Modelle, sondern auch die Gewinnung neuer Erkenntnisse, die mittels theoretischer Betrachtungen nur unzureichend vorhersagbar sind.

5.1 Untersuchungsmethodik

Vor der Darstellung der experimentell gewonnenen Ergebnisse wird die verwendete Untersuchungsmethodik vorgestellt. Erläutert werden insbesondere die verwendeten Werkstoffe, Fügemittel, Fertigungseinrichtungen sowie Prüfmethoden.

5.1.1 Versuchswerkstoffe

Aufgrund der zu ertragenden Wärme im Lackierprozess sowie herstellungsbedingter Vorteile ist momentan vorwiegend CFK mit duroplastischer Matrix für den Einsatz im Karosseriebau angedacht. Für die anzustellenden Untersuchungen werden daher die CFK nach Tabelle 5.1 gewählt.

Tabelle 5.1: Allgemeine Daten der verwendeten CFK-Werkstoffe

Werkstoff		Matrix	Faser	Faseranteil [V%]	Lagenaufbau	Laminatdicke [mm]	Herstellverfahren	T_g [°C]
Prepregmaterial	[RG11]	Epoxidharz	HT-C-Faser	52-55	$((0°/90°)_t/0°/90°)_s$ (t: Köper 2/2)	2,0	Prepreg-Autoklav	115
Flechten-RTM	[Bay11a]	Epoxidharz	HT-C-Faser E-G-Faser	48 (67,5 C / 32,5 G)	$(\pm45°_G/0°_C)_s$ (m: Geflecht)	2,1	ND-RTM	100
Gelege-RTM	[Bay11a]	Epoxidharz	HT-C-Faser	50	$(+45°_{(1)}/-45°_{(1)}/0°_{(6)})_s$ (1): 150 g/m², (6): 600 g/m²	2,3	ND-RTM	100
Gelege-NP	[Bay11a]	Epoxidharz	HT-C-Faser	50	$(+45°_{(1)}/-45°_{(1)}/0°_{(3)}/0°_{(3)})_s$ (1): 150 g/m², (3): 300 g/m²	1,9	NP	105

Hervorzuheben sind die Infiltrationstechnologien Niederdruck-Resin-Transfer-Molding (ND-RTM) und Nasspressen (NP) sowie die Technologie des Flechtens zur Strukturherstellung. Insbesondere die Nasspress- und Flechttechnologie bieten erhebliche Potenziale im Hinblick auf den automatisierten Einsatz in der Automobilindustrie [EMR11]. Beim RTM-Prozess setzt sich die Laminatherstellung aus den Schritten Stacken, Preformen, Preformbeschnitt und anschließende Harzinjektion zusammen. Für den NP-Prozess werden hingegen die ebenen Stacks ohne vorgelagertes Preformen direkt mit Harz getränkt und anschließend gepresst, wobei wie im RTM-Prozess ein Harz auf Bisphenol-A-Epichlorhydrinharzbasis mit einer molaren Masse kleiner 700 g/mol zum Einsatz kommt. Zur Herstellung von ebenen Proben wird beim Flechten-RTM ein Preform aus zwei Lagen verwendet, die durch Auftrennen eines Rundschlauches aus einem Triaxialgeflecht mit ±45° G-Fasern und 0° C-Fasern (50k) gewonnen werden. Tabelle 5.2 führt die physikalischen Kennwerte der verwendeten CFK-Werkstoffe auf. Um einen Einfluss von Schwankungen in den

Materialeigenschaften zwischen verschiedenen Fertigungschargen auszuschließen, werden vergleichende Versuchsreihen stets aus einer Charge hergestellt.

Tabelle 5.2: Physikalische Kennwerte der verwendeten CFK-Werkstoffe in x-Richtung

Werkstoff		E [GPa]	R_x [MPa]	A_{50} [%]	R_{xy} [MPa]	T_g [°C]	$\alpha_{(20°C)}$ [10^{-6} K^{-1}]
Prepreg-material	[RG11]	60	950	1,7	-	115	-
	Ermittelt (n=10)	57 ±1	677 ±27	1,1 ±0,0	-	-	-
Flechten-RTM	[Bay11a]	84	1141	1,3	76	100	~0
	Ermittelt (n=10)	88 ±5	998 ±92	1,1 ±0,0	-	-	-
Gelege-RTM	[Bay11a]	75	1206	1,5	-	100	-
	Ermittelt (n=10)	74 ±3	1043 ±54	1,4 ±0,1	-	-	-
Gelege-NP	[Bay11a]	-	-	-	176	105	-
	Ermittelt (n=10)	88 ±4	1294 ±67	1,4 ±0,1	-	-	-

Der Untersuchungsfokus liegt auf den Herausforderungen, die sich aus der Verwendung von CFK in von Stahl dominierten Karosseriekonstruktionen ergeben. Auf Basis der Neuheit dieser Verbundwerkstoffe im Karosseriebau sowie Erkenntnissen aus [HBD+04] und [BMK+03] wird der Untersuchungsbedarf auf Seiten der CFK-Werkstoffe in den Vordergrund gestellt. Um den Vergleich verschiedener Fügetechniken zu ermöglichen, muss die Verbindungsausbildung im Stahl jedoch für alle Verfahren gewährleistet sein. Es wird daher folgender Karosseriebaustahl nach [Bay12] in der Blechstärke 1,5 mm gewählt (siehe Tabelle 5.3).

Tabelle 5.3: Physikalische Kennwerte des verwendeten Stahlwerkstoffs [Bay12]

Werkstoff		$R_{p0,2}$ [N/mm²]	R_m [N/mm²]	A_{80} [%]	BH_2 [N/mm²]	$\alpha_{(20°C)}$ [10^{-6} K^{-1}]
CR240BH-GI50/50	[Bay12]	240-300	340-440	≥ 29	≥ 20	11,9

5.1.2 Fügeelemente

Für den Vergleich der erzielbaren Verbindungsfestigkeiten werden hochfeste Hülsenweiterblindniete aus Stahl eingesetzt (siehe Abbildung A.II und Tabelle A.I). Bei der Herstellung von mittels Blindnieten gefügten Proben wird der setzseitige Werkstoff aufgrund der Lochfindung bei Karosseriebautoleranzen mit einem Vorloch von Ø 8,5 mm und der schließkopfseitige Werkstoff mit einem Vorloch von Ø 5,0 mm versehen. Für Untersuchungen zum Fließformschrauben kommt standardmäßig eine Außentorxschraube (AT) mit Doppelspitze zum Einsatz. Für Korrosionsuntersuchungen werden auch Innentorxschrauben (IT) mit Linsenkopf betrachtet. In Abbildung A.III sind die verwendeten Elemente schematisch dargestellt, während Tabelle A.II deren technische Daten zeigt. Für die Untersuchungen zum Halbhohlstanznieten werden sowohl Elemente mit Senkrund- als auch Flachrundkopf eingesetzt (siehe Tabelle A.III und Abbildung A.IV). Eine schematische Darstellung der verwendeten Vollstanzniete liefert Abbildung A.V. Tabelle A.IV beinhaltet zudem deren wichtigste technische Daten.

Für kombinierte Fügeverbindungen wird der Klebstoff Sika Power® 498 eingesetzt, dessen wichtigste technische Daten in Tabelle A.V zusammengefasst sind. Der einkomponentige, crashfeste Strukturklebstoff wird bei 55°C appliziert und härtet mittels Wärme aus.

5.1.3 Probengeometrien

Je nach Untersuchungsart und -schwerpunkt kommen entsprechende Probengeometrien zum Einsatz. Dabei werden, soweit möglich, standardisierte Probengeometrien verwendet. Hierbei wird den bei der BMW Group verwendeten Standards Vorzug vor allgemein gültigeren Normen gegeben, um die auf die internen Normen abgestimmten Prüfeinrichtungen nutzen zu können.

Zur Ermittlung der Zugfestigkeit der FKV in x-Richtung kommt die nach [DIN97] genormte Probe Typ 2 mit 25 mm Breite zum Einsatz. Für Zugfestigkeitsuntersuchungen bei variierenden Imperfektionsumfängen kommt zudem die in Abbildung A.VI dargestellte und an [DIN97] und [Bay05] angelehnte Probengeometrie zum Einsatz. Die modifizierte Probe wird aufgrund des in Vorversuchen identifizierten Rutschens bei zyklischer Last mit einem breiteren Einspannbereich versehen. Neben der Zugfestigkeit ist ein weiterer bestimmender Kennwert die Lochleibungsfestigkeit. In Anlehnung an [DIN91] und [Bay05] wird die in Abbildung A.VII dargestellte Probengeometrie für die angestellten Untersuchungen mit x_1 = 75 mm und x_2 = 150 mm, entsprechend einem Randabstand e = 35 mm, verwendet. Um die in-plane Schubfestigkeit von gekerbten Proben zu untersuchen, kommt der gleiche Versuchsaufbau zum Einsatz, wobei x_1 variiert wird. Zur Untersuchung des Elementdurchzugversagens kommt die in Abbildung A.VIII dargestellte Probengeometrie in Kombination mit der Prüfeinrichtung Abbildung A.IX zum Einsatz.

Die in Abbildung A.X dargestellte, nach [Bay05] in Anlehnung an [DIN02b] und [DVS07] standardisierte Probe, wird zur Prüfung von Fügeverbindungen unter Scherzugbelastung verwendet. Zur Prüfung der Verbindungsfestigkeiten unter Kopfzugbelastung kommt die in Abbildung A.XI dargestellte, nach [Bay05] in Anlehnung an [DIN02a] standardisierte Probe zum Einsatz.

Zur Prüfung der Fügeverbindungen unter Scherzug in dynamisch crashartigen Versuchen wird die in Abbildung A.XII dargestellte und an [Bay05] angelehnte Probengeometrie verwendet. Die Abweichung der Probenbreite von 48 mm auf 45 mm gegenüber [Bay05] ergibt sich, ebenso wie die Einbringung der vier Löcher, aus den Anforderungen der Prüfvorrichtung. Beim Vergleich der Verbindungsfestigkeit hybridgefügter Proben unter quasistatischer und dynamischer Scherzugbelastung wird aufgrund der reduzierten Klebfläche nach Gleichung (5.1) eine Vergleichskraft $F_{ms,\,Vergleich}$ für die dynamischen Ergebnisse ermittelt. Da die elementar gefügten Proben alle Scherbruchversagen zeigen, kann hier auf einen Anpassungsfaktor verzichtet werden. Zur Prüfung des Korrosionsverhaltens erstellter Fügeverbindungen im VDA-Wechseltest wird die in Abbildung A.XIII dargestellte Probengeometrie verwendet.

$$F_{ms,\ Vergleich} = F_{ms,\ Dynamisch} \cdot 1{,}07 = F_{ms,\ Dynamisch} \cdot \frac{48\ mm \cdot 20\ mm}{45\ mm \cdot 20\ mm} \quad (5.1)$$

5.1.4 Fügeeinrichtungen

Für die Blindnietprobenerstellung kommt ein mobiles Setzgerät mit pneumatisch-hydraulischem Antrieb zum Einsatz (siehe Tabelle A.VI). Die Fließformschraubverbindungen werden mit einer elektromotorisch-pneumatischen Anlage gefertigt (siehe Tabelle A.VII). Kennzeichnend für den verwendeten Schraubautomaten ist das Prinzip der Überdrückung des Niederhalters, sodass sich die tatsächliche Bit-Kraft F_{Bit} nach Gleichung (5.2) ergibt.

$$F_{Bit} = F_{Vorschub} - F_{Niederhalter} + G_{Schrauber} \quad (5.2)$$

Mit $F_{Vorschub}$ = Vorschubkraft, $F_{Niederhalter}$ = Niederhalterkraft und

$G_{Schrauber}$ = Gewichtskraft des Schraubautomaten.

Die Erstellung von Halbhohlstanznietverbindungen erfolgt mittels einer elektromechanischen Anlage bei 100 mm/sec (siehe Tabelle A.VIII). Zum Fügen mittels Vollstanznieten wird ebenfalls eine elektromechanische Zange eingesetzt, jedoch mit einer Setzgeschwindigkeit von 10 mm/sec gearbeitet (siehe Tabelle A.IX). Für die Fertigung von verklebten Proben wird ein robotergeführter SCA Dosierer verwendet (siehe Tabelle A.X). Um die tatsächliche Verbindungsfestigkeit unter Produktionsbedingungen realitätsnah erfassen zu können, wird eine definierte Klebstoffmenge in Raupenform auf das Basisblech aufgebracht. Die Verquetschung des Klebstoffs erfolgt durch die Füge- bzw. Niederhalterkräfte nach der Fixiermethode [HB04]. Die Aushärtung des Klebstoffes erfolgt mittels eines Heißluftofens, welcher analog dem KTL-Prozess auf 180°C aufheizt, diese Temperatur über 20 min hält und anschließend auf Raumtemperatur abkühlt.

5.1.5 Prüfmethoden

Hinsichtlich der Prüfmethoden ist prinzipiell eine Untergliederung in zerstörende und zerstörungsfreie Prüfungen möglich. Die Bewertung von Fügeverbindungen hinsichtlich der jeweiligen qualitätsrelevanten Kriterien erfolgt dabei zerstörend mittels Mikroschliffen. Die Analyse der Mikroschliffe erfolgt unter einem Auflichtmikroskop, wobei die Wahl der Vergrößerung in Abhängigkeit des Untersuchungsschwerpunktes situativ erfolgt. Bei Bedarf wird eine Untersuchung von Proben mittels eines Rasterelektronenmikroskops vorgenommen.

Die Prüfung der Fügeverbindungen unter quasistatischer Last sowie des Elementdurchzugverhaltens erfolgt mittels der Prüfmaschine Zwick Z050/TH3S (siehe Tabelle A.XI). Die Untersuchungen zu variierenden Einsatztemperaturen werden in einer Zugprüfanlage Instron 5969 durchgeführt, die mit einer Temperierkammer ausgerüstet ist. Die Zugprüfung in der Temperierkammer ist in einem Bereich von -70 °C bis +250 °C möglich (siehe Tabelle A.XII). Für die Materialuntersuchungen erfolgen die Zugversuche mit der Prüfmaschine Zwick XC-FR250SN (siehe Tabelle A.XIII). Das Verhalten unter zyklischer Last wird mit dem Versuchsstand Hydropuls® PL40K untersucht (siehe Tabelle A.XIV). Die Ermittlung von Wöhlerlinien erfolgt mittels Perlschnurverfahren im Zugschwellbereich bei 20 Hz, einem Lastverhältnis LV = 0,1 und einer Stichprobengröße n = 15 (siehe Gleichung (5.3)). Als Versagenskriterium wird Probenbruch und als Abschaltgrenze 1.000.000 Schwingspiele gewählt. Die einzelnen Reihen werden unter Auswertung der 50%-Ausfallwahrscheinlichkeitsgrenze und linearer Interpolation im Bereich von $5 \cdot 10^5$ bis $1 \cdot 10^6$ zusammengefasst. Für Hochgeschwindigkeitszugversuche kommt die Prüfmaschine Amsler HTM-10020-B zum Einsatz (siehe Tabelle A.XV). Zur Prüfung des korrosiven Verhaltens wird der VDA-Wechseltest mit 10 Zyklen herangezogen (siehe Abbildung 5-1).

$$LV = \frac{\text{Unteres Lastniveau}}{\text{Oberes Lastniveau}} = \frac{F_u}{F_o} = 0{,}1. \qquad \text{nach [DIN78]} \qquad (5.3)$$

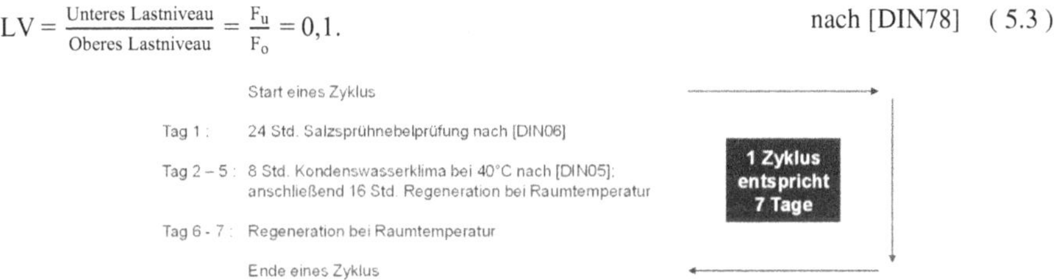

Abbildung 5-1: Ablaufschema des VDA-Wechseltests [Bay10]

Zur Untersuchung der Festigkeitsauswirkungen von Imperfektionen müssen deren Umfänge zerstörungsfrei ermittelt werden. Bei der ZfP kommt Ultraschall in Tauchtechnik zum Einsatz. Die technischen Daten der Ultraschallanlage sind in Tabelle A.XVI zusammengefasst. Die Ultraschallscans werden mit einer Prüffrequenz von 6 MHz, einer Verstärkung von 32dB und einer Wasservorlaufstrecke von ca. 17,5 mm angefertigt. Um eine Auflösung von 0,2 x 0,2 mm zu erzielen, wird mit einer Geschwindigkeit von 50 mm/sec gearbeitet. Zur Verifizierung der Ultraschallprüfung (UT) werden Untersuchungen mit Computertomografie (CT) durchgeführt (siehe Tabelle A.XVII). Als Voxelauflösung werden für die Untersuchungen 50 µm gewählt.

5.2 Fügeeignung

Die in Kapitel 4.1 angestellten analytischen Betrachtungen zur Fügeeignung sollen im folgenden Kapitel experimentell nachvollzogen werden. Analog Kapitel 4.1 erfolgt eine Untergliederung der Untersuchungen in Bauteil- und Fügeimperfektionen.

5.2.1 Bauteilimperfektionen

Durch den kombinierten Einsatz verschiedener ZfP-Methoden kann der Nachweis für alle betrachteten Bauteilimperfektionen erbracht werden. Tabelle 5.4 zeigt zusammenfassend die Eignung der verschiedenen ZfP-Methoden sowie die Bewertung der Verbindungsausbildung auf Basis von Mikroschliffen und der visuellen Begutachtung. Da die Imperfektion „Lunker" mit Hilfe von Ausschussmaterial nachgestellt wird, das beim Nasspressen entstanden ist, wird als Referenzverbindung ebenfalls mittels Nasspressen hergestelltes i.O.-Flechtmaterial verwendet.

Tabelle 5.4: Nachweisbarkeit der Bauteilimperfektionen mittels ZfP und Bewertung der Verbindungsausbildung

Bauteilimperfektion	Nachweis mittels ZfP			Beurteilung der Verbindungsausbildung	
	UT	CT	visuell	visuell	Mikroschliff
Lunker	+	+	o	nicht auffällig	auffällig
Delamination	+	o	-	auffällig	auffällig
Faserbruch C-Faser	-	+	o	nicht auffällig	nicht auffällig
Faserbruch G-Faser	-	+	-	nicht auffällig	nicht auffällig
Ondulation	-	+	o	nicht auffällig	auffällig
Fasergassen	o	+	+	nicht auffällig	auffällig
Faserfehlorientierung	-	+	o	nicht auffällig	nicht auffällig

Legende:
+ gut möglich
o eingeschränkt
- nicht möglich

In der visuellen Verbindungsbeurteilung zeigt sich nur die Imperfektion „Delamination" auffällig. Durch die beeinträchtigte Kraftübertragung zwischen den Einzellagen müssen die beim Fügen eingebrachten Belastungen im Wesentlichen von einer Lage aufgenommen werden. Die Folge ist ein Aufwölben sowie eine flächige Schädigung des Laminates (siehe Abbildung A.XIV).

Hinsichtlich der Bewertung der Verbindungsausbildung in Mikroschliffen ergibt sich ein differenzierteres Bild. So erweist sich die Imperfektion „Lunker" vor allem für das elementare Blindnieten kritisch (siehe Abbildung A.XV). Durch die infolge des übergroßen Vorloches und den Einzug des Nietdorns wirkende Biegebelastung kann es aufgrund der Imperfektion zum Laminatbruch und infolge dessen zum Nietdorndurchzug kommen. Beim hybriden Blindnieten übernimmt der Klebstoff bei Verfüllung des Vorloches eine stützende Wirkung, sodass für diesen Fall ein unkritischeres Verhalten beobachtet werden kann. Wie schon durch die visuelle Bewertung zu vermuten, zeigt sich die Auswirkung der Imperfektion „Delamination" in der Schliffbewertung am schwerwiegendsten (siehe Abbildung 5-2, Abbildung A.XVI und Abbildung A.XVII). Beim Fließformschrauben kann trotz der negativen Keilwirkung der Gewindegänge durch die wirkende Vorspannkraft eine weitere Ausdehnung der Delamination verhindert werden. Für die Imperfektion „Ondulation" lassen sich ebenfalls Auffälligkeiten für das Fließformschrauben und Halbhohlstanznieten beobachten (siehe Abbildung A.XVIII). Beim Fließformschrauben kommt es durch den lokal erhöhten Faservolumengehalt zu einer verstärkten Bildung von Delaminationen an der Grenzschicht der zusätzlichen Lage. Durch die beim elementaren Fließformschrauben zu erwartenden höheren Vorspannkräfte ist der Effekt hier weniger ausgeprägt als bei den hybrid gefügten Vergleichsproben. Für das elementare Halbhohlstanznieten lässt sich eine starke Rückfederung der Elemente beobachten, die aber aufgrund fehlender Auffälligkeiten im Kopfzug auf die lokal erhöhte Laminatdicke und den Trennvorgang zurückgeführt wird. Für die Imperfektion „Fasergasse" lassen sich für das Halbhohlstanznieten verstärkt Risse im Harz beobachten, was auf den Stanzvorgang des Prozesses zurückzuführen ist (siehe Abbildung A.XIV).

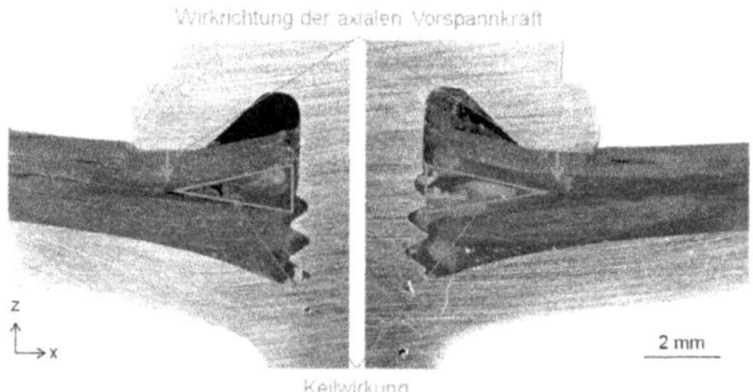

Abbildung 5-2: Behinderung des Delaminationswachstums durch Wirkung der axialen Vorspannkraft [WFG+13]

Bei der Auswertung der Zugversuche werden die jeweiligen mit Imperfektionen behafteten Proben den Referenzverbindungen gegenübergestellt. Für die elementaren Scherzugproben kann durchweg Scherbruch beobachtet werden, während für die hybrid gefügten Proben Substratbruch eintritt (siehe Abbildung 5-3). Unter Kopfzugbelastung kommt es über alle Reihen hinweg zu Elementdurchzugversagen. Hierbei zeigen sich unter Kopfzugbelastung gegenüber dem Verhalten unter Scherzug stärkere Auswirkungen der Imperfektionen, wobei die Imperfektion „Delamination" eine Ausnahme mit umgekehrtem Charakter bildet (siehe Abbildung 5-4).

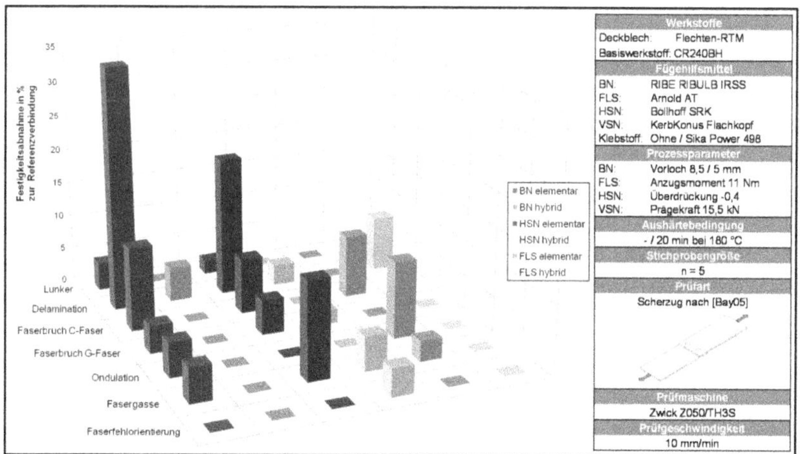

Abbildung 5-3: Abnahme Scherzugfestigkeit gegenüber Referenzverbindung infolge von Bauteilimperfektionen

Allgemein zeigt sich, dass kombinierte Fügeverbindungen mit Klebstoff aufgrund der flächigen Krafteinleitung wesentlich toleranter auf Bauteilimperfektionen reagieren als rein umformtechnische Fügungen. Unter den Verfahren erweist sich das Fließformschrauben durch die höheren Vorspannkräfte am robustesten. Die Vorspannkräfte wirken dabei zum einen den Fügeimperfektionen entgegen, welche infolge der Bauteilimperfektionen zusätzlich entstehen, und erhöhen zudem den Reibkraftanteil der Fügeverbindung. Das Halbhohlstanznieten zeigt sich durch den Stanzprozess am anfälligsten für Bauteilimperfektionen, während das Blindnieten aufgrund des vorgelagerten Lochprozesses, aber der geringeren axialen Vorspannkräfte, bewertungstechnisch zwischen dem Halbhohlstanznieten und dem Fließformschrauben anzusiedeln ist.

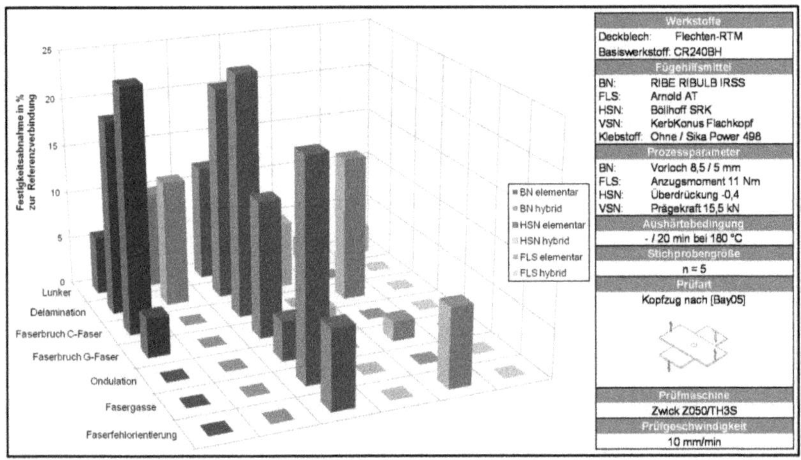

Abbildung 5-4: Abnahme Kopfzugfestigkeit gegenüber Referenzverbindung infolge Bauteilimperfektionen

Als besonders kritisch hinsichtlich der Verbindungsqualität erscheinen die Imperfektionen „Lunker“, „Delamination“ und „Faserbruch C-Faser“. Beim Halbhohlstanznieten sind aufgrund des Stanzvorgangs zudem die Imperfektionen „Fasergasse“ und „Faserbruch G-Faser“ relevant, während die Einflüsse der Imperfektionen „Ondulation“ und „Winkelverschiebung“ über alle Verfahren und Belastungsrichtungen gering sind. Angesichts der Auswirkungen der Imperfektionen „Delamination“ und „Lunker“ durchgeführte Validierungsuntersuchungen, zeigen für das Gelege ein ähnliches Ergebnis. Eine Vermeidung dieser Imperfektionen, z.B. über zerstörungsfreie Bauteilprüfungen, scheint damit unabhängig vom verwendeten CFK zwingend notwendig.

5.2.2 Fügeimperfektionen

Aufbauend auf dem Vorgehen aus Abbildung 4-3 wird zunächst eine geeignete ZfP-Methode erarbeitet. Hieran anschließend werden die Auswirkungen von Fügeimperfektionen auf verschiedene Materialkennwerte gezielt untersucht.

5.2.2.1 Validierung einer zerstörungsfreien Prüfmethodik

Auf Basis der für FKV und Fügeverbindungen verfügbaren ZfP-Methoden gilt es, geeignete Verfahren für die vorliegende Prüfaufgabe auszuwählen, zu testen und zu optimieren. Als erster Schritt wird die Prüfaufgabe wie folgt spezifiziert: „Quantifizierbare Messung von Fügeimperfektionen im unmittelbaren Umfeld des metallischen Verbindungselementes“. Eine spezielle Herausforderung stellen die starken Dichteunterschiede der Verbindungspartner Stahl, metallisches Fügeelement und FKV dar. Zu beachten ist dabei, dass der FKV in sich bereits einen inhomogenen Verbund von Materialien unterschiedlicher Dichte darstellt. In Anlehnung an [Koc11] werden daher folgende vier Prüfmethoden für Detailuntersuchungen ausgewählt:

- Computertomografie
- Röntgen
- Thermografie
- Ultraschall in Tauchtechnik

Die Wahl von Ultraschall in Tauchtechnik ist der Einkopplung des Schallsignals in das Bauteil geschuldet, da die Kontur des Fügeelementkopfes den Einsatz von Kontaktprüfköpfen verhindert. Tabelle 5.5 zeigt die nach dem Vorselektionsprozess nicht weiterverfolgten Prüfmethoden.

Tabelle 5.5: Nicht weiterverfolgte ZfP-Methoden [WFN+13]

Prüfverfahren	Gründe für ein Nichtweiterverfolgen des Verfahrens
Magnetpulverprüfung	Nicht möglich, da FVK nicht ferromagnetisch sind
Eindringprüfung	Nicht möglich, da das Prüfmedium nur in bis zur Oberflache reichende Defekte eindringen kann.
Akustische Verfahren	Nicht sinnvoll, da die Einflussgrößen der verschiedenen Fügeelemente sowie des inhomogenen FVK-Aufbaus zu groß sind
Shearografie	Nicht sinnvoll, da die zu erwartende laterale Auflösung zu gering ist und die out-of-plane Verformung durch das Fügeelement behindert wird.
Wirbelstromprüfung	Nicht sinnvoll, da Delaminationen überwiegend parallel zur Oberfläche auftreten und durch das Fügeelement Beeinträchtigungen des Wirbelstromsignals zu erwarten sind.

Im Anschluss werden die Ergebnisse der erfolgsversprechenden ZfP-Methoden vorgestellt. Begonnen werden die Untersuchungen an der mittels Vollstanznieten gefügten Materialkombination Gelege-RTM/Stahl, da sich das Gelege-RTM als prüftechnisch weniger anspruchsvoll als das Flechten-RTM zeigt. Anschließend wird die Übertragbarkeit der Ergebnisse überprüft.

Die Röntgenprüfung erfolgt mit dem Mikrofokus-Röntgensystem phoenix micromelX. Abbildung 5-5 zeigt die gewonnen Daten. Durch die starken Dichteunterschiede zwischen dem metallischen Nietelement und dem Stahlfügepartner auf der einen sowie dem CFK auf der anderen Seite kommt es zu Artefakten und Kanteneffekten, so dass nur das Element an sich geprüft werden kann, nicht aber Delaminationen oder andere Imperfektionen im CFK detektiert werden können. Für die Computertomografieprüfung wird während der Prüfmethodenentwicklung eine Anlage mit Mikrofokusröhre und 200 µm Pixel Flate Panel verwendet. Auf Basis der verwendeten Probengröße wird eine Voxelauflösung von ca. 0,04 mm erreicht. Auch bei der Computertomografieprüfung verhindern die bei der Röntgenprüfung auftretenden Effekte, wenn auch weniger stark ausgeprägt, eine zielführende Prüfung des CFK (siehe Abbildung 5-5 unten).

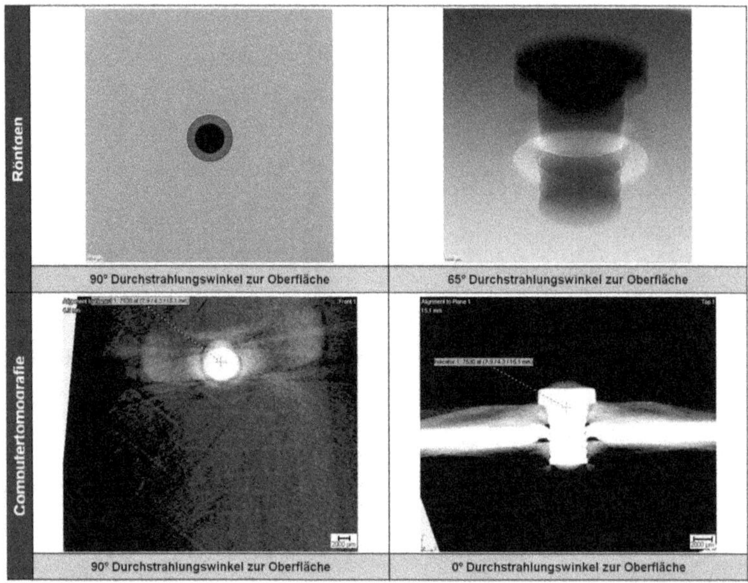

Abbildung 5-5: Ergebnisse der ZfP-Untersuchungen zur Röntgen- und Computertomografieprüfung [WFN+13]

Mittels der Thermografieprüfung können an der Verbindung scheinbar bessere Ergebnisse erzielt werden. Bei genauerer Betrachtung zeigt sich jedoch, dass auch hier die Dichteunterschiede zwischen Fügeelement und CFK zu Kanten- und Abschattungseffekten sowie Artefakten führen, die eine Auswertung im Elementumfeld unmöglich machen (siehe Abbildung 5-6 links).

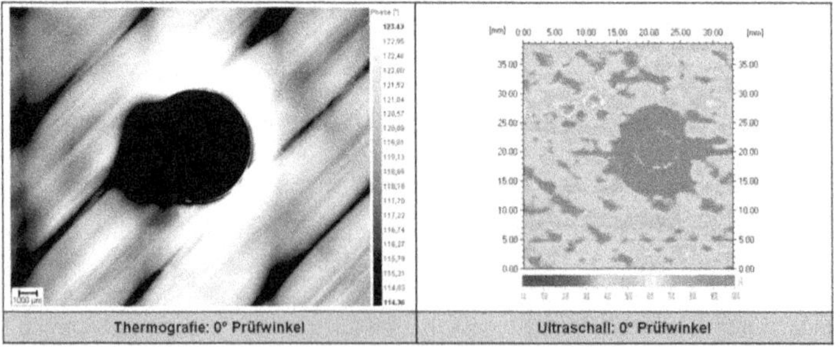

Abbildung 5-6: Ergebnisse der ZfP-Untersuchungen zur Thermografie- und Ultraschallprüfung [WFN+13]

Für die verwendete Lock-in-Thermografie kommt das Prüfsystem OTvis mit der Kamera Cedip Silver 660 zum Einsatz. Die Anregung erfolgt mittels zweier Halogenstrahler von je 1 kW Leistung bei einer Anregungsfrequenz von 0,08 Hz. Die Ergebnisse der Ultraschallprüfung weisen im Vergleich die besten Ergebnisse auf (siehe Abbildung 5-6 rechts). Deutlich ersichtlich ist die Verringerung des RWE aufgrund oberflächennaher Beschädigungen sowie Delaminationen im Materialinneren infolge des Fügeprozesses.

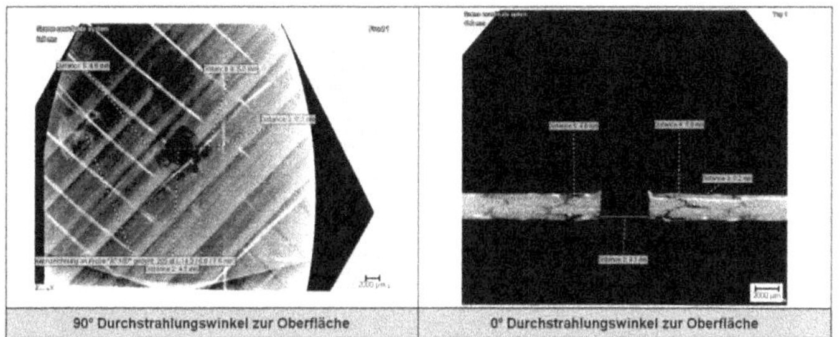

Abbildung 5-7: Ergebnisse der Computertomografieprüfung nach Elemententfernung [WFN+13]

Zur Verifizierung bzw. Validierung der gewonnen Ergebnisse werden nach Entfernung des Elementes erneut Prüfungen mittels Computertomografie und Thermografie durchgeführt. Ein Vergleich zu den vorher ermittelten Ultraschalldaten ist für die Ergebnisse der Computertomografie relativ konsistent (siehe Abbildung 5-7). Ein Vergleich der Thermografieprüfung nach Elemententfernung mit der Ultraschall- und Computertomografieprüfung zeigt hingegen aufgrund der Kanteneffekte am Fügeloch nur eingeschränkte Übereinstimmung. Da sich Delaminationen mittels Computertomografie insgesamt weniger gut detektieren lassen als mit Ultraschalltechnik, wird für weitere Untersuchungen die Ultraschallprüfung eingesetzt [Koc11].

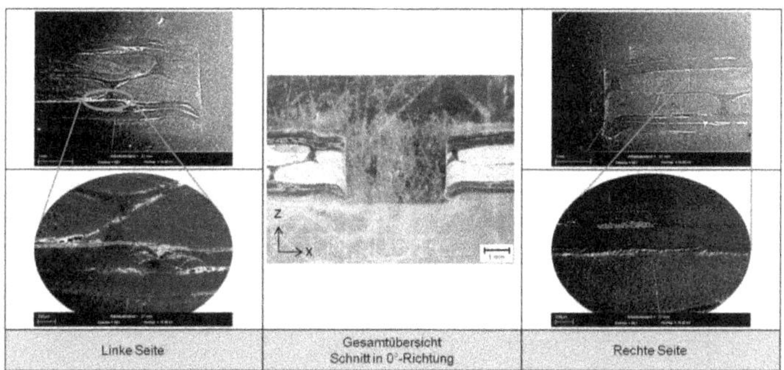

Abbildung 5-8: Validierung der ZfP-Untersuchungen mittels zerstörender Prüfung [WFN+13]

Zur Verifizierung kommt die Computertomografie bei reinen Materialproben zum Einsatz. Die mittels Ultraschall und Computertomografie gewonnenen Signale, zeigen dabei eine gute Übereinstimmung mit der Ausdehnung von Imperfektionen, die sich in anschließend angefertigten Makroschliffen finden lassen (siehe Abbildung 5-8).

Um die Übertragbarkeit der gewonnen Erkenntnisse auf das Flechten-RTM zu überprüfen, wird vor Beginn weiterer Untersuchungen ein Quercheck vorgenommen. Es zeigt sich, dass die Prüfbarkeit des Flechten-RTMs, durch die strukturellen Glasfasern, weniger gut ausgeprägt ist als beim Gelege-RTM, welches bis auf die Nähfäden komplett mit Kohlenstofffasern verstärkt ist. Welche Fehlergröße mittels der Ultraschallprüfung bei der Flechtstruktur noch detektierbar ist, wird mittels in einer Probe eingebrachten Flachbodenbohrungen überprüft. Vorab werden Optimierungen der Signalverstärkung vorgenommen, um den Effekt der Glasfasern abzuschwächen und ein Maximum an Delaminationen zu detektieren (siehe Abbildung 5-9).

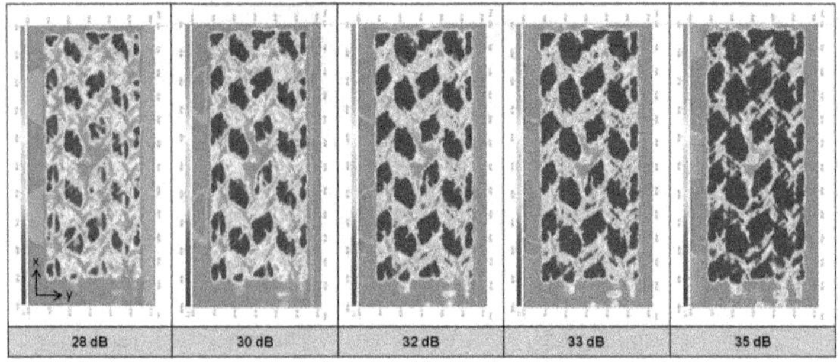

Abbildung 5-9: Optimierung der Signalverstärkung zur Verbesserung der Erkennbarkeit von Fügeimperfektionen

Es lässt sich erkennen, dass bei einer Verstärkung von 32 dB die besten Ergebnisse gewonnen werden können, da bei weiterer Erhöhung die Empfindlichkeit gegenüber Fügeimperfektionen zu stark abnimmt. Mittels der Bohrungen kann gezeigt werden, dass Delaminationen bis zu einer lateralen Ausdehnung von ca. 2,0 mm nachgewiesen und auch Delaminationen bis zu einer Ausdehnung von ca. 1,5 mm noch erfasst werden können (siehe Abbildung 5-10).

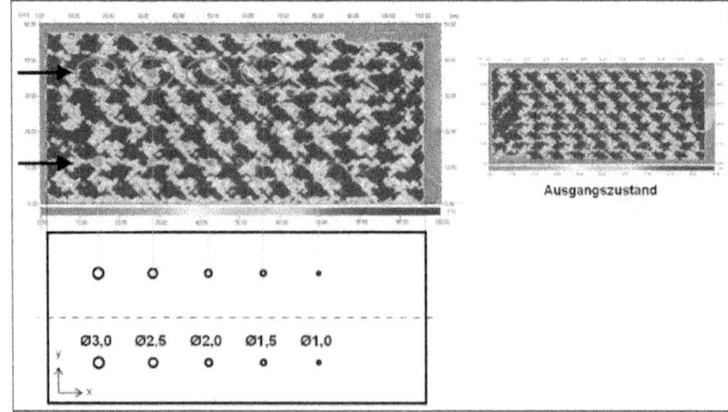

Abbildung 5-10: Untersuchung der minimal erkennbaren Fügeimperfektionsgröße mittels Flachbodenbohrungen

Die Struktur der Glasfasern wird hierbei als ±45° Inhomogenität im C-Scan erfasst (siehe Abbildung A.XX). Imperfektionen mit einer Ausdehnung von 1,0 mm können nicht mehr vom Grundrauschen des Glasfasergeflechts unterschieden werden. Aufgrund der konischen Spitze des Bohrers mit Ø1,0 mm ist für flächige Delaminationen eine bessere Detektionsauflösung zu erwarten, wodurch sich Ultraschall zur Untersuchung von Fügeimperfektionen am vorliegenden Material geeignet zeigt.

5.2.2.2 Validierung der entwickelten Methodik zur Einbringung von Fügeimperfektionen

Da erwartet wird, dass der Einfluss von Fügeimperfektionen bei matrixdominanten Versagensformen am stärksten ausgeprägt ist, wird die Validierung der Imperfektionssimulationsmethodik mittels Belastung auf Flächenpressung am Beispiel des Scherbruches durchgeführt. Zur zusätzlichen Bestätigung, wird eine identische Reihe auf Lochleibung belastet. Als Vergleich werden die mittels Flächenpressung belasteten Proben sowohl unbelasteten Proben als auch Proben gegenübergestellt, in welche das Bolzenloch mittels Halbhohlstanznieten und anschließendem Ausbohren eingebracht wird (siehe Abbildung 5-11).

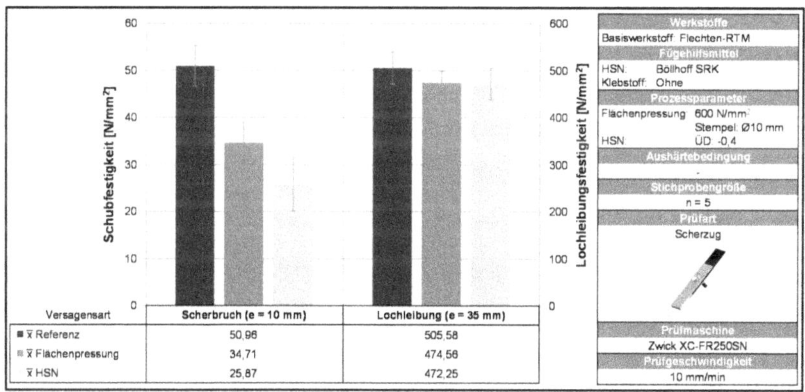

Abbildung 5-11: Validierung der entwickelten Methodik zur Einbringung von Fügeimperfektionen

Es zeigt sich, dass bei Scherbruchversagen sowohl für die Imperfektionseinbringung mittels Flächenpressung als auch mittels Halbhohlstanznieten deutlich reduzierte Festigkeiten beobachtet werden können. Hierbei liegt die Festigkeit beim Halbhohlstanznieten nochmals ca. 25 % niedriger, wobei davon auszugehen ist, dass durch den Ausbohrprozess weitere Imperfektionen verursacht werden. Vor diesem Hintergrund und der Tatsache, dass mittels Regression eine Übertragung der Ergebnisse auf verschiedene Fügeverfahren und Imperfektionsumfänge angestrebt ist, kann die Methodik aus Kapitel 4.1.2.2 als zur Simulation von Imperfektionen geeignet angesehen werden. Unter Lochleibungsversagen lässt sich für die Imperfektionseinbringung mittels Flächenpressung und Halbhohlstanznieten ein Niveau beobachten, welches nicht signifikant vom Referenzniveau abweicht. Dieses Ergebnis wird im Rahmen der detaillierten Untersuchungen zu den verschiedenen Festigkeiten plausibilisiert.

5.2.2.3 Auswirkungen auf die in-plane Schubfestigkeit

Der Einfluss von Imperfektionen auf das Scherbruchversagen wird unter Variation des Randabstandes untersucht (siehe Abbildung 5-12). Für Randabstände in welchen die Proben auf Lochleibung versagen, wird ebenfalls die Schubfestigkeit berechnet, um den allgemeinen Trend aufzuzeigen. Diese Werte dürfen jedoch nicht als Schubfestigkeit im eigentlichen Sinne verstanden werden. Die Einbringung der Imperfektionen erfolgt analog der Untersuchung aus Abbildung 5-11, wobei für Flechten-RTM eine Flächenpressung von 600 N/mm² und für Gelege-NP von 800 N/mm² gewählt wird. Im Bereich des Scherbruchversagens, der für Gelege-NP im Bereich 5≤e≤10mm und für Flechten-RTM im Bereich 5≤e≤12mm liegt, zeigt sich für beide Materialien ein deutlich negativer Einfluss der Fügeimperfektionen von ca. 35% auf die ermittelten Schubfestigkeiten. Hierbei liegt die Ausdehnung der Bereiche mit 67% - 100% RWE-Abschwächung in der Scherebene für beide Materialien relativ konstant bei ca. 4 mm.

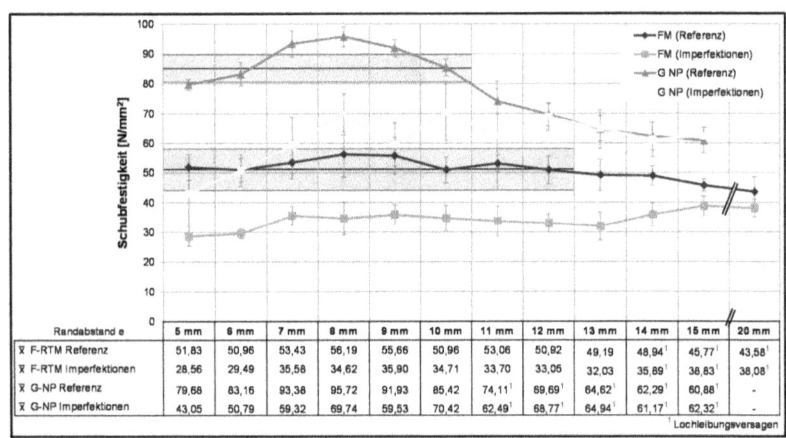

Randabstand e	5 mm	6 mm	7 mm	8 mm	9 mm	10 mm	11 mm	12 mm	13 mm	14 mm	15 mm	20 mm
x̄ F-RTM Referenz	51,83	50,96	53,43	56,19	55,66	50,96	53,06	50,92	49,19	48,94[1]	45,77[1]	43,58[1]
x̄ F-RTM Imperfektionen	28,56	29,49	35,58	34,62	35,90	34,71	33,70	33,05	32,03	35,89[1]	38,83[1]	38,08[1]
x̄ G-NP Referenz	79,68	83,16	93,38	95,72	91,93	85,42	74,11[1]	69,69[1]	64,62[1]	62,29[1]	60,88[1]	-
x̄ G-NP Imperfektionen	43,05	50,79	59,32	69,74	59,53	70,42	62,49[1]	68,77[1]	64,94[1]	61,17[1]	62,32[1]	-

[1] Lochleibungsversagen

Abbildung 5-12: Einfluss von Fügeimperfektionen auf die Schubfestigkeit [WFR+14]

Mit dem Übergang zum Lochleibungsversagen nehmen die Imperfektionsauswirkungen, wie in Kapitel 4.1.2.5 postuliert, zunächst ab, um dann nahezu zu verschwinden. Dies deutet darauf hin, dass Imperfektionen weniger zu einer Abnahme der Festigkeit als vielmehr Steifigkeit führen. Da die Maximalkraft im Scherbruch abhängig vom Randabstand und damit der Steifigkeit ist, zeigt sich hier ein Einfluss von Fügeimperfektionen. Der verbleibende Einfluss von Fügeimperfektionen beim Lochleibungsversagen ist auf die Verwendung eines Bolzens mit leicht geringerem Durchmesser für die Proben mit Imperfektionen zurückzuführen. Der Einsatz eines Bolzens mit D = 4,80 mm gegenüber D = 4,95 mm bei der Referenzreihe wird aufgrund der geringfügigen Abnahme des Lochdurchmessers bei der Belastung auf Flächenpressung notwendig. Da der Bolzendurchmesser beim Scherbruchversagen für den betrachteten Größenbereich keinen Einfluss hat, kommt der Effekt erst beim Übergang zum Lochleibungsversagen zum Tragen.

Basierend auf den Ergebnissen aus Abbildung 5-12, der zugehörigen Vermessung der Imperfektionen und der in Kapitel 4.1.2.3 vorgestellten Vorgehensweise ergibt die lineare Regression nach Gleichung (4.2) bis (4.4) für Flechten-RTM die Abminderungsfaktoren $\theta_1 = 0{,}92$, $\theta_2 = 0{,}64$ und $\theta_3 = 0{,}55$ sowie für Gelege-NP $\theta_1 = 1{,}00$, $\theta_2 = 0{,}99$ und $\theta_3 = 0{,}36$. Die genutzte Software Minitab 16 liefert zu den Abminderungsfaktoren den R^2-Wert, welcher einen Indikator für die Übereinstimmung der Daten mit dem entwickelten Modell darstellt. Dieser Wert beträgt für Flechten-RTM $R^2 = 98{,}93\%$ und für Gelege-NP $R^2 = 98{,}03\%$. Beide Werte signalisieren eine gute Übereinstimmung und sprechen für die Validität des gewählten Vorgehens. Der mittlere Fehler ergibt sich für Flechten-RTM zu 1,45% und für Gelege-NP zu 6,82%. Wie in Kapitel 4.1.2.3 diskutiert kann θ_1 als Ankerwert gewählt werden, wodurch sich die Abminderungsfaktoren für Flechten-RTM zu $\theta_1 = 1{,}00$, $\theta_2 = 0{,}62$ und $\theta_3 = 0{,}55$ und der mittlere Fehler zu 1,35% anpassen. Da dies weiterhin eine sehr gute Übereinstimmung von Daten und Modell signalisiert und zusätzlich eine technisch plausiblere Lösung darstellt, insofern als die Bereiche e_1 die volle Materialfestigkeit bzw. -steifigkeit liefern, soll auf diese Werte zurückgegriffen werden. Bei Berücksichtigung von lediglich zwei Abschwächungsbereichen, d.h. bei Zusammenfassung von θ_1 und θ_2, liefert die Regression $\theta_3 = 0{,}53$ und $\theta_{1,2} = 0{,}75$ sowie $R^2 = 98{,}81\%$ und einen mittleren Fehler von 1,40%. Eine Verwendung von $\theta_{1,2}$ als Ankerwert ist bei zusammengefassten Bereichen nicht mehr sinnvoll. Für Gelege-NP ergibt sich $\theta_3 = 0{,}36$ und $\theta_{1,2} = 1{,}00$ sowie $R^2 = 98{,}23\%$ und ein mittlerer Fehler von 6,80%. Vor diesen Ergebnissen erscheint eine Auswertung auf Basis von nur zwei Bereichen valide und soll für die folgenden Untersuchungen übernommen werden.

Am Flechten-RTM wird außerdem das dynamisch zyklische Verhalten bei Variation des Randabstandes für Proben mit und ohne Imperfektionen untersucht (siehe Abbildung 5-13). Es werden je 3 Reihen mit e = 5, 10 und 15 mm geprüft und anhand der Spannungsamplitude auf Basis der Schubfestigkeit verglichen. Im Gegensatz zu den quasistatischen Versuchen lässt sich für e = 15 mm bei zyklischer Belastung noch Scherbruch beobachten. Es zeigt sich, dass die Reihen ohne Imperfektionen sowie die Reihen mit Imperfektionen und e = 10 und 15 mm auf vergleichbarem Niveau liegen. Lediglich die Reihe mit Imperfektionen und e = 5 mm weißt ein deutlich niedrigeres Niveau auf. Im Vergleich zu den quasistatischen Versuchen erweist sich der Einfluss von Imperfektionen im dynamisch zyklischen Bereich für e = 5 mm, und damit für niedrige Randabstände, als nicht wesentlich stärker ausgeprägt. Für zunehmende Randabstände zeigt sich der Einfluss von

Imperfektionen im Vergleich sogar als weniger stark. So kann für e = 10 mm im quasistatischen Bereich noch ein signifikanter Einfluss der Imperfektionen beobachtet werden, während bei dynamisch zyklischer Last keine entsprechender Einfluss mehr festzustellen ist. Dies kann nach dem in Kapitel 4.1.2.4 vorgestelltem Modell des charakteristischen Abstandes erklärt werden. Demzufolge versagt das Laminat bei Überschreitung der Festigkeit in einem gewissen Abstand vom Loch. Unter dynamisch zyklischer Last spielen aufgrund der sich wiederholenden, aber vergleichsweise geringeren Lasten jedoch weniger die Überschreitung der Festigkeit als vielmehr Ermüdungsmechanismen eine entscheidende Rolle.

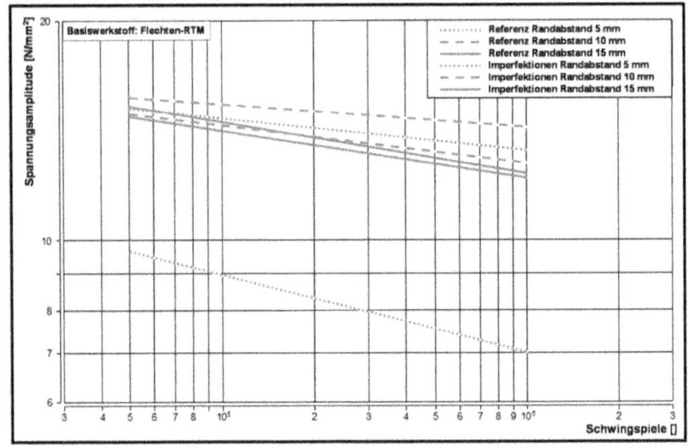

Abbildung 5-13: Einfluss von Fügeimperfektionen auf die Schubfestigkeit unter zyklischer Belastung

5.2.2.4 Auswirkungen auf die Zugfestigkeit in x-Richtung

Die bestimmende Materialkenngröße im Versagensfall Flankenzugbruch ist die Zugfestigkeit in x-Richtung. Über die Belastung auf Flächenpressung werden beim Flechten-RTM in y-Richtung Imperfektionen mit einer durchschnittlichen Ausdehnung von 8 mm und beim Gelege-NP mit einer durchschnittlichen Ausdehnung von 11 mm hervorgerufen, wobei jeweils das 5 mm Loch enthalten ist. Hinsichtlich des Versagens zeigen sich für Flechten-RTM und Gelege-NP zwei verschiedene Verhaltensmuster (siehe Abbildung 5-14). Beim Flechten-RTM kommt es für gelochte Proben ohne Imperfektionen zu einem Abfall der Zugfestigkeit gegenüber ungelochten Proben infolge der Kerbwirkung. Für Gelege-NP lässt sich hingegen keine Kerbbeeinflussung beobachten. Analog des in Kapitel 4.1.2.4 aufgestellten Postulats kommt es für Flechten-RTM mit wirkendem Kerbfaktor zu keiner weiteren Beeinflussung der Zugfestigkeit infolge von Imperfektionen. Für das Gelege-NP kommt es demgegenüber zu einem deutlichen Abfall der Zugfestigkeit durch Imperfektionen. Dieses Verhalten lässt das in Abbildung 4-13 beschriebene Postulat bezüglich einer Abmilderung der Imperfektionsauswirkungen im Umfeld des Lochrandes durch Kerbspannungsüberhöhungen valide erscheinen. Aufgrund des fehlenden Einflusses von Imperfektionen beim Flechten-RTM ist hier die Ermittlung eines Abminderungsfaktors wenig sinnvoll, während der Abminderungsfaktor nach Gleichung (4.5) für Gelege-NP zu $\theta_3 = 0{,}17$ ermittelt werden kann. Die Regression ergibt zudem einen R^2-Wert von 99,74% und einen Faktor von 0,98 für die Bereiche ohne Fügeimperfektionen, so dass von einem sehr validen Modell ausgegangen werden kann. Auf dieser Basis ergibt sich der mittlere Fehler zu 9,84%. Eine zur Validierung durchgeführte Versuchsreihe bestätigt das für das Flechten-RTM zu beobachtende Verhalten.

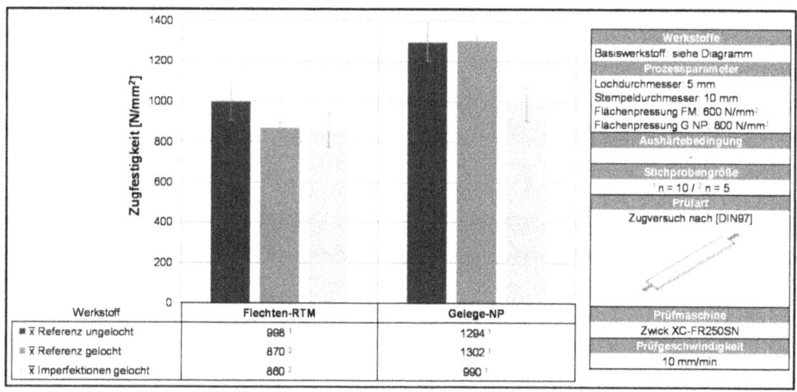

Abbildung 5-14: Einfluss von Fügeimperfektionen auf die Zugfestigkeit

Ergänzend werden Untersuchungen mit unterschiedlichen Imperfektionsumfängen durchgeführt (siehe Abbildung 5-15). Hierbei wird die Flächenpressung mit einem Stempel von Ø4 mm aufgebracht, um eine Gegenüberstellung zu gestanzten sowie zu gefrästen Proben zu ermöglichen.

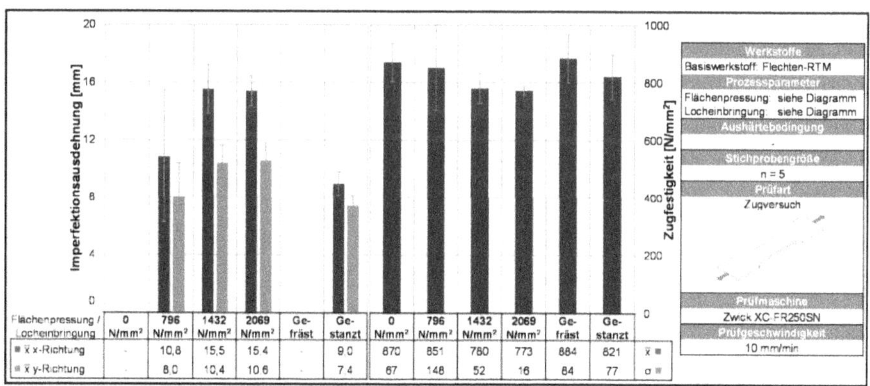

Abbildung 5-15: Einfluss von variierenden Fügeimperfektionsumfängen auf die Zugfestigkeit

Bei 796 N/mm² sind erste Defekterscheinungen auch auf der Rückseite der FKV-Zugprobe erkennbar, bei 1432 N/mm² erfolgt ein Eindringen des Stempels in die Oberfläche, während 2069 N/mm² als oberer Grenzwert gewählt wird (siehe Abbildung A.XXI). Die beim Vollstanznieten verursachten Imperfektionen fallen im Vergleich geringer aus als die Umfänge, die bei annähernd gleichen Stempel-/Nietdurchmesser durch Flächenpressung hervorgerufen werden. Dies ist auf die saubere Trennung in Form des Scherschneidens zurückzuführen (siehe Abbildung A.XXII). Hinsichtlich der Festigkeitsauswertung muss das Einsinken des Stempels als Loch berücksichtigt werden. Für den angestellten Vergleich werden die Flächenpressungen 0 N/mm^2 und 796 N/mm^2 daher auf den Ausgangsquerschnitt bezogen, während für 1432 N/mm^2 und 2069 N/mm^2 eine Bereinigung des Ausgangsquerschnitts um den Stempeldurchmesser erfolgt.

Die gewonnenen Ergebnisse lassen mehrere Schlussfolgerungen zu. Zum einen scheint es eine maximale Imperfektionsausprägung bei konstantem Stempeldurchmesser zu geben. Nach Erreichung dieser maximalen Ausprägung kann die zusätzlich aufgebrachte Kraft von den bereits geschädigten Fasern nicht mehr in noch ungeschädigte Bereiche weitergeleitet werden und daher keine weiteren Imperfektionen hervorrufen. Zum anderen zeigt sich, dass die Imperfektionsausdehnung parallel zu den C-Fasern stärker ausgeprägt ist als quer zu diesen. Dies kann durch die kraftleitende Wirkung der C-Fasern in x-Richtung erklärt werden. In Querrichtung erfolgt die Kraftübertragung durch die duktilere Matrix sowie durch die Glasfasern. Hierbei werden entstehende Zwischenfaserbrüche und Delaminationen durch die C-Fasern behindert, ähnlich wie dies für Mikrorisse an Korngrenzen bei Stahlwerkstoffen beobachtet werden kann. Hinsichtlich der Auswirkung der Imperfektionen lassen sich die Ergebnisse aus Abbildung 5-14 bestätigen. Aus der Bewertung ausgenommen werden dabei die ungeschädigten Referenzproben, welche in der Einspannung versagten. Unter Gegenüberstellung zu den Zugfestigkeiten der ungeschädigten Normzugproben aus Abbildung 5-14 ergibt sich für die mittels 796 N/mm^2 eingebrachten Imperfektionen ein deutlicher Abfall der Festigkeit auf das Niveau der gefrästen Referenzproben. Die eingebrachten Imperfektionen weisen damit einen ähnlichen Effekt auf, wie die Kerbspannungsüberhöhung infolge eines vom Durchmesser dem verwendeten Stempel entsprechenden Loches. Für die beiden höheren Flächenpressungen ergibt sich aufgrund der zusätzlich zum Loch eingebrachten Imperfektionen ein signifikant unterhalb der gefrästen Referenzproben liegendes Festigkeitsniveau. Auch die gestanzten Proben liegen leicht unterhalb des Niveaus der gefrästen Referenzproben. Im Gegensatz zu den Untersuchungen aus Abbildung 5-14 zeigen sie damit einen Einfluss von Imperfektionen um die Löcher. Dies entspricht vor dem Hintergrund der leicht größeren Imperfektionsausdehnung sowie des von Ø5 mm auf Ø4 mm verringerten Loches und dem damit verringerten Kerbfaktor genau den nach Gleichung (4.6) zu erwartenden Verhalten. So kann auch auf Basis dieser Formel mittels Regression ein Abminderungsfaktor unter Berücksichtigung von Kerbfaktoren über gelochte und ungelochte Proben hinweg ermittelt werden. Das entwickelte Modell liefert dabei mit $\theta_3 = 0{,}60$ und

$\theta_{1,2} = 1{,}03$ plausible Werte. Vor dem Hintergrund von $R^2 = 99{,}01\%$ und von einem mittleren Fehler von 2% erscheint das Ergebnis valide.

Um den Einfluss des KTL-Wärmeprozesses auf Fügeimperfektionen zu untersuchen, wird analog der Untersuchung aus Abbildung 5-15 eine weitere Probenreihe aufgebaut. Für diese erfolgt nach der Imperfektionseinbringung und Ultraschalluntersuchung eine Wärmebehandlung im Sinne des KTL-Prozesses. An diese Wärmebehandlung schließt sich eine weitere Ultraschalluntersuchung an (siehe Abbildung 5-16). Dabei zeigt sich, dass nur minimale Abweichungen vor und nach dem Wärmeprozess erfasst werden, jedoch keine signifikanten Veränderungen zu beobachten sind.

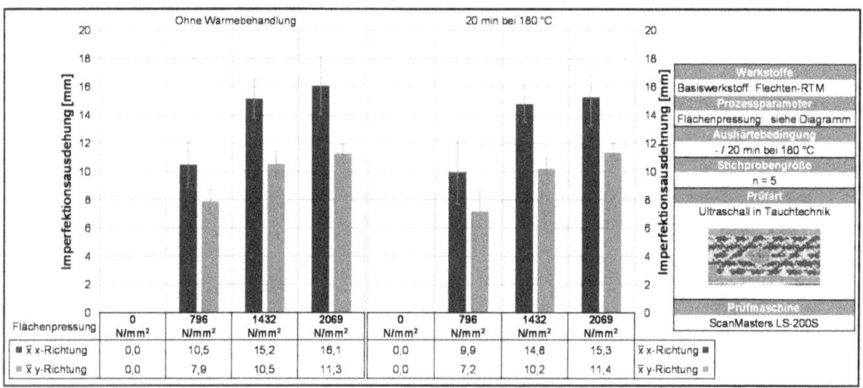

Abbildung 5-16: Einflusses des KTL-Wärmeprozesses auf die Ausdehnung der Fügeimperfektionen

Die angesprochenen Abweichungen zwischen den Imperfektionsausdehnungen liegen dabei innerhalb der Streuung und sind daher weniger auf einen Effekt des Wärmeprozesses als vielmehr die Toleranzen des Messprozesses zurückzuführen. Abbildung 5-17 verdeutlich den fehlenden Einfluss des Wärmeprozesses beispielhaft. Auch die Gegenüberstellung der Zugfestigkeiten von wärmebehandelten und unbehandelten Proben zeigt keine Auffälligkeiten, sodass angenommen werden kann, dass kein Einfluss des KTL-Wärmeprozesses auf Imperfektionen existiert.

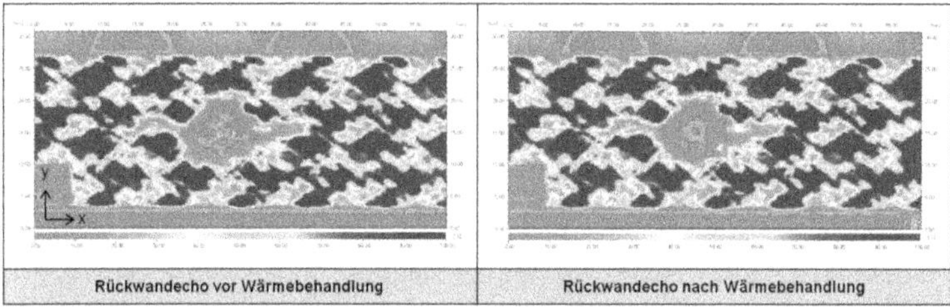

Abbildung 5-17: Beispielhafter Vergleich des C-Scans vor und nach Wärmeprozess

Unter dynamisch zyklischer Belastung zeigt sich die Toleranz gegenüber geringen Fügeimperfektionsumfängen deutlicher, die Auswirkung größerer Imperfektionen jedoch auch folgenschwerer (siehe Abbildung 5-18). So kann für die auf 1432 N/mm^2 belasteten Proben ein deutlicher Niveauabfall gegenüber den mittels Fräsen gelochten Referenzproben konstatiert werden. Für die gestanzten Proben lässt sich hingegen kein Niveauabfall gegenüber den gefrästen Proben feststellen. Ein Vergleich der ungelochten und gelochten Referenzproben ist durch ein Versagen der ungelochten Proben im Bereich der Einspannung hingegen nicht möglich. Als Grund für die fehlende Auswirkung der Imperfektionsumfänge der gestanzten Proben wird die wirkende Kerbspannungsüberhöhung angenommen. Diese führt, wie im quasistatischen Bereich, bis zu einem gewissen Imperfektionsumfang zu einer Toleranz hinsichtlich Fügeimperfektionen. Bei außerhalb des Kerbeinflussbereiches liegenden Imperfektionen kommt es hingegen zu einem Niveauabfall. CT-Prüfungen an Durchläufern liefern eine Erklärung für die Gründe. Bei Proben mit umfangreichen Fügeimperfektionen zeigt sich ein Imperfektionswachstum ausgehend von den delaminierten Bereichen (siehe Abbildung A.XXIII). Bei den ungeschädigten Proben entstehen erste Risse dagegen in Randnähe. Da bei den vorgeschädigten Proben die Phase der Rissentstehung wegfällt, tritt das Komplettversagen schneller als bei ungeschädigten Proben auf.

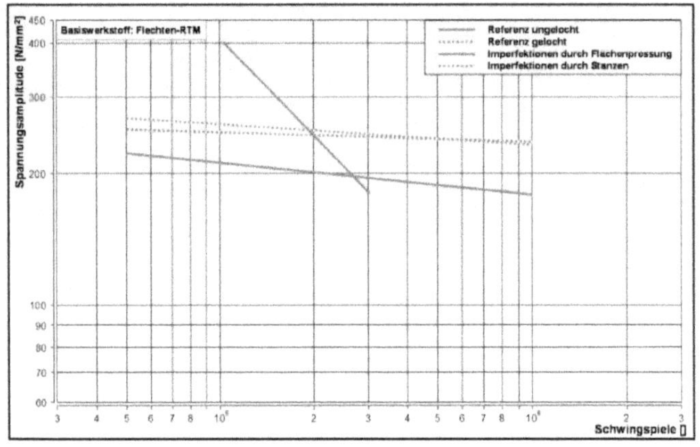

Abbildung 5-18: Einfluss von Fügeimperfektionen auf die Zugfestigkeit unter zyklischer Belastung

5.2.2.5 Auswirkungen auf die Lochleibungsfestigkeit

Die angestellten Untersuchungen mit verschiedenen Randabständen zur Analyse der Schub- und Lochleibungsfestigkeit werden für Flechten-RTM um explizite Untersuchungen zur Auswirkung verschiedener Imperfektionsumfänge auf die Lochleibungsfestigkeit ergänzt (siehe Abbildung 5-19). Neben der Maximalkraft soll hier zudem die häufig für Auslegungszwecke verwendetet 2%-Lochleibungsfestigkeit Beachtung finden. Zur Nachstellung der Fügeimperfektionen werden analog dem bisherigen Vorgehen um gefräste Löcher mit Ø10 mm Flächenpressungen aufgebracht.

Der, gegenüber den auf die Schubfestigkeit fokussierten Untersuchungen, erhöhte Lochdurchmesser soll dabei den Einfluss lokaler Materialinhomogenitäten minimieren. Für die Referenzproben wird wieder ein minimal größerer Bolzendurchmesser von D = 9,9 mm gegenüber D = 9,8 mm bei den Proben mit Imperfektionen gewählt. Um unterschiedliche Imperfektionsumfänge zu erhalten, werden die Flächenpressungen mit Stempeln von Ø13 mm und Ø16 mm erzeugt. Für den Stempel mit Ø13 mm werden zudem zwei verschiedene Kraftniveaus angefahren. Bei gleicher rechnerischer Flächenpressung werden durch den kleineren Stempel mit Ø13 mm größere Imperfektionsumfänge direkt am Loch hervorgerufen. Dies wird auf Spannungsüberhöhungen am Lochrand zurückgeführt. Bei der Belastung mit dem Ø16 mm Stempel werden allerdings in einigem Abstand vom Lochrand zusätzliche Fügeimperfektionen induziert.

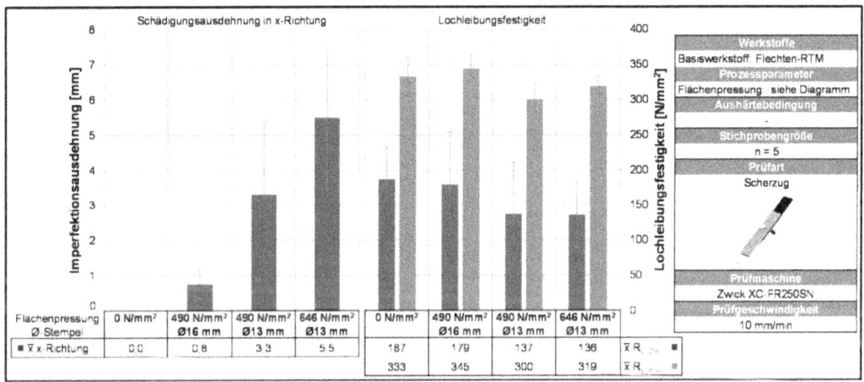

Abbildung 5-19: Einfluss von variierenden Fügeimperfektionsumfängen auf die Lochleibungsfestigkeit

Im Kraft-Weg-Diagramm lässt sich für die Proben mit Imperfektionen anfangs ein flacherer Verlauf beobachten, welcher bei einer Auswertung hinsichtlich der 2%-Lochleibungsfestigkeit keine Beachtung findet und somit die Ergebnisse verfälschen würde. Bei Auswertung der Lochleibungsfestigkeit bei 0,2 mm Lochaufweitung, entsprechend 2% des Lochdurchmessers von 10 mm, kann jedoch ein Abfall der Festigkeiten für eine Zunahme der detektierten Imperfektionen im unmittelbaren Lochumfeld nachgewiesen werden (siehe Abbildung 5-19). Trotz der großen Streubreite kann das Ergebnis auf Basis des Stichprobenumfangs n = 10 und der klar erkennbaren Tendenz als valide angenommen werden. Die für den Ø16 mm Stempel zusätzlich detektieren Imperfektionen, welche nicht direkt am Lochrand auftreten, liegen außerhalb der Auswertung der 0,2 mm Lochaufweitung und spielen vor diesem Hintergrund keine Rolle. Hinsichtlich der Maximalkraft kann hingegen, wie auf Basis der theoretischen Überlegungen und der bisherigen experimentellen Ergebnisse erwartet, kein signifikanter Effekt von Fügeimperfektionen nachgewiesen werden (siehe Abbildung 5-19). Die Maximalkraft zeigt sich damit auch unbeeinflusst von variierenden Imperfektionsumfängen, so dass allgemein von einer Toleranz der maximalen Lochleibungsfestigkeit gegenüber Imperfektionen ausgegangen werden kann.

Bei Auswertung des Verhaltens unter dynamisch zyklischer Belastung liegen die Probenreihen, bei denen die Imperfektionen mittels des Ø16 mm Stempels eingebracht werden, vom Niveau unter den Referenzproben und den Proben, bei denen die Imperfektionseinbringung mit dem Ø13 mm Stempel erfolgt (siehe Abbildung 5-20). Dieses Verhalten lässt sich sowohl für die Auswertung bei 0,2 und 0,4 mm Lochaufweitung als auch bei Probenbruch beobachten. Unter zyklischer Belastung zeigt sich somit der Einfluss von Imperfektionen, die nicht unmittelbar am Lochrand auftreten. Die Probenreihe mit Ø13 mm Stempel zeigt bei Auswertung der 0,2 und 0,4 mm Lochaufweitung keinen Niveauunterschied zu den Referenzproben. Bei Auswertung nach Probenbruch zeigt sich der Abfall der Wöhlerlinie hiergegenüber hingegen leicht stärker ausgeprägt.

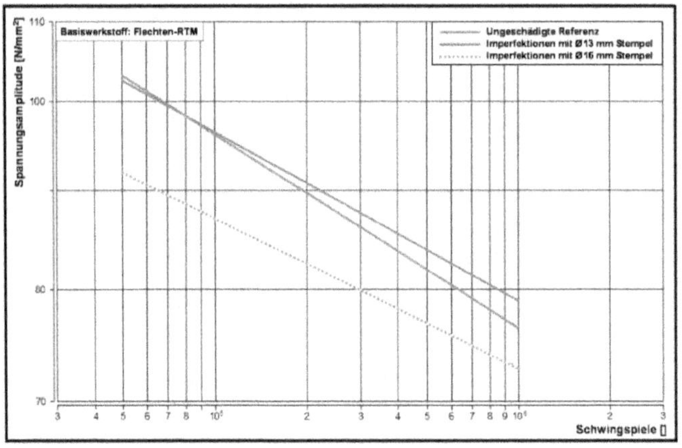

Abbildung 5-20: Einfluss von Fügeimperfektionen auf die Lochleibungsfestigkeit unter zyklischer Belastung

5.2.2.6 Auswirkungen auf das Elementdurchzugversagen

Analog zur Belastung unter Scherzug wird das Verhalten in Dickenrichtung, d.h. der Versagensfall Elementdurchzug, untersucht (siehe Abbildung 5-21). Die Imperfektionseinbringung erfolgt nach dem in Kapitel 5.2.2.2 vorgestellten Vorgehen. Dabei ergeben sich für Flechten-RTM im Durchschnitt Imperfektionen mit einer Ausdehnung in x- und y-Richtung von 9 mm und für Gelege-NP von 8 mm. Hinsichtlich der Imperfektionsauswirkungen zeigt sich für Flechten-RTM eine deutliche Abnahme der ertragbaren Maximalkräfte bis zum Zugkopfdurchmesser von Ø15 mm. Damit bestätigt sich die Erwartung nicht, dass bei einer kompletten Überdeckung der Imperfektionen durch den Zugkopf keine Auswirkungen auftreten. Als Erklärung wird ein Wachsen der Imperfektionen aus dem vom Zugkopf bedeckten Bereich unter Last postuliert. Für Gelege-NP zeigen sich, auch vor dem Hintergrund der leicht geringeren Imperfektionsausdehnungen, hingegen bei einem Kopfdurchmesser von Ø15 mm keine Auswirkungen der Imperfektionen. Für die beiden kleineren Kopfdurchmesser ist im Gegensatz hierzu noch eine signifikante Abnahme der durchschnittlichen Maximalkraft infolge der Imperfektionen festzustellen. Für den Zugkopf von Ø12,5 mm lässt sich nur noch eine minimale Abnahme der Maximalkraft beobachten. Die geäußerte Hypothese hinsichtlich der Überdeckung der Imperfektionen durch den Zugkopf ist um das Wachstum der Imperfektionen unter Last zu ergänzen. Hieraus folgt, dass zur Vermeidung des Imperfektionseinflusses ein, gegenüber den Ausdehnungen der Fügeimperfektionen, deutlich größerer Zugkopfdurchmesser gewählt werden muss. Für beide Materialien liegt das entsprechend notwendige Verhältnis Zugkopfdurchmesser zu Imperfektionsausdehnung bei ca. 190%.

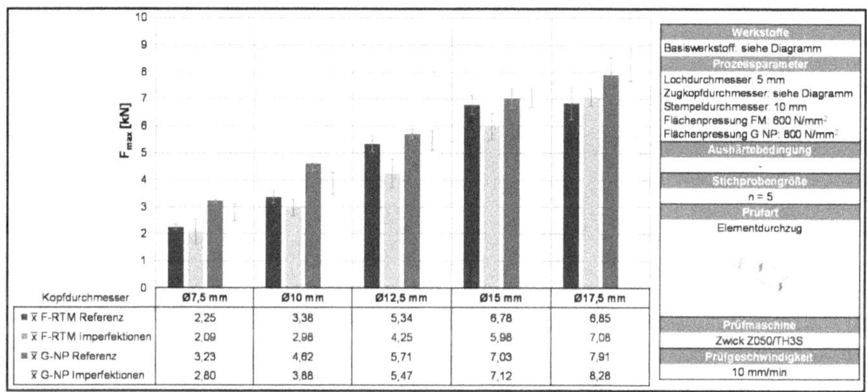

Kopfdurchmesser	Ø7,5 mm	Ø10 mm	Ø12,5 mm	Ø15 mm	Ø17,5 mm
$\bar{x}$ F-RTM Referenz	2,25	3,38	5,34	6,78	6,85
$\bar{x}$ F-RTM Imperfektionen	2,09	2,98	4,25	5,98	7,08
$\bar{x}$ G-NP Referenz	3,23	4,62	5,71	7,03	7,91
$\bar{x}$ G-NP Imperfektionen	2,80	3,88	5,47	7,12	8,28

Abbildung 5-21: Einfluss von Fügeimperfektionen auf das Elementdurchzugversagen

5.2.2.7 Auswirkungen auf das Verhalten von mit Klebstoff hybrid gefügten Verbindungen

Im Anschluss an die Untersuchung der, für die verschiedenen Versagensfälle formschlüssiger Verbindungen, relevanten Materialkennwerte sollen abschließend Untersuchungen an geklebten Fügeverbindungen durchgeführt werden. Bei den geklebten Proben wird zunächst der vorgestellten Imperfektionseinbringungsmethodik folgend, um ein gefrästes Loch eine Flächenpressung aufgebracht und anschließend die Proben mit einem Stahlpartner verklebt. Eine Gegenüberstellung erfolgt zum einen zu Proben mit einem gefrästen Loch und zum anderen zu Proben, welche mit einem, anschließend wieder ausgebohrten, Halbhohlstanzniet gelocht wurden. Um den Vergleich abzuschließen wird eine mittels Halbhohlstanznieten und Kleben gefügte Ein-Punkt-Probe untersucht. Für beide Materialien kann der Einfluss der Imperfektionen auf die Maximalspannungen beim über alle Proben auftretenden Substratbruch im FKV als vernachlässigbar charakterisiert werden (siehe Abbildung 5-22). Lediglich für das Gelege-NP lässt sich bei den ausgebohrten Halbhohlstanznieten ein Abfall gegenüber der Referenz beobachten, der aber im Streubereich der Untersuchung liegt. Für die unausgebohrten Halbhohlstanzniete kann zudem ein solches Verhalten nicht beobachtet werden. Bemerkenswert ist das niedrige Niveau des Flechten-RTM, welches in anderen Untersuchungsreihen um mehr als 5 N/mm² höhere Spannungen erträgt. Aufgrund des auftretenden Substratbruches kann die niedrigere Spannung nur dem Material selbst und nicht der Klebverbindung zugeschrieben werden. An dieser Stelle zeigt sich der Einfluss von Materialeigenschaftsschwankungen zwischen den Chargen. Da die Proben innerhalb der Reihe jedoch derselben Charge entstammen kann das Ergebnis als in sich schlüssig angenommen werden.

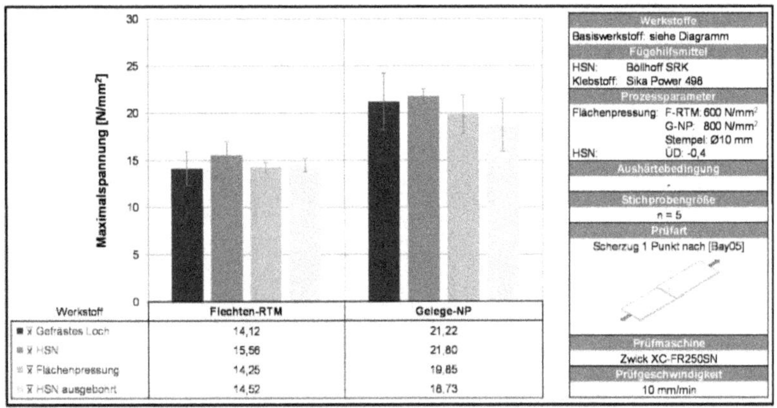

Abbildung 5-22: Einfluss von Fügeimperfektionen auf das Versagen von Klebverbindungen

In Versuchen konnte zudem gezeigt werden, dass es unter dynamisch zyklischer Last für das Gelege-NP zu keinem weiteren Wachstum von Fügeimperfektionen bei elementaren und auch kombinierten Nietverbindungen kommt [WKL14]. Zur Bewertung eines möglichen Schadensfortschritts wurden hierbei UT C-Scans direkt nach dem Fügen mit C-Scans nach Belastung der Proben mit definierten Schwingspielzahlen verglichen.

Erarbeitete Kernergebnisse:

- Beschreibung des Einflusses unterschiedlicher Bauteilimperfektionen und Identifizierung von „Lunker", „Delamination" und „Faserbruch C-Faser" als besonders kritisch
- Herausarbeitung einer geeigneten ZfP-Methode zur Quantifizierung von Fügeimperfektionen bei umformtechnischen CFK-Mischverbindungen
- Validierung der in Kapitel 4.1.2.2 entwickelten Methode zur Einbringung von Fügeimperfektionen mittels Flächenpressung um Vorlöcher
- Validierung der in Kapitel 4.1.2.3 entwickelten Regressionsmethodik zur Beschreibung der Auswirkungen spezifischer Fügeimperfektionsumfänge

- Bestimmung des Fügeimperfektionseinflusses bei Scherbruch und Lochleibungsversagen als steifigkeitsbeeinflussend und damit Beschreibung des Einflusses als abhängig vom Randabstand als ausgeprägt (Schubfestigkeit) bzw. gering (Lochleibungsfestigkeit)
- Validierung des in Kapitel 4.1.2.4 aufgestellten Postulats, dass Fügeimperfektionen unter Zugbelastung im Lochumfeld von Kerbspannungsüberhöhungen überdeckt werden
- Herausarbeitung des fehlenden Einflusses von Wärme auf die Imperfektionsausdehnung
- Bestimmung des Fügeimperfektionseinflusses bei Elementdurchzugversagen als abhängig vom Verhältnis des Elementkopfdurchmesser zur Imperfektionsausdehnung
- Validierung des in Kapitel 4.1.2.7 als gering postulierten Fügeimperfektionseinflusses bei kombinierten Fügeverbindungen auf Basis von Orientierungsversuchen

5.3 Fügemöglichkeit

Aufbauend auf die Untersuchungen zur Fügeeignung sollen gezielte Verbesserungen hinsichtlich der Fügemöglichkeit vorgenommen werden. Fokussiert wird insbesondere auf das Fließformschrauben sowie das Halbhohl- und Vollstanznieten.

5.3.1 Fließformschrauben

In Kapitel 4.2.2 wurden für das Fließformschrauben verschiedene Fügeimperfektionen identifiziert. Ziel weiterer Untersuchungen ist es, diese Imperfektionen zu verringern sowie die erreichbaren Festigkeitsniveaus über eine Variation der Einflussfaktoren zu optimieren.

5.3.1.1 Parameteruntersuchung: Bit-Kraft und Drehzahl

Aufgrund der Wechselwirkung zwischen den Parametern Bit-Kraft und Drehzahl erfolgt die Untersuchung ihres Einflusses auf Basis eines vollfaktoriellen Versuchsplans. Zur Bewertung der Ergebnisse werden die hervorgerufenen Imperfektionen mittels Ultraschall ermittelt und in x- und y-Richtung vermessen. Ergänzend erfolgt eine qualitative Analyse von Mikroschliffen und Lochbildern. Eine Vermessung von Mikroschliffen ist für flächenförmige Delaminationen aufgrund der Betrachtung nur einer Schnittebene hingegen wenig zielführend.

Tabelle 5.6 fasst die gesammelten Ergebnisse bei einer Einschraubtiefe von 8 mm für Flechten-RTM zusammen. Es zeigt sich, dass niedrige Bitkräfte zu einer Reduzierung der Imperfektionen führen. Der Einfluss der Drehzahl ist weniger signifikant, jedoch sind hier ebenfalls niedrigere Werte tendenziell besser. Es zeigt sich auch, dass wie in [CLN+08] für das Bohren beschrieben nicht einer der Parameter, sondern deren Kombination ausschlaggebend ist. Aufbauend auf den Versuchen aus Tabelle 5.6 wird die zum Durchdringen minimale Kraft/Drehzahl Kombination zu

1024 N und 900 U/min ermittelt. Hiermit kann das im Vergleich beste Gesamtergebnis erzielt werden. Es wird daher die Implementierung einer auf das Durchdringen von CFK abgestimmten Programmstufe vorgeschlagen. Als Schaltpunkt wird aufgrund der Trägheit des Systems und der für den Stahlpartner erforderlichen höheren Kräfte und Drehzahlen ein Tiefenwert bei ca. 90% CFK-Materialdurchdringung gewählt (siehe Tabelle A.XIX).

Tabelle 5.6: Einfluss der Parameter Bit-Kraft und Drehzahl auf die eingebrachten Fügeimperfektionen [WFG+13]

Vorschubbewegung		Drehbewegung	Ergebnis	
Steuerparameter [V]	Bit-Kraft [N]	Drehzahl [min⁻¹]	Qualitativ []	Ultraschall (x / y) [mm]
1,8	1024	500	n.i.O.	n.i.O.
1,8	1024	2500	+	14,5 / 9,7
1,8	1024	5000	+	13,0 / 8,9
3,0	1734	500	o	18,8 / 10,0
3,0	1734	2500	o	18,8 / 11,0
3,0	1734	5000	-	20,6 / 11,7
4,5	2622	500	-	19,0 / 11,4
4,5	2622	2500	--	21,2 / 11,1
4,5	2622	5000	--	19,7 / 11,6

Legende:
++ sehr positiv
+ positiv
o mittel
- negativ
-- sehr negativ

5.3.1.2 Parameteruntersuchung: Anzugsmoment

Aufgrund der vielfältigen Einflüsse beim Fließformschraubprozess kann die Vorspannkraft nicht definiert anhand des Anzugsmomentes berechnet werden. Experimentell kann aber gezeigt werden, dass sich für vorgegebene Anzugsmomente eine Vorspannkraft in einem gewissen Toleranzfeld einstellt [Arn13, WFF+13]. Es werden Scherzugproben mit 7 Nm, 11 Nm und 14,5 Nm Anzugsmoment untersucht. Niedrigere Anzugsmomente sind aufgrund des Unterschreitens der Furchmomente und höhere Anzugsmomente aufgrund der Festigkeit der Schrauben nicht oder nicht prozesssicher darstellbar.

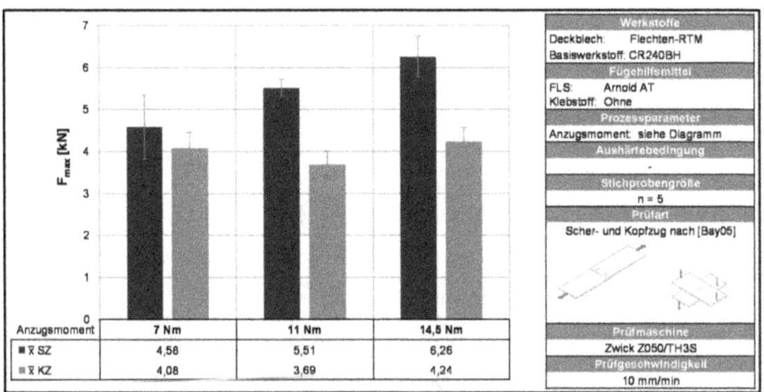

Abbildung 5-23: Einfluss des Anzugsmoments bei elementaren Fügeverbindungen [WFF+13]

Die höheren Anzugsmomente und die damit realisierten höheren Vorspannkräfte führen für elementare Fügeverbindungen bei einer Steigerung von 7 Nm auf 14,5 Nm zu einer Maximalkraftzunahme im Scherzug um etwa 37% Prozent (siehe Abbildung 5-23). Durch die Unterkopfauskehlung der Elemente ist davon auszugehen, dass die Zunahme neben dem Laminatstabilisierungseffekt verstärkt auf die Steigerung des Reibkraftanteils zurückzuführen ist. In Kapitel 5.4.1 sowie [WFF+13] angestellte Berechnungen bestätigen diese Annahme.

Für die kombinierten Fügeverbindungen zeigt sich im Scherzugversuch ein gegenläufiges Verhalten (siehe Abbildung 5-24). Aufgrund der stärkeren Klebstoffverdrängung aus dem Fügebereich nimmt hier das Niveau ab. Im Kopfzug liegen sowohl für elementare als auch für kombinierte Fügeverbindungen die Veränderungen über unterschiedliche Anzugsmomente im Streubereich der Untersuchung, sodass keine signifikanten Veränderungen nachgewiesen werden können (siehe Abbildung 5-23 und Abbildung 5-24). Dies erscheint vor dem Hintergrund der anders gearteten Belastungsrichtung und den damit verbundenen abweichenden Versagensfall plausibel.

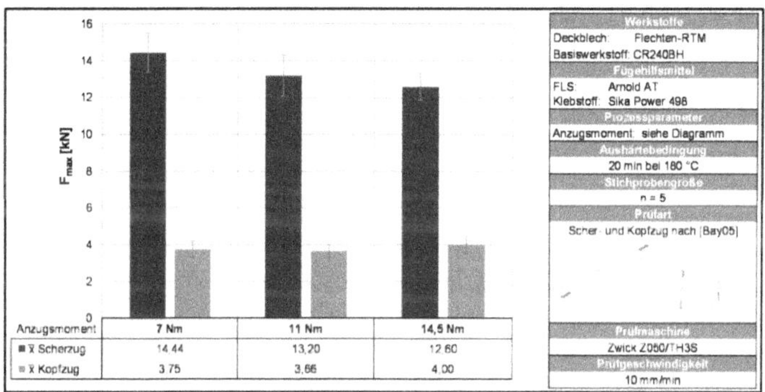

Abbildung 5-24: Einfluss des Anzugsmoments bei kombinierten Fügeverbindungen

5.3.1.3 Parameteruntersuchung: Vorlochdurchmesser

Bei elementaren Fügeverbindungen kommt es unter Scherzug zwischen der Variante mit Ø7 mm und mit Ø5 mm Vorloch zunächst zu einem signifikanten Anstieg der Maximalkraft, da durch die annähernde Übereinstimmung des Vorloch- und Schraubendurchmessers eine Reduktion des tragenden Randabstandes ausbleibt (siehe Abbildung 5-25). Infolge der mittigen Positionierung der Elemente kann zudem eine Imperfektionseinbringung im CFK während des Einschraubprozesses nahezu vermieden werden. Bei einer weiteren Reduzierung des Vorlochdurchmesser zunächst auf Ø3 mm und dann auf Ø0 mm führen die zunehmenden Fügeimperfektionen zu abnehmenden Werten, sodass die Variante mit Ø7 mm Vorloch und die Variante „ohne Vorloch" auf gleichem Niveau liegen. Eine Verringerung des Vorlochdurchmessers hat bei Kopfzugbelastung für elementare Fügeverbindungen hingegen einen rein positiven Einfluss (siehe Abbildung 5-25). So steigt das Maximalkraftniveau bei der Verfahrensvariante „ohne Vorloch", aufgrund der verbesserten Biegesteifigkeit, gegenüber der Verwendung eines Ø7 mm Vorloches um etwa 15% an. Die deutlichste Steigerung ergibt sich auch hier zwischen Ø7 mm und Ø5 mm Vorlöchern.

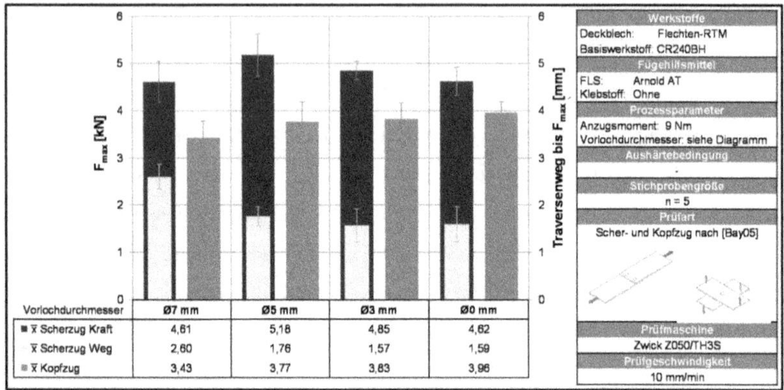

Abbildung 5-25: Einfluss des Vorlochdurchmessers bei elementaren Fügeverbindungen [WFF+13]

Durchgeführte Untersuchungen an der kombinierten Fügeverbindung zeigen, dass unter Scherzug der Verzicht auf ein übergroßes Vorloch einen positiven Einfluss hat (siehe Abbildung 5-26). So liegt das Niveau der Varianten, bei denen sich Schraubendurchmesser und Schraubloch in etwa decken, um ca. 32% höher als das Niveau der Variante mit Ø7 mm Vorloch.

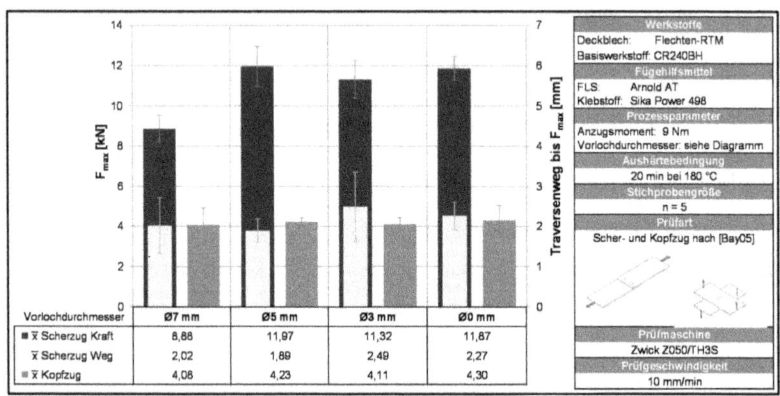

Abbildung 5-26: Einfluss des Vorlochdurchmessers bei kombinierten Fügeverbindungen

Dies ist auf die Probengeometrie mit zwei Fügepunkten zurück zu führen, die bei der Vergrößerung der Vorlochdurchmesser und damit der von Klebstoff freizuhaltenden Bereiche eine überproportionale Reduzierung der Klebfläche nach sich zieht. Unter Kopfzug kann bei der kombinierten Fügeverbindung kein Einfluss des Vorlochdurchmessers auf die Maximalkraft festgestellt werden.

Die Flächenzunahme der Klebverbindung durch die Verringerung des Schraubenlochdurchmessers von Ø7 mm auf Ø5 mm fällt aufgrund des geringen Anteils an der Gesamtfläche kaum ins Gewicht.

5.3.1.4 Elemententwicklung

Die experimentellen Voruntersuchungen am Prepregmaterial zur Elementneuentwicklung werden im Rahmen eines Gemeinschaftsprojektes durchgeführt [SWF+14]. Hierauf aufbauende Untersuchungen an CFK mit größerem Anisotropiegrad werden getrennt vorgenommen.

Hinsichtlich der Bewertung der Spitzenvarianten zeigt sich, dass mittels aller spanenden Varianten die Imperfektionen in y-Richtung auf ein relativ gleichwertiges Niveau reduziert werden kann (siehe Abbildung 5-27). Die Ausdehnung in x-Richtung lässt sich hingegen mittels der verrundeten Spitze geringfügig und mittels der einseitig spannenden Variante signifikant reduzieren. Auf Basis dieser Erkenntnisse wird die einseitig spanende Spitzenvariante (Variante 3) zur weiteren Verwendung vorgesehen. Die Verwendung zweier Nuten zeigt sich, aufgrund der nie ganz runden Drehbewegung und den hier ungünstig wirkenden zwei Schnittpunkten, weniger positiv. An die Spitze anschließend wird zudem ein zylindrischer Anteil integriert, um die hohen Drehzahlen beim Fließformprozess vom Einschrauben der Gewindeflanken im CFK zu entkoppeln.

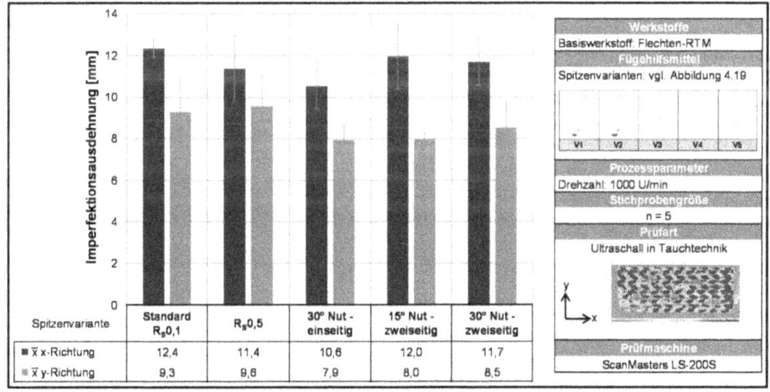

Spitzenvariante	Standard R_S0,1	R_S0,5	30° Nut - einseitig	15° Nut - zweiseitig	30° Nut - zweiseitig
$\bar{x}$ x-Richtung	12,4	11,4	10,6	12,0	11,7
$\bar{x}$ y-Richtung	9,3	9,6	7,9	8,0	8,5

Abbildung 5-27: Hervorgerufene Fügeimperfektionen bei Verwendung verschiedener Spitzenvarianten

Hinsichtlich der Gewindeuntersuchungen zeigt sich, dass entgegen den Vermutungen die geringsten Imperfektionen für den spitzesten Flankenwinkel von 30° beobachtet werden (siehe Abbildung 5-28). Dies ist allerdings auf das insgesamt reduzierte Gewindevolumen in diesem Fall zurückzuführen. Prinzipiell reduzieren flachere Winkel die verursachten Imperfektionen jedoch, sodass die Variante mit 60°-Winkel trotz höherem Gewindevolumen in x-Richtung nahezu die gleiche und in y-Richtung eine reduzierte Imperfektionsausdehnung gegenüber der Variante mit 45°-Flankenwinkel aufweist. Ebenso kann für die Verrundung der Gewindeflanken ein positiver Effekt beobachtet werden. Da für diese beiden Varianten zur Realisierung der Radienübergänge der zylindrische Anteil dem des 60°-Winkels entspricht, bleibt hier das Gewindevolumen zum 60°-Winkel nahezu unverändert während sich der Flankenwinkel als abhängiges Maß ergibt.

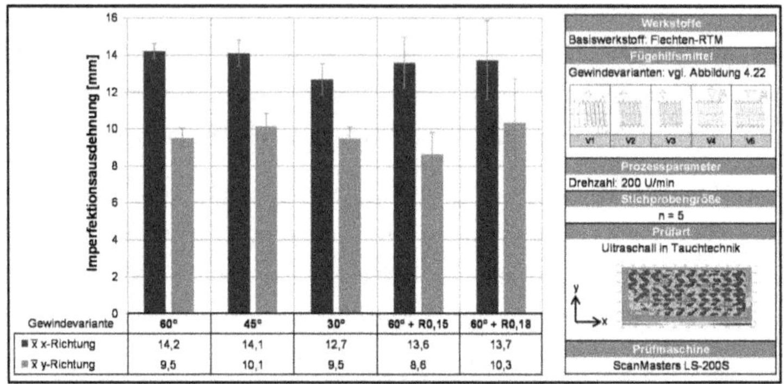

Abbildung 5-28: Hervorgerufene Fügeimperfektionen bei Verwendung verschiedener Gewindevarianten

Im Vergleich zum Standard-60°-Winkel ergibt sich für den 60°-Winkel mit Verrundungsradius 0,15 mm eine Reduzierung der Fügeimperfektionen in x-Richtung. In y-Richtung treten für diese Variante sogar die niedrigsten Imperfektionen auf. Im Vergleich der 30°-Variante zur Variante mit 60° und Verrundungsradius 0,18 mm zeigt sich wieder der dominante Effekt des Gewindevolumens. Bei nun vergleichbaren Flankenwinkeln nehmen die Imperfektionen bei der verrundeten Variante mit im Vergleich höherem Gewindevolumen deutlich zu. Zur Erzielung optimaler Ergebnisse und Nutzung der positiven Effekte „geringes Gewindevolumen", „flacher Gewindewinkel" sowie „verrundete Gewindekante" wird ein mit Radius 0,15 mm verrundetes Gewinde mit echtem 45°-Flankenwinkel unter Anpassung der Gewindesteigung auf 1,0 mm vorgeschlagen.

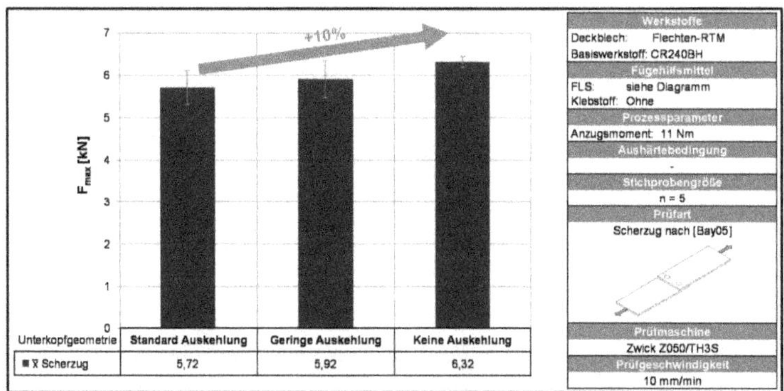

Abbildung 5-29: Einfluss der Unterkopfauskehlung bei elementaren Fügeverbindungen

Hinsichtlich der Lochleibungsfestigkeit ist eine Zunahme durch wirkende Vorspannkräfte infolge einer Laminatstabilisierung bekannt. Um diesen Effekt insbesondere auf den besonders beeinträchtigten Bereich direkt am Schraubenelement zu erhöhen, wird vorgeschlagen, die Unterkopfauskehlung der Schrauben zu reduzieren. Diese wird bei metalischen Obermaterial zur Aufnahme von aufsteigenden Materialvolumen benötigt. Ein analoges Verhalten kann bei CFK jedoch nicht beobachtet werden. Um den entsprechenden Effekt zu untersuchen, werden Musterschrauben mit reduzierter sowie ohne Unterkopfauskehlung gefertigt (siehe Abbildung 5-29). Es zeigt sich, dass über eine Reduktion der Unterkopfauskehlung die übertragbaren Maximalkräfte gesteigert werden können. Es wird daher eine weitgehend plane Unterkopfgestaltung mit sehr kleiner Auskehlung zur Sicherstellung der Kopfauflage vorgeschlagen.

Aufgrund der gesammelten Erkenntnisse ergibt sich folgende Elementgeometrie für FKV-Stahl Verbindungen (siehe Abbildung 5-30). Zur Validierung werden auf Basis einer nach Tabelle A.XX optimierten Programmstruktur Makroschliffe, Ultraschalluntersuchungen und quasistatische Zugversuche herangezogen. Durch die Schabenut kann die zur Durchdringung des FKVs erforderliche Axialkraft reduziert werden, jedoch muss anschließend die Drehzahl verringert werden, um ein Überhitzen der Schraube durch die veränderte Reibfläche zu verhindern und einen einwandfreien Fließformprozess zu gewährleisten. Durch die Verringerung der Axialkraft während des Lochprozesses werden die hierbei eingebrachten Imperfektionen für Flechten-RTM in x-Richtung von durchschnittlich 14 auf 9 mm und in y-Richtung von durchschnittlich 9 auf 6 mm reduziert. C-Scans der fertigen Fügeverbindungen zeigen, für das Gelege-NP eine Verringerung der durchschnittlichen Imperfektionsgröße in x-Richtung um ca. 10% während für Flechten-RTM im verschraubten Zustand keine wesentliche Veränderung beobachtet wird.

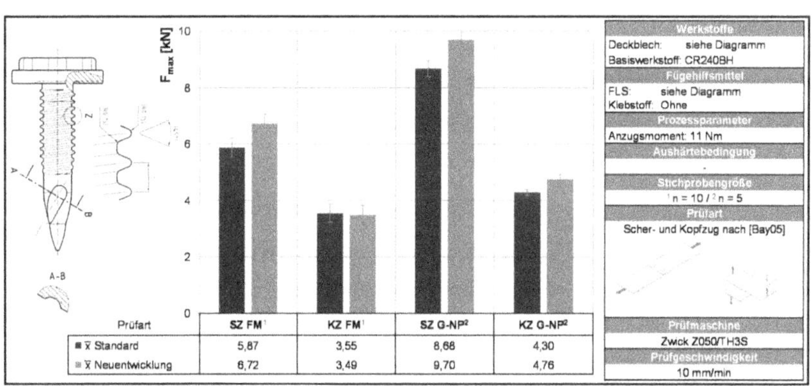

Prüfart	SZ FM[1]	KZ FM[1]	SZ G-NP[2]	KZ G-NP[2]
$\bar{x}$ Standard	5,87	3,55	8,68	4,30
$\bar{x}$ Neuentwicklung	6,72	3,49	9,70	4,76

Abbildung 5-30: Vergleich der neuentwickelten Fließformschraube zur Referenzgeometrie nach [WFG+13]

Eine Bewertung der Gewindeneuentwicklung durch Ultraschalluntersuchungen an in Vorlöchern verschraubten Elementen zeigte ein nahezu identisches Verhalten beider Gewinde. Dies deutet darauf hin, dass die eingeleiteten Gewindeverbesserungen für Flechten-RTM noch nicht ausreichend sind und den positiven Effekt der verbesserten Spitzengeometrie überdecken. In quasistatischen Versuchen zeigt sich eine deutliche Verbesserung der maximalen Scherzugkräfte sowohl für das Flechten-RTM als auch das Gelege-NP, wobei der beobachtete Effekt zwischen 12 – 14 % liegt (siehe Abbildung 5-30). Im Kopfzug kann hingegen nur für das Gelege-NP eine Verbesserung um ca. 11% konstatiert werden, während für Flechten-RTM keine signifikante Veränderung zu beobachten ist. Vor dem Hintergrund der Ultraschalluntersuchungen erscheint das bessere Abschneiden der neuentwickelten Schraubengeometrie beim Gelege-NP durchaus plausibel. Die Verbesserung des Kraftniveaus beim Flechten-RTM trotz ausbleibender Verringerung der Imperfektionen ist vorrangig auf die geänderte Kopfgeometrie zurückzuführen, die zu einer Stützwirkung im Bereich der Imperfektionen führt.

5.3.2 Stanznieten mit Halbhohlniet

Im folgenden Kapitel sollen zunächst die Untersuchungen zum Einsatz des Halbhohlstanznietens vor dem Hintergrund der bei CFK- gegenüber Stahlbauteilen erhöhten Toleranzbereiche vorgestellt werden. Anschließend werden die Ergebnisse der Elemententwicklung erörtert.

5.3.2.1 Parameteruntersuchungen

Für das Halbhohlstanznieten mit Senkrundkopfnieten ist zu erwarten, dass die Imperfektionsbildung direkt vom verdrängten Volumen durch den Stanzniet und damit von der Nietkopfendlage abhängt. Dabei wirkt die Nietkopfendlage zum einen direkt über den eingedrückten Anteil des Senkkopfes und zum anderen indirekt über die Beeinflussung der Aufspreizung des Nietes, d.h. dessen Hinterschnittausbildung, auf das verdrängte FKV-Materialvolumen. Zu erwarten ist folglich eine parallele Zunahme der Imperfektionen mit der Hinterschnittausbildung sowie abnehmender Nietkopfendlage. Gleichzeitig sollte die Restbodendicke mit abnehmender Nietkopfendlage sinken, da der Niet weiter in das Material eingedrückt wird.

Die beiden für das Halbhohlstanznieten entscheidenden Qualitätskenngrößen Hinterschnitt und Restbodendicke sind daher als gegenläufig anzunehmen. Eine im Prozess veränderliche Nietkopfendlage ist für FKV-Bauteile insbesondere aufgrund der erhöhten Materialdickentoleranzen zu erwarten. Als Ersatzversuch soll die sich verändernde Nietkopfendlage über unterschiedliche Überdrückungsparameter von 0,0 bis -0,9 simuliert und ihre Auswirkung untersucht werden. Als entsprechende physikalische Kenngröße wird die Fügekraft mit angegeben, welche aus den eingestellten Überdrückungswerten resultiert. Hierbei zeigt sich, wie erwartet, eine starke, relativ kontinuierliche Zunahme der Imperfektionen in x-Richtung und eine ebenso kontinuierliche, weniger stark ausgeprägte Zunahme der Imperfektionen in y-Richtung (siehe Abbildung 5-31). Auch in

Anbetracht korrosiver Gesichtspunkte zeigt sich die Nietkopfendlage als wesentlicher beeinflussender Parameter. So zeigen Proben, welche mit einer Überdrückung zwischen -0,3 und -0,6 gefertigt werden, keine Rotrostbildung, während für Proben außerhalb des damit verbundenen Nietkopfendlagenbereichs deutliche Korrosionsprodukte festzustellen sind. Dies erscheint vor dem Hintergrund der Spaltbildung unter dem Nietkopf für höhere Nietkopfendlagen und dem Entstehen eines Bereiches, aus dem Korrosionsmedien nicht abfließen können, für niedrigere Nietkopfendlagen plausibel. Eine nahezu plane Nietkopfendlage bei der Überdrückung -0,7 weist ebenfalls Korrosion auf. Hier lässt sich die Bildung von Tropfen an der Nietkante als korrosionsbegünstigender Mechanismus vermuten.

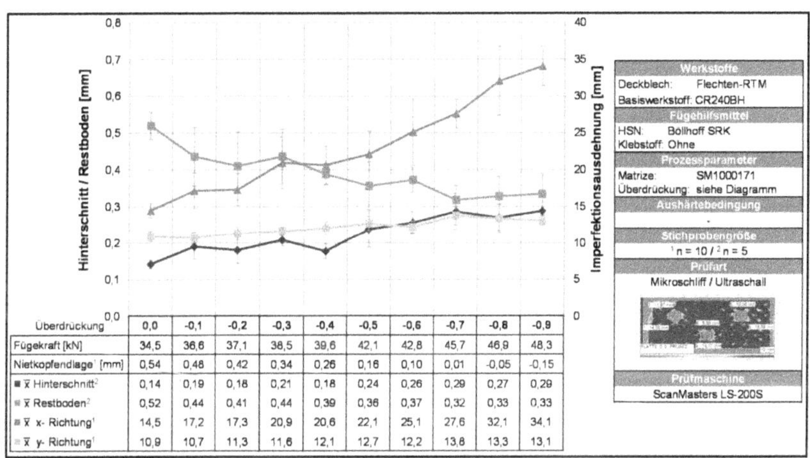

Überdrückung	0,0	-0,1	-0,2	-0,3	-0,4	-0,5	-0,6	-0,7	-0,8	-0,9
Fügekraft [kN]	34,5	36,6	37,1	38,5	39,6	42,1	42,8	45,7	46,9	48,3
Nietkopfendlage[1] [mm]	0,54	0,48	0,42	0,34	0,26	0,16	0,10	0,01	-0,05	-0,15
$\bar{x}$ Hinterschnitt[2]	0,14	0,19	0,18	0,21	0,18	0,24	0,26	0,29	0,27	0,29
$\bar{x}$ Restboden[2]	0,52	0,44	0,41	0,44	0,39	0,36	0,37	0,32	0,33	0,33
$\bar{x}$ x- Richtung[1]	14,5	17,2	17,3	20,9	20,6	22,1	25,1	27,6	32,1	34,1
$\bar{x}$ y- Richtung[1]	10,9	10,7	11,3	11,6	12,1	12,7	12,2	13,8	13,3	13,1

Abbildung 5-31: Einfluss der Nietkopfendlage auf die hervorgerufenen Fügeimperfektionen

Die Ergebnisse zeigen die Auswirkungen schwankender Materialdicken auf die Nietverbindung. Für die Verbindungsauslegung lässt sich daher ableiten, dass nicht wie bisher eine punktuelle Optimierung auf Hinterschnitt und Restbodendicke optimal, sondern vielmehr eine toleranzunempfindliche Auslegung anzustreben ist. Zu diesem Zweck ist bei der Auslegung entweder auf CFK zurückzugreifen, welches die entsprechenden Dickenabweichungen aufweist, oder alternativ unter Verwendung verschiedener Überdrückungen die Schwankung des oberlagigen CFK nachzustellen. Bei einer singulären Betrachtung von Hinterschnitt und Restbodendicke ergäbe sich für obige Verbindung eine Entscheidung für die Nietkopfendlage bei Überdrückung -0,3 oder -0,6. Unter Beachtung der entstehenden Imperfektionen würde die Entscheidung für -0,3 fallen. Wenn nun zusätzlich die Materialdickenschwankung in die Überlegung einbezogen wird, erscheint eine Entscheidung für -0,4 oder -0,5 sinnvoll, da für beide bei Zu- oder Abnahme der Nietkopfendlage weiterhin gute Hinterschnitt-, Restboden- und Imperfektionswerte zu erwarten sind.

5.3.2.2 Elemententwicklung

Ziel der Elemententwicklung ist eine Verringerung der beim Fügen eingebrachten Imperfektionen sowie eine Verbesserung der Fügepunktausbildung an sich. Zur Reduzierung der Materialverdrängung im FKV wird für die Neuentwicklung auf das Konzept eines Flachrundkopfes gesetzt, sodass das Materialvolumen des Senkkopfes aus dem FKV heraus verlagert wird. Die Bewertung der Versuche erfolgt vorranging auf Basis von Mikroschliffen und quasistatischen Zugversuchen, wobei sich in einer ersten Versuchsreihe kein signifikanter Festigkeitsniveauzuwachs durch die Verwendung von Flachrundkopfnieten zeigt (siehe Abbildung 5-33). Dies ist auf das Aufbauchen der Flachrundkopfniete infolge des geringen Volumens der Nietbohrung sowie der im Vergleich zu den Senkkopfnieten geringeren Steifigkeit zurückzuführen (siehe Abbildung 5-32).

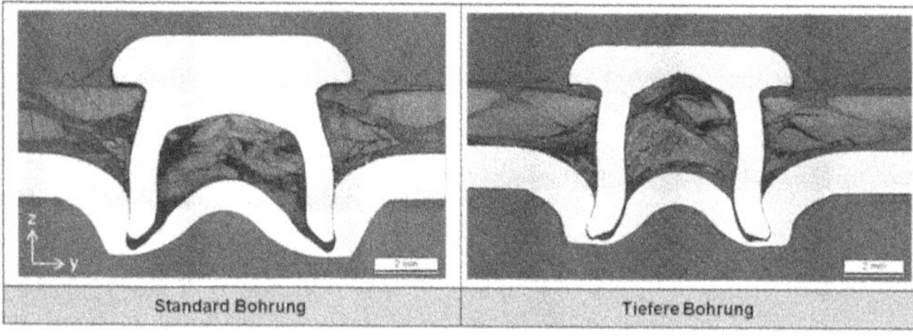

Abbildung 5-32: Einfluss einer tieferen Nietbohrung im Mikroschliff

Um dieses Aufbauchen zu vermeiden, wird die Tiefe der Nietbohrung und damit deren Volumen erhöht. In der in Abbildung 5-33 gezeigten Untersuchungsreihe, zur Gegenüberstellung der verschiedenen Kopfgeometrien sowie dem Abgleich der Hersteltechnologien Drehen und Kaltschlagen, resultiert diese tiefere Bohrung in einer Steigerung der Kopfzugwerte.

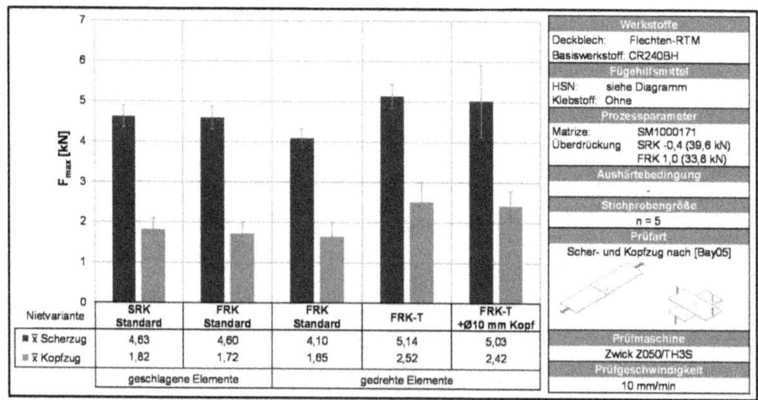

Abbildung 5-33: Quasistatische Scher- und Kopfzugergebnisse verschiedener Nietkopfvarianten

Die Reduzierung der Nietaufstauchung führt dabei zum einen zu verringerten Fügeimperfektionen und erhöht zum anderen den tragenden Bereich unter dem Nietkopf. Für Anschlussuntersuchungen zu verschiedenen Nietfußoptimierungen wird aus diesem Grund standardmäßig die Tiefe der Nietbohrung auf 6,0 mm erhöht. Die Verwendung eines größeren Kopfdurchmessers bringt hingegen über die Verbesserung infolge der tieferen Bohrung hinaus keinen Festigkeitszuwachs. Der ausbleibende Effekt kann dabei auf das in Mikroschliffen ersichtliche fehlende Anliegen der Kopfunterseite am Kopfrand infolge von Materialaufwürfen am Nietschaft zurückgeführt werden. Da für größere Kopfdurchmesser zudem eine Abänderung der Nietaußenmaße und damit der Anlagentechnik notwendig würde, wird dieser Ansatz nicht weiter verfolgt, auch wenn bei planer Auflagefläche von einer Zunahme der Kopfzugfestigkeit auszugehen ist.

Neben unterschiedlichen Kopfgeometrien werden auch Nietfußoptimierungen untersucht, wobei teilweise Nietstauchungen komplett vermieden werden können. Dies führt für manche Varianten aufgrund der vergrößerten Nietwirklänge in Vorversuchen zu Schließkopfbrüchen, sodass der matrizenseitige Stahlpartner auf 2,0 mm aufgedickt wird. Hinsichtlich der Verwendung unterschiedlicher Schneidgeometrien zeigt sich, dass mittels der Standard C-Schneide das beste Setzergebnis hinsichtlich der erreichbaren Fügepunktqualität zu erwarten ist (siehe Abbildung 5-34).

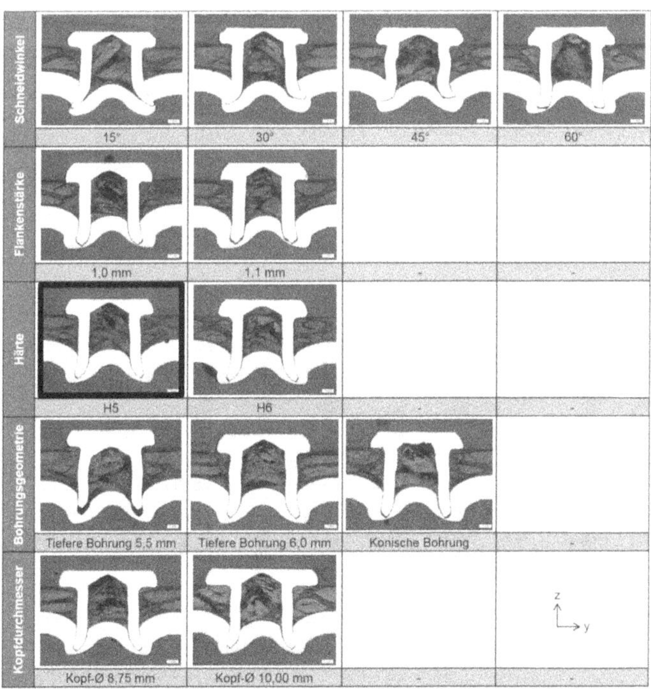

Abbildung 5-34: Mikroschliffe der untersuchten Halbhohlstanznietgeometrien

Ähnlich gut zeigt sich lediglich die Schneide mit 30° Innenwinkel, wobei in Ultraschalluntersuchungen kein signifikanter Unterschied hinsichtlich der eingebrachten Imperfektionen für die verschiedenen Schneiden nachgewiesen werden kann. Hierbei werden die Niete in eine Matrize mit Hohlbohrung gesetzt, welche ein Stanzen des CFKs ohne Aufspreizung der Niete erlaubt. Eine weitere Reduzierung des Aufbauchens der Nietfüße kann sowohl über eine Steigerung der Niethärte als auch eine Steigerung der Flankenstärke erreicht werden. Für höhere Flankenstärken zeigt sich jedoch aufgrund der höheren Steifigkeiten auch eine Reduzierung der Hinterschnittbildung im Stahlpartner. Dieser Effekt ist für die Varianten mit höherer Härte nicht zu beobachten, wobei sich insbesondere die Variante mit Härte H5 positiv darstellt. Eine Bohrlochtiefe von NT = 5,5 mm zeigt sich, gegenüber der für diese Untersuchungen standardmäßig auf NT = 6,0 mm (Variante FRK-T) erhöhten Bohrlochtiefe, als nicht ausreichend, um das Nietstauchen zu reduzieren. Für NT = 5,5 mm können dieselben Erscheinungen wie bei der Standardtiefe von NT = 5,0 mm beobachtet werden. Mittels einer konischen Bohrungsgeometrie kann das Aufbauchen ebenfalls reduziert werden. Die hierzu vorliegenden Muster unterliegen jedoch fertigungstechnischen Qualitätsschwankungen am Übergang vom zylindrischen auf den konischen Bohrungsbereich.

Zur weiteren Validierung werden für ausgewählte Varianten des Untersuchungsprogramms quasistatische Zugversuche durchgeführt (siehe Abbildung 5-35). Insbesondere die Varianten mit sehr steifen Nietfüßen (FRK-T F1,1; FRK-T H5 und FRK-T H6), für die kein Aufbauchen in den Mikroschliffen zu beobachten ist, zeigen sich im Kopf- aber auch Scherzug positiv gegenüber der Referenzvariante FRK-T. Hierbei sind für die Variante FRK-T F1,1 aufgrund der geringen und stark schwankenden Hinterschnittausbildung jedoch neben CFK-Materialversagen im Kopfzug auch Nietauszüge zu beobachten.

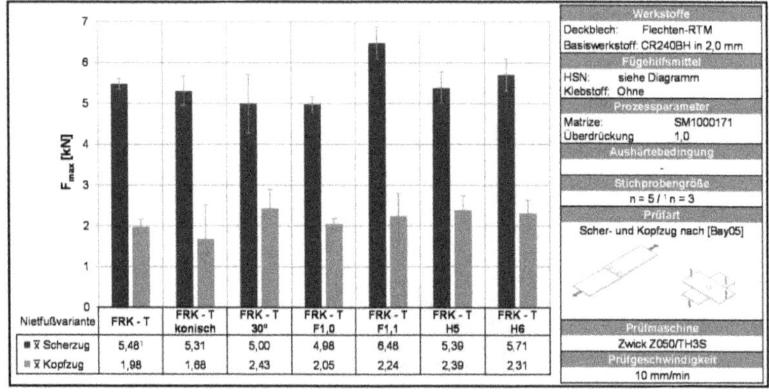

Nietfußvariante	FRK - T	FRK - T konisch	FRK - T 30°	FRK - T F1,0	FRK - T F1,1	FRK - T H5	FRK - T H6
$\bar{x}$ Scherzug	5,48[1]	5,31	5,00	4,98	6,48	5,39	5,71
$\bar{x}$ Kopfzug	1,98	1,68	2,43	2,05	2,24	2,39	2,31

Abbildung 5-35: Quasistatische Scher- und Kopfzugergebnisse verschiedener Nietfußvarianten

Unter Verwendung des 2,0 mm starken Stahlpartners erweist sich die Kopfanlage der Niete mit Kopfdurchmesser 10,0 mm als verbessert, was sich in gegenüber der Referenz FRK-T erhöhten Werten widerspiegelt. Aufgrund der fertigungstechnischen Probleme und der damit verbundenen Auswirkung auf die Hinterschnittausbildung ist für die konische Nietbohrung fast ausschließlich Nietauszug zu beobachten. Mit der angepassten Bohrungstiefe sowie der erhöhten Härte kann damit ein Gesamtkonzept zur Verfügung gestellt werden, bei dem ein Aufbauchen der Niete komplett vermieden und die Maximalkräfte deutlich gesteigert werden können.

5.3.3 Stanznieten mit Vollniet

Um die modifizierten Nietgeometrien beim Vollstanznieten zu beurteilen, werden die für das Stanzen von CFK erforderlichen Kräfte sowie die hierdurch hervorgerufenen Imperfektionsgrade ermittelt. Hierbei wird gegen eine Flachmatrize mit Ø4,10 mm Bohrung gestanzt. Die Niete sind ohne Kopf ausgeführt und werden durch das Material gedrückt, um weitere Imperfektionen prinzipiell auszuschließen. Wie durch Abbildung 5-36 ersichtlich wird, kann für SG 02, SG 04 und SG 05 eine Reduzierung der wirkenden Kräfte gegenüber SG 01 erreicht werden. Diese Reduktion kann auf die stark erhöhte Flächenpressung aufgrund der geringeren Anfangsauflagefläche der Nietelemente sowie für SG 05 auf das Abscheren schon gebrochener Fasern zurückgeführt werden. Für SG 03 und SG 06 stellt sich die erwartete Kraftreduzierung gegenüber SG 01 hingegen nicht ein, was auf die geringe Wirktiefe der Geometrievariation zu SG 01 zurückgeführt wird.

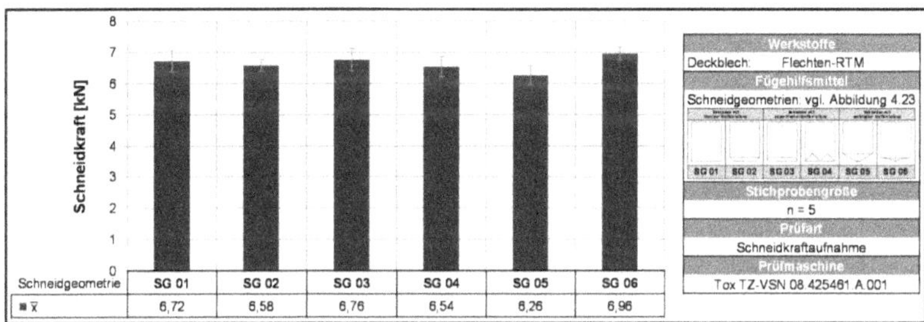

Abbildung 5-36: Einfluss der Schneidgeometrie auf die Schneidkraft

Kraftreduzierungen spiegeln sich jedoch nur eingeschränkt in den Imperfektionsgraden wider (siehe Abbildung 5-37). Hier zeigen Elemente mit nicht flächiger Krafteinleitung durchweg bessere Ergebnisse als SG 01, während SG 02 trotz Reduktion der Schneidkräfte schlechter abschneidet. Insbesondere Geometrien mit exzentrischer Krafteinleitung erweisen sich positiv.

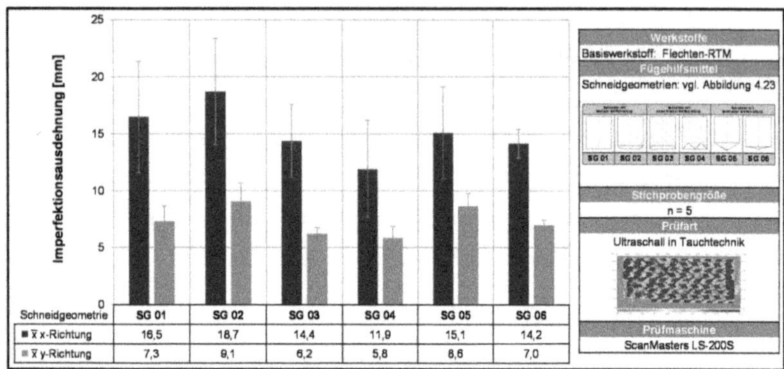

Abbildung 5-37: Bei verschiedenen Schneidgeometrien ohne Stahlunterlage hervorgerufene Fügeimperfektionen

Bei Verwendung eines Stahlpartners als Unterlage kommt es für alle Geometrien zu einer Zunahme der Imperfektionen (siehe Abbildung 5-38). Dies ist auf die Veränderung des Schneidprozesses von einem Prozess mit definiertem Schneidspalt hin zu einem Prozess mit undefinierten Schneidspalt und Verdichtung des Obermaterials gegen den matrizenseitigen Werkstoff zurückzuführen. Die Zunahme der Imperfektionen fällt allerdings für die Geometrien SG 03 und SG 04 geringer aus. Bei diesen Geometrien bleibt durch die Aufnahme von Material im Nietinneren die Schneide länger definiert erhalten. Auf Basis der gesammelten Erkenntnisse wird SG 03 im Vergleich als optimale Schneidgeometrie identifiziert. Als weitere Verbesserung wird die Tiefe der Aussparung zur Vergrößerung des Materialaufnahmevermögens erhöht und der innere Anstellwinkel an SG 04 angenähert, um die Stabilität der Nietfüße zu erhöhen.

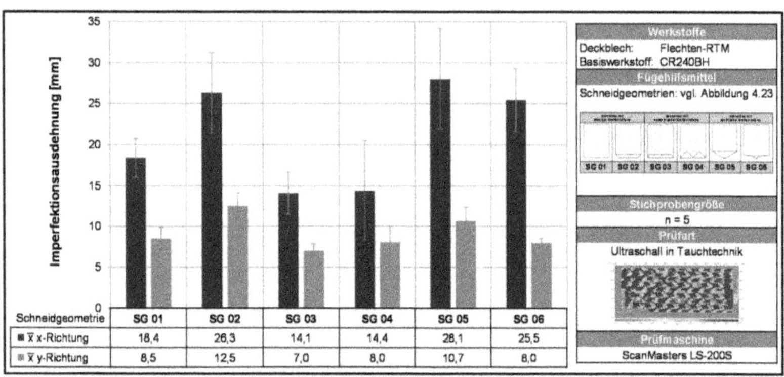

Abbildung 5-38: Bei verschiedenen Schneidgeometrien mit Stahlunterlage hervorgerufene Fügeimperfektionen

Bei der Auswertung der Rillengeometrien nach Abbildung 4-26 hinsichtlich der erzielbaren Hinterschnitte werden in einer ersten Versuchsreihe je zehn Mikroschliffe ausgewertet (siehe Tabelle 5.7). Auf Grund der geometrisch bedingt, unterschiedlichen maximalen Hinterschnitte erfolgt die

Auswertung voranging auf Basis des prozentual erreichten Hinterschnittes. Es zeigt sich, dass wie erwartet RG 04 mit dem flachsten Rillenflankenwinkel η das positivste Ergebnis liefert. Durch die Reduzierung des Flankenwinkels werden weniger CFK-Reste mitgenommen und die Hinterschnittausbildung verbessert. Die modifizierte Schneide wirkt sich hingegen nicht auf die Hinterschnittausbildung aus. Die Ergebnisse zum unteren Flankenwinkel ς sind nicht eindeutig. Während ein sehr großer Winkel bei RG 05 zu positiven Ergebnissen führt, sind die Ergebnisse für RG 06 und RG 07 schlechter als die Referenz RG 01 ohne entsprechende Abschrägung nach unten. Auch weist RG 06, welche vom Winkel zwischen RG0 05 und RG 07 liegt, die geringsten Hinterschnittwerte auf, sodass keine Tendenz identifiziert werden kann. Mittels einer zweiten Versuchsreihe mit konstanten Setzparametern wird ein Quervergleich anhand weiterer fünf Mikroschliffe durchgeführt. Auffällig ist das insgesamt höhere Hinterschnittniveau, wobei die Tendenzen der ersten Versuchsreihe bestätigt werden. Für RG 04 lässt sich wiederum die höchste prozentuale Hinterschnittausbildung beobachten, während RG 08 mit modifizierter Schneidgeometrie unverändert auf dem Niveau der Referenz liegt. Auch die Tendenz innerhalb der Gruppe mit variierenden Flankenwinkel ς bleibt gleich, wobei keine Erklärung für das schlechtere Abschneiden der vom Winkel zwischen RG 05 und RG 07 liegenden RG 06 geliefert werden kann. Für alle drei Geometrien zeigt sich nun aber im Vergleich zur Referenzgeometrie eine positivere Ausprägung des Hinterschnittes. Dies erscheint vor dem Hintergrund der Fließrichtung des Stahls plausibler als das Ergebnis aus Versuchsreihe 1, sodass für die weitere Entwicklung die Verwendung eines sich nach unten öffnenden Flankenwinkels ς analog RG 07 vorgeschlagen wird. Größere Werte von ς erscheinen auf Basis der fehlenden deutlichen Steigerung zwischen RG07 und RG05 und der hiermit verbundenen Reduktion des Gesamthinterschnittes nicht zielführend.

Tabelle 5.7: Ergebnis der Analyse verschiedener Rillengeometrien beim Vollstanznieten

	Geometrie				Versuchsreihe 1 Hinterschnitt		Versuchsreihe 2 Hinterschnitt	
Rillengeometrie	η [°]	ς [°]	b_1 [mm]	o_{max} [mm]	$\bar{x}$ [mm]	$\bar{x}$ [%]	$\bar{x}$ [mm]	$\bar{x}$ [%]
Rillengeometrie 01	15	0	0	0,184	0,025	14	0,050	27
Rillengeometrie 02	13	0	0	0,159	0,019	12	0,060	38
Rillengeometrie 03	11	0	0	0,134	0,020	15	0,051	38
Rillengeometrie 04	9	0	0	0,110	0,026	24	0,065	59
Rillengeometrie 05	15	65,92	0,3	0,128	0,021	16	0,061	48
Rillengeometrie 06	15	51,18	0,2	0,151	0,012	8	0,043	28
Rillengeometrie 07	15	28,03	0,1	0,170	0,017	10	0,073	43
Rillengeometrie 08 + Sonderschneide	15	0	0	0,184	0,023	13	0,048	26

Für die abschließenden Untersuchungen wird daher η = 9°, ς = 30° und o_{max} = 0,15 mm gewählt sowie die Rillenhöhe von 0,8 mm auf 1,0 mm angepasst. Die Schneide des Nietes wird mit einem

35,5°-Winkel und einer Aussparung von 1,0 mm versehen. Im Scherzug führt die neuentwickelte Nietgeometrie zu einem verbesserten Verhalten, welches auf geringere Imperfektionen infolge der Schneide zurückgeführt wird (siehe Abbildung 5-39). Das Verkippen der Niete vor dem Gesamtversagen kann jedoch nicht verhindert werden. Die Hinterschnittausbildung weist aufgrund der umgesetzten Verbesserungen höhere Werte bei niedrigerer Streuung auf. Diese höheren Werte, welche lediglich die Tiefe des Hinterschnittes repräsentieren, können jedoch nicht in ein verbessertes Kopfzugverhalten überführt werden. Dennoch kann das Untersuchungsziel aufgrund der Verwendung kombinierter Fügeverbindungen in der Serienproduktion und der hier entscheidenden Stabilität des geometrischen Prüfmerkmals Hinterschnitt als erreicht betrachtet werden. Im Vergleich der betrachteten Verfahren erweist sich das Vollstanznieten aber im Hinblick auf die geringen Maximalkräfte unter Kopfzugbelastung als weniger für das Fügen von CFK geeignet.

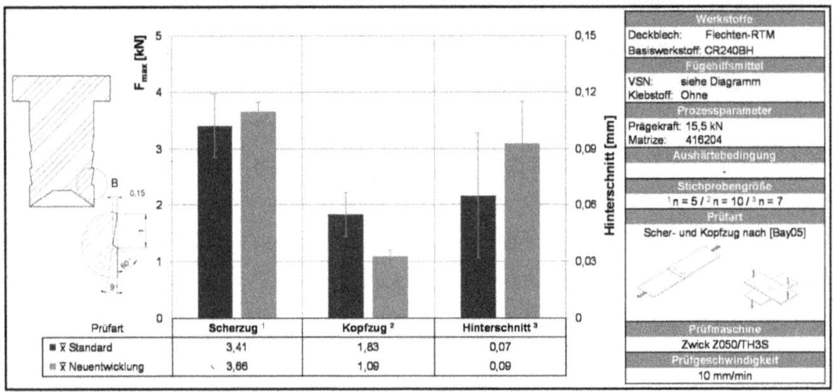

Abbildung 5-39: Vergleich des neuentwickelten Vollstanznietes zur Referenzgeometrie

Erarbeitete Kernergebnisse:

- Validierung der in Kapitel 4.2.2.1 postulierten Wirkung niedriger Bitkräfte und Drehzahlen als imperfektionsminimierend beim Direktverschrauben von CFK
- Validierung des nach Formel 4.18 positiven Einflusses von höheren Vorspannkräften auf die Maximalkraft im Scherbruchversagen
- Validierung des in Kapitel 4.2.1 postulierten positiven Einflusses von spanenden Spitzen sowie der Aufbringung von Vorspannkräften auf Bereiche mit Fügeimperfektionen
- Überführung der Erkenntnisse in eine optimierte Fließformschraubgeometrie sowie Validierung ihres positiven Effektes hinsichtlich der ertragbaren Maximalkräfte
- Herausarbeitung des Zusammenhangs zwischen Nietkopfendlage und hervorgerufenen Fügeimperfektionsumfang beim Halbhohlstanznieten

- Validierung der in Kapitel 4.2.4 postulierten positiven Wirkung exzentrischer Scheiden beim Stanzen von CFK
- Ableitung von für das Stanznieten von CFK optimierten Elementgeometrien

5.4 Fügesicherheit

Ziel von Fügeverbindungen ist zumeist die Übertragung von Kräften zwischen verschiedenen Bauteilen. Als Kennwert des Festigkeitsniveaus einer Fügeverbindung wird daher die ertragbare Maximalkraft herangezogen. Die Betrachtung elementarer Fügeverbindungen charakterisiert dabei zum einen das Festigkeitsniveau bis zur Aushärtung des Klebstoffes im Lackprozess und liefert zum anderen wichtige Informationen für das Verständnis der eigentlichen umformtechnischen Fügeverbindung. Neben dem Festigkeitsniveau ist aber auch die Versagensform zu bewerten. Bei kombinierten Fügeverbindungen ist hierbei insbesondere das Klebstoffbruchbild von Bedeutung.

5.4.1 Experimentelle Analyse des Scherbruchversagens

Die in Kapitel 4.3.1 vorgestellte Berechnungsmethodik soll mittels Experimenten validiert werden. Zunächst gilt es jedoch, die durchgeführten Versuche zur Ermittlung der notwendigen Kennwerte bzw. zur Überprüfung der Postulate der Methodik vorzustellen. Da die Versuche zur Schubfestigkeit unter variierenden Randabstand schon in Kapitel 5.2.2.3 betrachtet wurden, werden diese Versuche lediglich hinsichtlich ihrer Bedeutung für die Berechnungsmethodik gedeutet, ohne die Ergebnisse im Einzelnen zu wiederholen.

Zur Bewertung des Einflusses der elastischen Verformung auf den Randabstand bzw. die Versagenskraft werden in [WFR+14] Scherzugprüfungen mit Feinwegaufnehmer durchgeführt. Über alle untersuchten Fügetechniken (BN, FLS und HSN) kann ein relativ ähnlicher Anstieg des Kraft-Weg-Diagramms im linear elastischen Bereich beobachtet werden. Der niedrigste Anstieg wird für das Blindnieten mit c_{LL} = 41,87 kN/mm gemessen, sodass für diese Fügetechnik der stärkste Einfluss der elastischen Verformung zu erwarten steht. Beispielhaft wird auf dieser Basis die Scherbruchkraft einer Bolzenverbindung ohne Vorspannkraft oder Imperfektionen für das Flechten-RTM bestimmt. Nach Gleichung (4.17) ergibt sich hierbei die Scherbruchkraft zu F_{ms} = 2,19 kN gegenüber F_{ms} = 2,20 kN nach Gleichung (2.3) wobei für $\widehat{R}_{xy}$ jeweils der Mittelwert aus dem Bereich 5 mm $\leq e \leq$ 12 mm verwendet wird. Da die Verringerung des Randabstandes infolge der elastischen Verformung einen vernachlässigbaren Effekt auf die Scherbruchkraft hat, ihre Berücksichtigung aber experimentell aufwendig ist, soll dieser Effekt im Weiteren vernachlässigt werden. Hierdurch wird eine weitere Zunahme der Komplexität des Modells vermieden.

Die Untersuchungen aus Kapitel 5.2.2.3 zeigen, dass die Schubfestigkeit des gekerbten Laminats und damit auch der Kerbspannungsfaktor für den Bereich von 5 mm $\leq e \leq$ 10 mm relativ konstant ist (siehe Abbildung 5-12). Aufgrund der Beobachtung des Effektes an zwei sich im Lagenaufbau wesentlich unterscheidenden Laminate mit unterschiedlichen Harzsystemen kann der Aussage eine gewisse Allgemeingültigkeit zugeordnet werden. Die Abnahme der errechneten Schubfestigkeit $\widehat{R}_{xy}$ für Flechten-RTM bei e > 12 mm kann entweder auf die in [LL02] beschriebene Zunahme des Kerbspannungsfaktors für e > 10 mm oder den Wechsel des Versagensmodus von Scherbruch auf Lochleibung zurückgeführt werden. Da die Kraft-Weg-Diagramme weiterhin das für den Scherbruch charakteristische schlagartige Versagen zeigen, erscheint die von [LL02] gelieferte Erklärung plausibler. Für Gelege-NP kann für e > 10 mm ebenfalls eine Abnahme der Schubfestigkeiten beobachtet werden. Aufgrund der hier in den Kraft-Weg-Diagrammen zu beobachtenden Plateaubildungen ist hier der Wechsel von Scherbruch auf Lochleibung als Erklärung heranzuziehen. Für den Bereich mit Scherbruchversagen werden die Mittelwerte der Schubfestigkeit des gekerbten Laminats zu $\widehat{R}_{xy,\,Flechten}$ = 52,88 N/mm² und $\widehat{R}_{xy,\,Gelege}$ = 88,82 N/mm² bestimmt. Der Verlauf inklusive einen erkennbaren Maximum bei e = 8 mm für das Gelege-NP wird durch die Standardabweichung der Einzelreihen sowie die Tatsache, dass die Werte für e = 5 mm und e = 10 mm in guter Übereinstimmung sind, relativiert. Eine gewisse Abhängigkeit der Schubfestigkeit des gekerbten Laminats kann für das Gelege-NP aber nicht in Frage gestellt werden. Dies sollte aber die Berechnung auf Basis randabstandsunabhängiger Kerbfaktoren nicht wesentlich beeinträchtigen.

Die Auswirkung einer Variation des Bolzendurchmesser sowie der Bolzen-/Lochpassung wird am Flechten-RTM ebenfalls beispielhaft überprüft. Hierbei zeigt sich keine Veränderung zwischen dem standardmäßig verwendeten Bolzen mit 5 mm Durchmesser und einem Bolzen mit 7,5 mm Durchmesser. Darüber hinaus zeigt sich kein signifikanter Unterschied zwischen Proben mit D/d = 5,0/7,5 mm und e = 10 mm sowie Proben mit D/d = 5,0/5,0 mm und e = 7 mm, für die sich nach Gleichung (4.19) nahezu der gleiche tragende Randabstand e_{tr} ergibt. Auf dieser Basis kann eine Unabhängigkeit des Kerbspannungsfaktors von den geometrischen Randbedingungen innerhalb der untersuchten Parameter angenommen und das entwickelte Modell zur Beschreibung der Verringerung des Randabstandes durch übergroße Vorlöcher als valide angenommen werden. Dies ermöglicht eine Berechnung des Scherbruchversagens unter Verwendung von Laminatkennwerten nach Ermittlung des Kerbspannungsfaktors, welcher nach Tabelle 5.2 für Flechten-RTM zu $K_{Flechten}$ = 1,4 und für das Gelege-NP zu K_{Gelege} = 2,0 bestimmt wird. Die in Tabelle 5.2 angegeben Schubfestigkeiten gehen auf eine Prüfung nach [DIN82] zurück.

Zur Überprüfung der Übertragbarkeit der an Durchsteckverbindungen gewonnenen Erkenntnisse werden zudem Untersuchungen an Fügeverbindungen mit variierendem Randabstand durchgeführt. Hinsichtlich des Kraftniveauverlaufs zeigt sich für das Blindnieten und das Halbhohlstanznieten ein vergleichbares Verhalten zu den in Abbildung 5-12 an Durchsteckbolzenverbindungen angestellten Untersuchungen. Ergänzend wird die Imperfektionsentwicklung beim Halbhohlstanznieten unter Variation des Randabstandes betrachtet (siehe Abbildung 5-40).

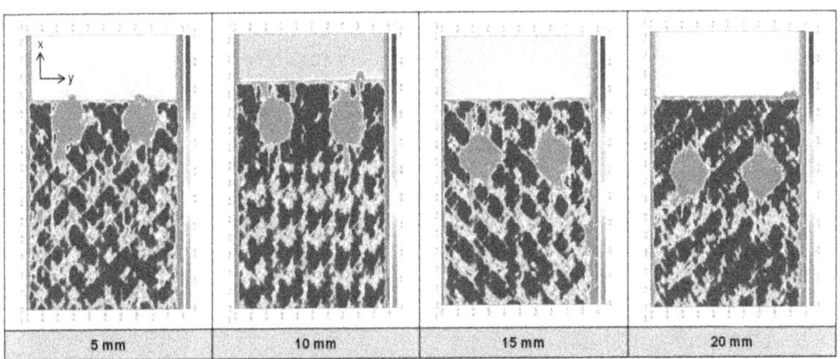

Abbildung 5-40: Hervorgerufene Fügeimperfektionen unter Variation des Randabstandes im UT C-Scan

Es wird ersichtlich, dass der Grad an Imperfektionen relativ unabhängig vom Randabstand ist und damit das in Kapitel 4.1.2.3 getroffene Postulat als gültig angenommen werden kann. Hierbei ist jedoch zu beachten, dass dies für die Randabstände e = 5 mm und e = 10 mm bedeutet, dass die Imperfektionen bis zum Materialrand reichen.

Neben der Kraftübertragung mittels Formschluss ergibt sich beim umformtechnischen Fügen ein infolge der Vorspannkraft mittels Kraftschluss übertragener Anteil (siehe Tabelle 5.8). Die Reibkraftanteile F_R werden nach der in Kapitel 4.3.1 vorgestellten Methodik für Flechten-RTM ermittelt. Hierauf aufbauend werden die jeweiligen Vorspannkräfte F_V auf Basis von $\mu_{0,Flecht} = 0{,}15$ und für $\mu_{0,Gelege} = 0{,}13$ berechnet (siehe Tabelle 5.8).

Tabelle 5.8: Bestimmung der Vorspannkräfte für die verschiedenen Fügeverbindungen [WFR+14]

Fügeverfahren	Fügerichtung	F_R (gemessen) [kN]	F_V (berechnet) [kN]	Quercheck (gemessen) [kN]
BN	FKV in Stahl	$\bar{F}_R$=0,26 ; σ=0.04	1,69	$\bar{F}_R$ = 0,26 ; σ=0,06 $_{(n=7)}$
BN	Stahl in FKV	$\bar{F}_R$=0,37 ; σ=0,05	2,45	$\bar{F}_R$ = 0,54 ; σ=0,14
FLS	FKV in Stahl	$\bar{F}_R$=0,79 ; σ=0,10	5,25	$\bar{F}_V$ = 4,19 ; σ=0,31
HSN	FKV in Stahl	$\bar{F}_R$=0,44 ; σ=0,05	2,94	-

Um die Methodik und die durch sie gewonnenen Daten zu validieren, wird ein Quercheck zu an mit jeweils einen Blindniet gefügten Scherzugproben durchgeführt, wobei der Bereich reinen Kraftschlusses infolge der übergroßen Vorlöcher ausgewertet wird. Darüber hinaus wird die Vorspannkraft der Fließformschraubverbindungen zu in [WFF+13] direkt gemessenen Vorspannkräften gegenübergestellt. Die Reibkraftwerte, welche für das Blindnieten beobachtet werden, zeigen gute Übereinstimmung zwischen den beiden Probenreihen, was die prinzipielle Verwendbarkeit des entwickelten Ansatzes bestätigt. Die für das Fließformschrauben direkt gemessenen Vorspannkräfte liegen hingegen unter den, auf Basis der Reibkraft, berechneten Werte F_V. Dies erscheint plausibel, da durch den zur direkten Vorspannkraftmessung verwendeten zweistufigen Prozess nicht in plastifiziertes bzw. erwärmtes Material, sondern in ein fertig ausgeformtes Gewinde verschraubt wird. Dies führt im Vergleich zu einem höheren Gewindereibungskoeffizienten und damit zu einer niedrigeren Vorspannkraft.

Darüber hinaus werden die effektiven Randabstände $e_{eff,j}$ bei einem Randabstand von e = 10 mm bestimmt (siehe Tabelle 5.9). Unter Berücksichtigung der gesammelten Erkenntnisse wird Gleichung (5.4) zur Berechnung der Versagenskraft für umformtechnisch gefügte Verbindungen unter Scherbruchversagen vorgeschlagen.

$$F_{ms,j} = \left(\frac{R_{xy}}{K} \cdot 2 \cdot e_{eff,j} \cdot t + \mu_o \cdot F_V\right) \cdot q \qquad (5.4)$$

Mit q = Anzahl von Elementen in gleicher Reihe bzw. gleichem Randabstand.

Tabelle 5.9 zeigt zu Validierungszwecken die Gegenüberstellung der rechnerisch und experimentell ermittelten Versagenskräfte. Für das Blindnieten in der Fügerichtung FKV in Stahl kann eine hervorragende Übereinstimmung der Daten konstatiert werden, da hier Fügeimperfektionen keine Rolle spielen. Hierauf basierend lässt sich der gewählte Ansatz zur Bestimmung der Reibkraft wie auch des effektiven Randabstandes als valide annehmen. Aber auch für die andere Fügerichtung wie auch für die anderen beiden Fügeverfahren lässt sich unter Berücksichtigung von Imperfektionen eine gute Übereinstimmung feststellen. Darüber hinaus kommt es in keinem Fall zur Überschätzung der Versagenskraft, sodass von einem sicheren Modell gesprochen werden kann.

Tabelle 5.9: Bestimmung der maximalen Versagenskraft der verschiedenen Fügeverbindungen

Füge-verfahren	Material	d [mm]	e_{tr} [mm]	$e_{eff,j}$ [mm]	F_{ms} (berechnet) [kN]	F_{ms} (gemessen) [kN]	Abweichung [%]
BN (FKV in Stahl)	Flechten-RTM	8,5	6,49	6,49	3,32	3,69 ; σ=0,33	-9
	Flechten-RTM	5,0	10,00	9,30	4,61	4,92 ; σ=0,36	-6
	Gelege-NP	8,5	6,49	6,49	4,81	4,94 ; σ=0,15	-3
BN (Stahl in FKV)	Flechten-RTM	5,0	10,00	7,72	4,14	4,83 ; σ=0,55	-14
	Gelege-NP	5,0	10,00	8,43	6,61	7,00 ; σ=0,25	-6
FLS	Flechten-RTM	-	10,00	6,12	4,28	5,57 ; σ=0,22	-23
	Gelege-NP	-	10,00	7,87	6,69	7,96 ; σ=0,46	-16
HSN	Flechten-RTM	-	10,00	6,69	3,84	4,56 ; σ=0,13	-16
	Gelege-NP	-	10,00	7,72	5,97	7,33 ; σ=0,46	-19

Für die Fälle, bei denen Imperfektionen zu berücksichtigen sind, lässt sich jedoch eine Zunahme der Abweichung zwischen Berechnung und Versuch beobachten. Es wird postuliert, dass diese negative Abweichung auf eine Beeinflussung der Fügeimperfektionen durch wirkende Vorspannkräfte zurückzuführen ist. Auf mikromechanischer Ebene erscheinen hier das Verschließen kleiner Matrixrisse und damit verbunden eine Stärkung der Scherebene plausibler als eine Unterstützung gegen Faserknicken durch laterale Verspannung wie sie für Lochleibungsversagen beobachtet wird. Für das Fließformschrauben ist aus Kapitel 5.3 bekannt, dass Proben mit Vorlochdurchmesser d = 7 mm und Proben ohne Vorloch die gleichen Versagenskräfte aufweisen. Dies bedeutet, dass für das Fehlen von Imperfektionen und einer Reduzierung des tragenden Randabstandes zu e_{tr} = 7,45 mm sowie für das Vorhandensein von Imperfektionen und einen Randabstand e = 10 mm die gleichen Versagenskräfte auftreten. Für Proben mit Vorlochdurchmesser d = 5 mm, für die vom einem Fehlen von Imperfektionen sowie keiner wesentlichen Reduzierung des Randabstandes durch übergroße Vorlöcher auszugehen ist, können ca. 12% höhere Versagenskräfte beobachtet werden. Insofern wäre eine Reduzierung des Randabstandes e beim Fließformschrauben infolge von Fügeimperfektionen um 2,55 mm zu e_{eff} = 7,45 mm zu erwarten, was einen geringeren als den aus den UT-Untersuchungen zu e_{eff} = 5,57 mm ermittelten Wert entspricht. Dies stützt die Annahme einer Beeinflussung von Imperfektionen durch wirkende Vorspannkräfte.

Eine Implementierung der postulierten Wechselwirkung in das vorliegende Berechnungsmodell ist möglich, wenn angenommen wird, dass vorwiegend jene Fügeimperfektionen positiv beeinflusst werden, welche unter dem Elementkopf liegen und über diesen eine Beaufschlagung mit einer Vorspannkraft erfahren. Die Beeinflussung wird als Rückkehr zur vollen Materialleistung, d.h. der Überführung des Abminderungsfaktors für diesen Bereich zu θ = 1,00 modelliert. Unter dieser Annahme ist eine sehr gute Übereinstimmung der berechneten und experimentell beobachteten Werte festzustellen (siehe Tabelle 5.10).

Tabelle 5.10: Berücksichtigung einer Wechselwirkung zwischen Vorspannkraft und Fügeimperfektionen

Füge-verfahren	Material	d [mm]	e_{tr} [mm]	$e_{eff,i}$ [mm]	F_{ms} (berechnet) [kN]	F_{ms} (gemessen) [kN]	Abweichung [%]
BN (Stahl in FKV)	Flechten-RTM	5,0	10,00	8,20	4,35	4,83 ; σ=0,55	-10
	Gelege-NP	5,0	10,00	9,09	7,06	7,00 ; σ=0,25	+1
FLS (FKV in Stahl)	Flechten-RTM	-	10,00	6,57	4,48	5,57 ; σ=0,22	-20
	Gelege-NP	-	10,00	8,51	7,12	7,96 ; σ=0,46	-11
HSN (FKV in Stahl)	Flechten-RTM	-	10,00	7,97	4,40	4,56 ; σ=0,13	-4
	Gelege-NP	-	10,00	9,52	7,17	7,33 ; σ=0,46	-2

5.4.2 Verhalten unter quasistatischer Belastung

Die Analyse des Verhaltens unter quasistatischer Belastung gibt Aufschluss über die Tragfähigkeit einer Fügeverbindung z.B. infolge von Gewichtskräften. Auf dieser Basis können jedoch auch Anhaltswerte für das Verhalten unter dynamischer Belastung gewonnen werden.

5.4.2.1 Verhalten bei Raumtemperatur

Zunächst wird das Verhalten unter Raumtemperatur betrachtet, wobei die Festigkeitskennwerte der Halbhohl- und Vollstanznietverbindungen beim Gelege-RTM im Rahmen eines gemeinsamen Projektes von der Professur für Fügetechnik und Montage der TU Dresden zur Verfügung gestellt werden [LRK+12]. Hinsichtlich des Festigkeitsniveaus bei Scherzugbelastung ist zu beachten, dass die unterschiedlichen Elementdurchmesser, aufgrund des auftretenden Scherbruchversagens, für elementare Fügeverbindungen keinen Einfluss auf die ertragbare Maximalkraft haben (siehe Abbildung 5-41). Obwohl die Fügerichtung 2, d.h. schließkopfseitiges CFK, beim Blindnieten aufgrund der Einbringung von Imperfektionen durch die Schließkopfausbildung im CFK den kritischeren Fall darstellt, ergibt sich hinsichtlich der übertragbaren Maximalkräfte eine Steigerung gegenüber der umgekehrten Fügerichtung. Diese Erhöhung lässt sich durch den, infolge des Ø8,5 mm großen Vorloches, reduzierten tragenden Randabstand im CFK erklären.

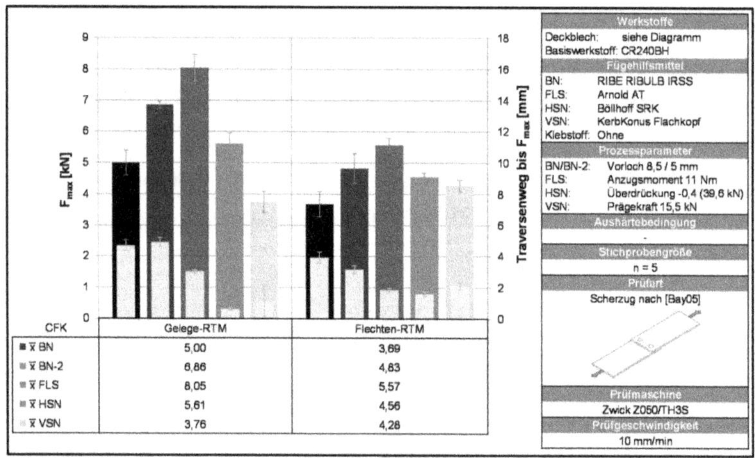

Abbildung 5-41: Scherzugfestigkeit elementarer umformtechnischer Fügeverbindungen

Bei Verwendung von Ø5 mm Vorlöchern im CFK ergibt sich hingegen bei setzkopfseitig angeordneten CFK eine minimale Steigerung der Maximalkräfte gegenüber der schließkopfseitigen Anordnung. Auffällig ist auch die durch Verwendung von übergroßen Vorlöchern reduzierte Steifigkeit der Blindnietverbindungen gegenüber den selbstlochenden Fügeverfahren. Das Vollstanznieten liegt aufgrund einer im Zug zunächst eintretenden Elementverkippung und dem daraus resultierenden Belastungszustand im CFK unter dem Niveau der anderen Verfahren.

Unter Kopfzugbelastung ergibt sich für die elementaren Fügeverbindungen, hinsichtlich der Rangfolge der Fügeverfahren, ein einheitliches Bild über beide Materialien (siehe Abbildung 5-42). Hierbei wird nahezu ausschließlich Elementdurchzugversagen im CFK beobachtet.

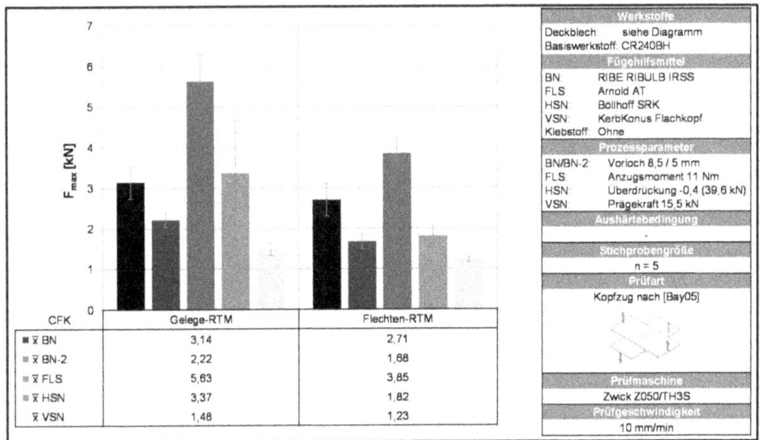

Abbildung 5-42: Kopfzugfestigkeit elementarer umformtechnischer Fügeverbindungen

Lediglich für das Vollstanznieten tritt abweichend Fügepunktversagen durch Ausziehen der Elemente aus dem Stahl ein. Für das Blindnieten mit schließkopfseitigen Stahlpartner zeigt sich gegenüber dem Fließformschrauben, unter Beachtung der identischen Kopfdurchmesser, der negative Effekt des übergroßen Vorloches im CFK, welches zu einer reduzierte Biegesteifigkeit führt.

Für einen industriellen Einsatz sind speziell kombinierte Fügeverbindungen mit Klebstoff von Interesse. Im Hinblick auf die Rangfolge der durch die einzelnen Fügeverbindungen realisierbaren Maximalkräfte ergibt sich unter Scherzugbelastung über beide CFK-Materialen ein relativ homogenes Bild (siehe Abbildung 5-43). Hierbei ist jedoch weniger die durch die einzelnen umformtechnischen Fügeverbindungen übertragene Kraft, als vielmehr die unterschiedliche Klebschichtausbildung infolge der Verbindungserstellung entscheidend. So ist für kombinierte Fügeverbindungen nach [Kel04] der Kraftanteil, der über Bolzenelemente übertragen wird, bei hochmoduligen Klebstoffen vernachlässigbar. Das Maximalkräfteniveau liegt beim Blindnieten mit schließkopfseitigem Stahl dennoch über dem der elementaren Klebverbindung, da es von der homogeneren Klebschichtausbildung profitiert. Für die anderen Fügeverfahren sind höhere Fügekräfte erforderlich, die zu einer Beeinträchtigung der Klebschichtausbildung und damit zu einem geringeren Kraftniveau führen.

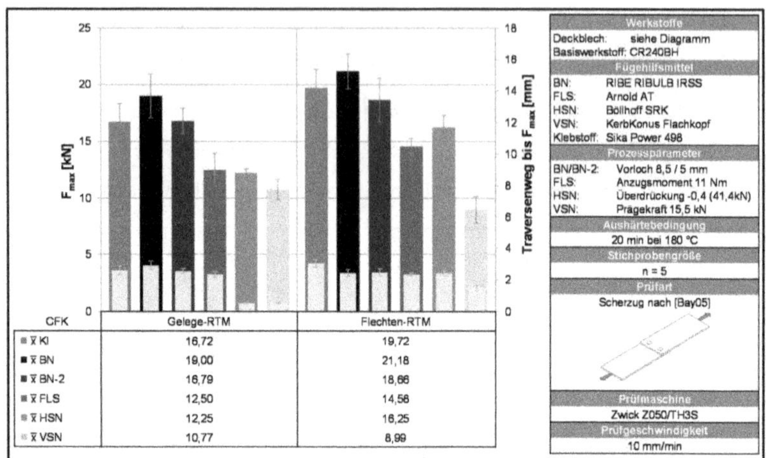

Abbildung 5-43: Scherzugfestigkeit elementarer Klebverbindungen sowie kombinierter Fügeverbindungen

Unter Kopfzug kommt es zu einer Unterstützung der Klebverbindung durch die umformtechnischen Verbindungen (siehe Abbildung 5-44). Die Klebverbindung garantiert dabei über alle Verfahren hinweg eine Kraftuntergrenze. Das homogene Niveau der Untergrenze ist auf den hohen Klebschichtanteil zurückzuführen, welcher vom umformtechnischen Fügen unbeeinflusst bleibt. Dieser resultiert aus dem veränderten Verhältnis zwischen Kleb- und Fügepunktfläche gegenüber den Scherzugproben. Jene Fügeverfahren, die in elementarer Form höhere Kräfte übertragen können als die Klebverbindung, ertragen auch in kombinierter Form höhere Maximalkräfte.

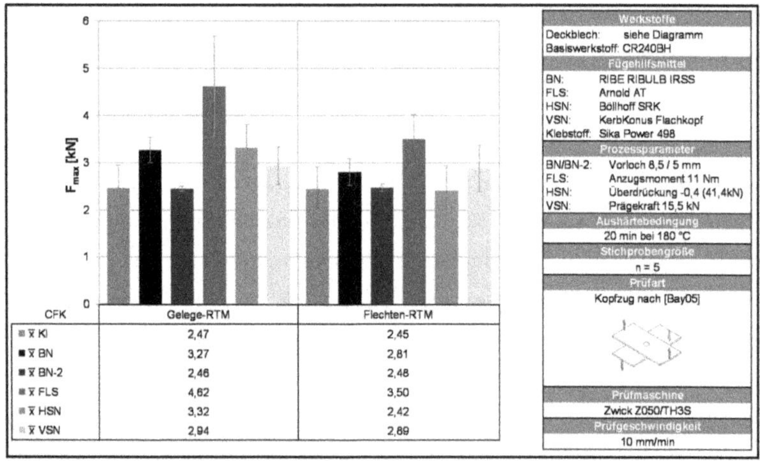

Abbildung 5-44: Kopfzugfestigkeit elementarer Klebverbindungen sowie kombinierter Fügeverbindungen

5.4.2.2 Verhalten bei verschiedenen Einsatztemperaturen

Die Eigenschaften von Kunststoffen und auch von CFK sind stark temperaturabhängig. Da die Einsatztemperatur von Fahrzeugen je nach Einsatzgebiet zwischen -30° C und +105° C schwanken kann, werden Scherzugproben unter fünf Einsatztemperaturen geprüft und der Verbindungsfestigkeit bei Raumtemperatur gegenübergestellt (siehe Abbildung 5-45).

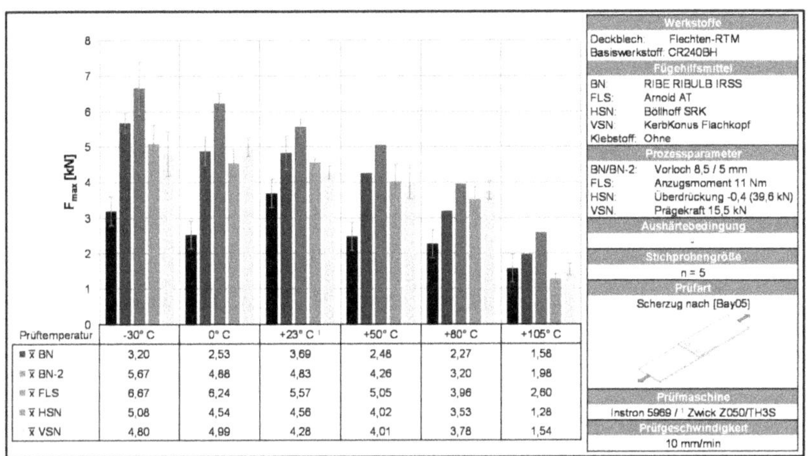

Prüftemperatur	-30° C	0° C	+23° C [1]	+50° C	+80° C	+105° C
$\bar{x}$ BN	3,20	2,53	3,69	2,48	2,27	1,58
$\bar{x}$ BN-2	5,67	4,88	4,83	4,26	3,20	1,98
$\bar{x}$ FLS	6,67	6,24	5,57	5,05	3,96	2,60
$\bar{x}$ HSN	5,08	4,54	4,56	4,02	3,53	1,28
$\bar{x}$ VSN	4,80	4,99	4,28	4,01	3,78	1,54

Abbildung 5-45: Scherzugfestigkeit elementarer Fügeverbindungen unter Variation der Einsatztemperatur

Bei Bildung eines Maximalkraftmittelwertes über alle umformtechnischen Fügeverbindungen kann für jede Temperatur ein Kennwert für das Verbindungsfestigkeitsniveau geschaffen werden (siehe Abbildung 5-46). Anhand dieses Kennwertes wird die Veränderung über den Temperaturverlauf verdeutlicht. So kommt es bei -30°C zu einem Niveauanstieg um ca. 15% gegenüber dem Referenzwert bei RT. Die Auswirkung gegenüber RT steigender Temperaturen ist jedoch stärker ausgeprägt als die Auswirkung eines Temperaturabfalls in gleicher Größenordnung. Der deutlichste Niveauabfall lässt sich zwischen +80° und +105°C beobachten, was über die Glasübergangstemperatur des Grundmaterials bei etwa +100°C erklärbar ist. Eine Analyse des Versagensbildes zeigt keine weiteren Auffälligkeiten. Über alle Temperaturen tritt Scherbruch auf. Parallel zu den Fügeverbindungen wird die Zugfestigkeit geprüft. Da die Proben jedoch an der Einspannstelle versagten ist die Aussagekraft der Versuche eingeschränkt. Es deutet sich jedoch an, dass die dem Verbindungsversagen zugrunde liegende Schubfestigkeit temperatursensibler ist als die zugehörige Zugfestigkeit. Bei einer zeitgleichen Variation von Randabstand und Temperatur ist eine Verstärkung der Effekte zu erwarten, die im Hinblick auf die Einsatztemperatur als unveränderliche Randbedingung den konstruktiven Parameter Randabstand umso bedeutender macht.

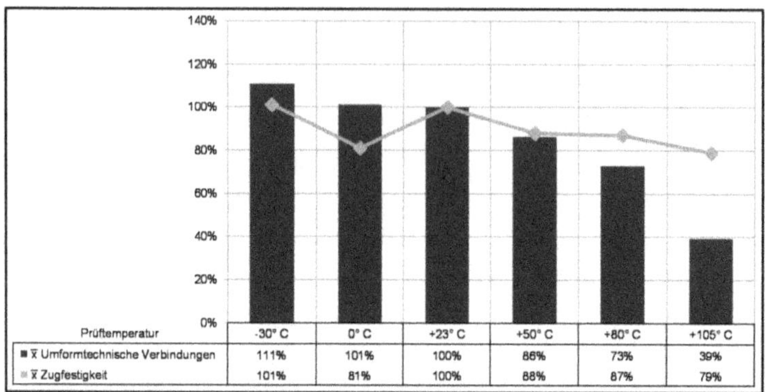

Abbildung 5-46: Verlauf des elementaren Verbindungsfestigkeitsniveaus

Neben den elementaren Fügeverbindungen werden auch hybrid gefügte Proben untersucht. Hier ergibt sich hinsichtlich der Rangfolge der einzelnen Fügeverfahren sowie der Entwicklung des Festigkeitsniveaus über die Temperatur ein differenzierteres Bild (siehe Abbildung 5-47). So ist beim elementaren Kleben der Festigkeitsabfall zwischen 80° und +105°C um ca. 80% hervorzuheben. Für diesen Festigkeitsabfall ist als Ursache die Lage der Glasübergangstemperatur des Klebstoffes bei +100°C anzuführen. Infolge fällt auch das Festigkeitsniveau der kombinierten Fügeverbindungen bei +105°C im Vergleich zur RT auf nur noch 28% ab, während bei den elementaren Proben nur ein Abfall auf 40% ausgemacht werden kann (siehe Abbildung 5-48).

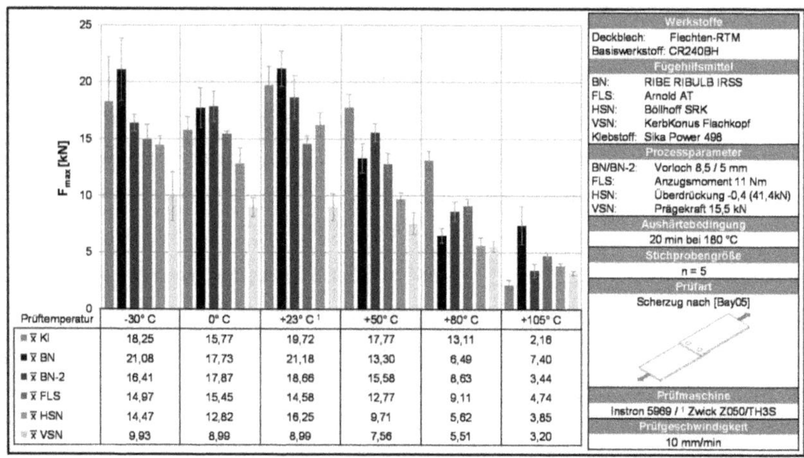

Abbildung 5-47: Scherzugfestigkeit kombinierter Fügeverbindungen unter Variation der Einsatztemperatur

Jedoch ist anzumerken, dass der Klebstoff auch hier noch einen Beitrag zur Gesamtfestigkeit leistet, welcher dazu führt, dass die kombinierten Fügeverbindungen trotz des relativ stärkeren Niveauabfalls absolut gesehen immer noch ein höheres Niveau aufweisen. Für höhere Temperaturen ist zu erwarten, dass sich das Verhalten von rein umformtechnisch und hybrid gefügten Proben weiter annähert. Insgesamt lässt sich für einen Anstieg der Temperaturen gegenüber Raumtemperatur ein signifikanter Abfall der Verbindungsfestigkeiten beobachten. Hinsichtlich des tendenziellen Verlaufes zeigen die elementare Klebfestigkeit und das Festigkeitsniveau der kombinierten Fügeverbindungen eine gute Übereinstimmung. Bei den hybrid gefügten Proben kommt es jedoch zu einer lineareren Kraftniveauabnahme anstelle des stärker exponentiell geprägten Maximalkraftabfalls bei den elementaren Klebverbindungen.

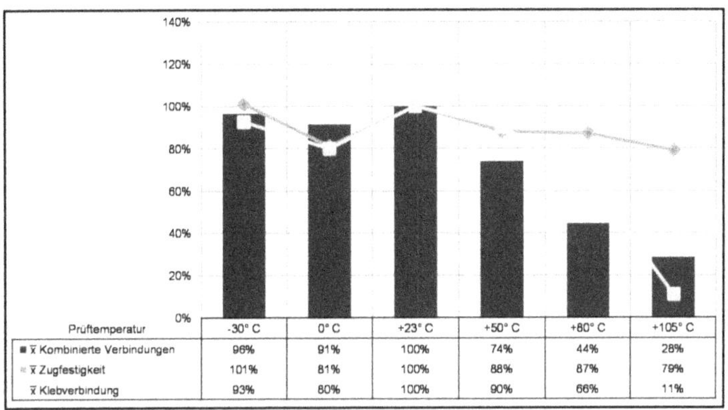

Prüftemperatur	-30° C	0° C	+23° C	+50° C	+80° C	+105° C
x̄ Kombinierte Verbindungen	96%	91%	100%	74%	44%	28%
x̄ Zugfestigkeit	101%	81%	100%	88%	87%	79%
x̄ Klebverbindung	93%	80%	100%	90%	66%	11%

Abbildung 5-48: Verlauf des kombinierten Verbindungsfestigkeitsniveaus

5.4.3 Verhalten unter dynamischer Belastung

Neben quasistatischen Belastungen sind Bauteile vielfach dynamischen Lasten ausgesetzt. Diese ergeben sich im Crashfall zu einer Belastung mit hoher Geschwindigkeit sowie aus dem laufenden Betrieb zu zyklisch ab- und zunehmenden Lasten.

5.4.3.1 Verhalten unter dynamisch crashartiger Belastung

Für elementare Fügeverbindungen lässt sich mit zunehmender Belastungsgeschwindigkeit eine Abnahme der Versagenskräfte beobachten (siehe Abbildung 5-49). Hierbei entsprechen die 10 mm/min der quasistatischen Vergleichsprüfung 0,00017 m/sec. Es wird postuliert, dass die mittels Formschluss übertragene Kraft, d.h. die Schubfestigkeit, infolge höherer Belastungsgeschwindigkeiten abnimmt, gleichzeitig aber die mittels Kraftschluss übertragene Kraft zunimmt. So weist das Fließformschrauben, die Fügetechnik mit der höchsten Vorspannkraft, bei 13,9 m/sec ein höheres Niveau als bei quasistatischer Belastung auf, während das Blindnieten in der Fügerichtung Stahl in CFK eine kontinuierliche Abnahme zeigt. Für kombinierte Fügeverbindungen lässt sich hingegen eine Zunahme der Versagenskräfte bei der Belastungsgeschwindigkeit 5,6 m/sec und anschließend eine Abnahme bei 13,9 m/sec beobachten (siehe Abbildung 5-50).

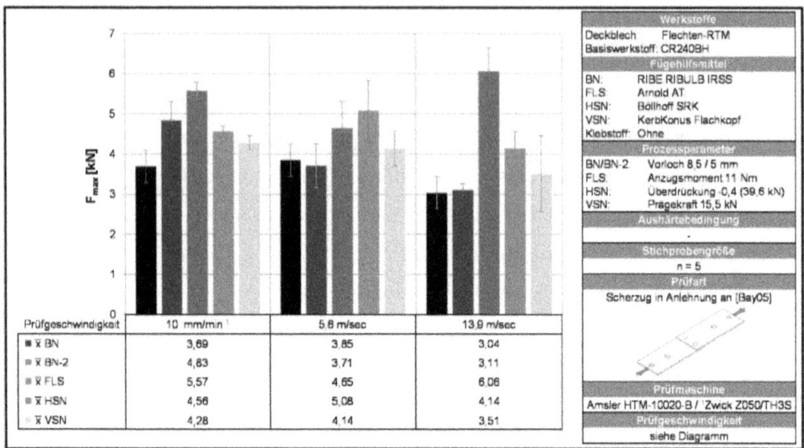

Prüfgeschwindigkeit	10 mm/min	5,8 m/sec	13,9 m/sec
x̄ BN	3,69	3,85	3,04
x̄ BN-2	4,83	3,71	3,11
x̄ FLS	5,57	4,65	6,06
x̄ HSN	4,56	5,08	4,14
x̄ VSN	4,28	4,14	3,51

Abbildung 5-49: Scherzugfestigkeit elementarer Fügeverbindungen unter Variation der Prüfgeschwindigkeit

Eine allgemeine Aussage gestaltet sich hier vor dem Hintergrund der Streuung der einzelnen Reihen, aber auch den für die unterschiedlichen Fügeverfahren erkennbaren teils gegenläufigen Tendenzen schwierig. Analog [HSB+13] ist zudem von materialspezifisch sehr unterschiedlichen Verhaltensmustern auszugehen. Für das untersuchte Flechten-RTM erscheint zumindest die tendenzielle Zunahme der Festigkeitsniveaus bei 5,6 m/sec als valide.

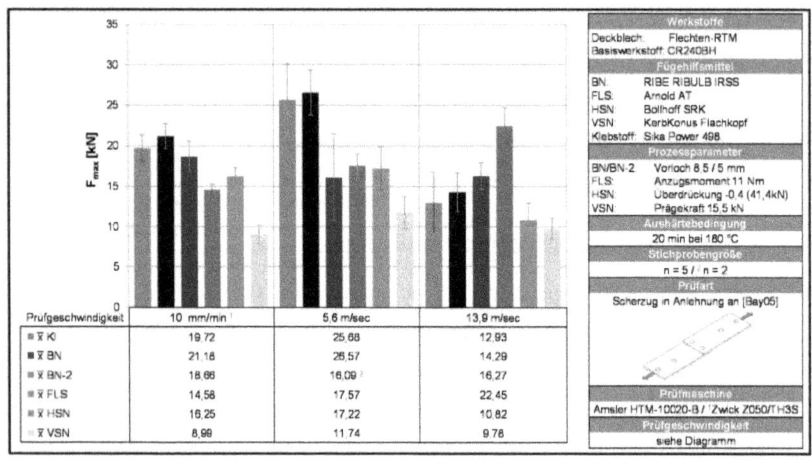

Prüfgeschwindigkeit	10 mm/min	5,6 m/sec	13,9 m/sec
x̄ KI	19,72	25,68	12,93
x̄ BN	21,18	26,57	14,29
x̄ BN-2	18,66	16,09	16,27
x̄ FLS	14,58	17,57	22,45
x̄ HSN	16,25	17,22	10,82
x̄ VSN	8,99	11,74	9,78

Abbildung 5-50: Scherzugfestigkeit kombinierter Fügeverbindungen unter Variation der Prüfgeschwindigkeit

5.4.3.2 Verhalten unter dynamisch zyklischer Belastung

Auch unter dynamisch zyklischer Last lässt sich für rein umformtechnische Fügungen überwiegend Scherbruch beobachten (siehe Abbildung 5-51). Lediglich beim Halbhohlstanznieten zeigt sich überwiegend Fügepunktversagen in Form eines Ausknöpfens der Nietelemente aus dem Stahlblech. Für die Fließformschraubverbindungen ergibt sich ebenfalls eine Besonderheit. Hier kommt bis zu einer Unter-/Oberlast von 495/4950 N stets zu Durchläufern.

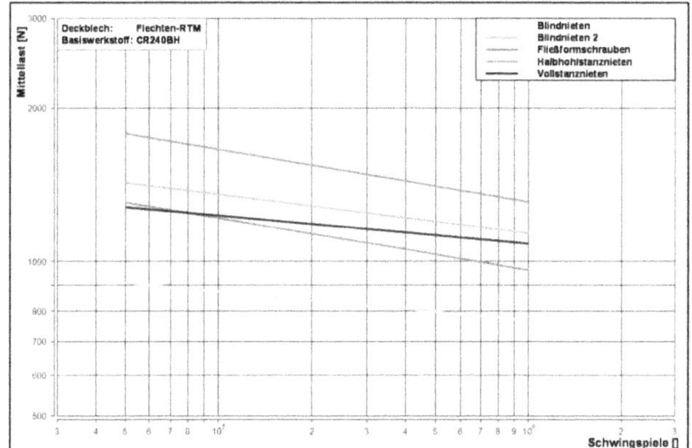

Abbildung 5-51: Verhalten elementarer Fügeverbindungen unter dynamisch zyklischer Belastung

Bei höheren Lasten, z.B. Unter-/Oberlast von 500/5000 N, die damit nahezu auf dem quasistatischen Niveau liegen, kommt es nach wenigen Schwingspielen zum Komplettversagen. Die aus den wenigen nicht durchgelaufenen Proben errechnete Wöhlerkurve spiegelt damit das eigentlich zu erwartende Niveau nicht wider, sondern unterzeichnet in großem Maße die zu erwartende Festigkeit. Eine stärkere Auswirkung von Fügeimperfektionen unter dynamisch zyklischer Last gegenüber den quasistatischen Referenzversuchen zeigt sich damit erwartungsgemäß, nicht.

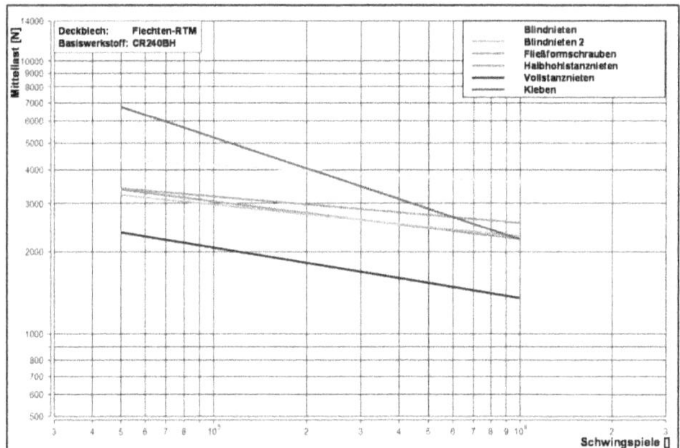

Abbildung 5-52: Verhalten kombinierter Fügeverbindungen unter dynamisch zyklischer Belastung

Für kombinierte Fügeverbindungen sowie als Referenz für elementare Klebverbindungen ergibt sich ein relativ homogenes Bild (siehe Abbildung 5-52). Das Blindnieten in Fügerichtung 2, das

Fließformschrauben sowie das Halbhohlstanznieten liegen auf einem ähnlichen Niveau im Mittelfeld der Untersuchung. Das Blindnieten in Fügerichtung 1 sowie das elementare Kleben liegen vom Niveau her leicht über diesen Werten. Das Vollstanznieten weist hingegen einen sehr steilen Verlauf sowie ein, im Vergleich zu den anderen Fügeverfahren, deutlich niedriges Niveau auf.

5.4.4 Verhalten unter korrosiver Belastung

Neben mechanischen Belastungszuständen wird auch das Verhalten unter korrosiver Belastung untersucht. Hierbei wird sowohl das Korrosionsbild als auch eine mögliche Auswirkung auf die Versagenskräfte betrachtet. Zunächst wird das Korrosionsbild von KTL-beschichteten Proben der Verbindung Flechten-RTM/CR240BH mit und ohne Klebstoff nach 10 Zyklen VDA-Wechseltest optisch bewertet (siehe Tabelle A.XXI bis A.XXV). Für das Blindnieten wird abweichend die Fügerichtung Stahl in FKV untersucht. Bei der Bewertung der hybrid gefügten Verbindungen erfolgt im Gegensatz zu den elementar gefügten Proben nach Zerlegung eine Bewertung des Nietumfeldes und nicht der gesamten Fügefläche. Aus diesem Grund können die Gesamtbewertungen zwischen elementar und hybrid gefügten Proben nicht gegeneinander angeführt werden.

Über alle untersuchten Proben zeigen sich hybrid gefügte Proben vom korrosiven Verhalten stets besser als rein umformtechnische Fügungen. Darüber hinaus stellen sich das Halbhohlstanznieten und das Fließformschrauben im Vergleich der Fügetechniken aufgrund ihrer einseitigen Dichtheit am positivsten dar. Für das Halbhohlstanznieten zeigt sich ferner für Flachkopfniete ein tendenziell schlechteres Abschneiden als für Senkkopfniete. Am Beispiel des Vollstanznietens werden Edelstahlniete mit herkömmlichen Stahlnieten verglichen. Hierbei lässt sich lediglich ein geringfügig schlechteres Abschneiden der Stahlnieten mit ZnNi-Beschichtung gegenüber den entsprechenden Edelstahlnieten beobachten. Für das Fließformschrauben werden verschiedene Beschichtungen getestet, wobei sich die ZnNi Si-Beschichtung für kombinierte Fügeverbindungen am besten geeignet erweist. Zusätzlich zu den Beschichtungen wird der Effekt unterschiedlich großer Vorlöcher betrachtet. Hierbei zeigt sich an elementar gefügten Proben deutlich, dass bei Vorlochgrößen, bei denen es zum Kontakt der C-Fasern mit dem Fügeelement kommt, ein schlechteres korrosives Ergebnis zu erwarten ist. Insgesamt zeigen sich entsprechende kombinierte Fügeverbindungen vor korrosiven Gesichtspunkten für den Einsatz im Trockenraum geeignet. Für den Einsatz im Nassbereich sind zusätzliche Korrosionsschutzmaßnahmen zu prüfen.

Neben der optischen Bewertung des Korrosionsbildes wird auch die Auswirkung auf die Versagenskräfte bewertet. Hierbei zeigt sich, dass diese unter Kopfzugbelastung, vor und nach dem KTL-Prozess sowie nach VDA-Wechseltest, sowohl für elementare als auch kombinierte Fügeverbindungen relativ konstant sind (siehe Abbildung 5-53 und Abbildung 5-54). Lediglich für die elementaren Halbhohlstanznietverbindungen lässt sich unter Kopfzug nach Durchführung des VDA-Wechseltest eine deutliche Niveauabnahme feststellen.

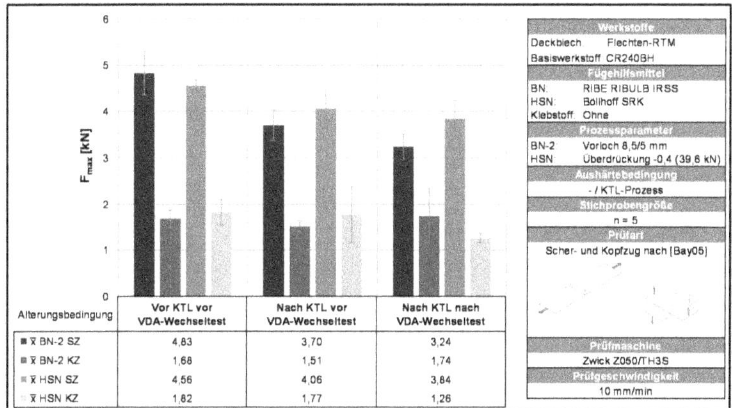

Abbildung 5-53: Versagenskräfte elementarer Fügeverbindungen nach korrosiver Belastung

Die Scherzugergebnisse der Fügeverbindungen fallen hingegen nahezu kontinuierlich ab. Nur beim hybriden Blindnieten kommt es zu keinem weiteren Abfall der Versagenskräfte nach VDA-Wechseltest gegenüber den Werten nach KTL-Prozess. Aufgrund dieses Verhaltens lässt sich, analog der in [WWF+13] veröffentlichten Untersuchungen, eine Abnahme der Vorspannkräfte und damit des Reibkraftanteils der Fügeverbindung durch die Temperaturführung des KTL-Prozesses postulieren. Darüber hinaus zeigt sich jedoch, insbesondere im Versagensniveau der kombinierten Fügeverbindungen, auch eine Beeinträchtigung der Materialkennwerte infolge der Alterung durch den KTL-Prozess sowie den VDA-Wechseltest.

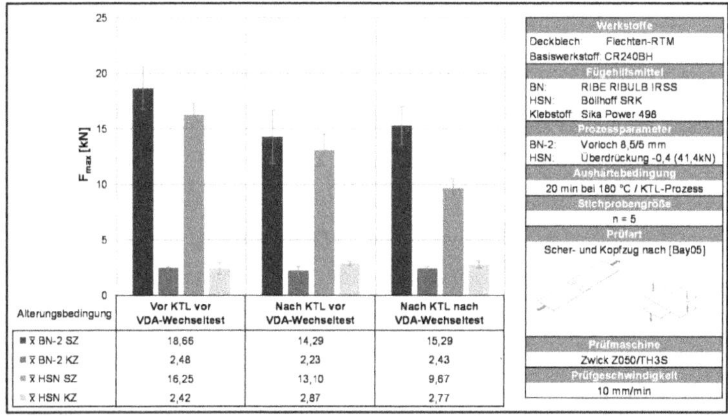

Abbildung 5-54: Versagenskräfte kombinierter Fügeverbindungen nach korrosiver Belastung

Auf Basis der erzielten Ergebnisse kann ein Einsatz von CFK-Mischverbindungen im Karosseriebau vor Fügesicherheitsgesichtspunkten empfohlen werden. Hierbei sollten jedoch die im folgenden Kapitel zusammengefassten Auslegungsempfehlungen beachtet werden.

Erarbeitete Kernergebnisse:

- Validierung der in Kapitel 4.3.1 entwickelten Berechnungsmethode zur Vorhersage der Versagenskraft umformtechnisch gefügter CFK-Mischverbindungen unter Berücksichtigung spezifischer Randbedingungen wie dem Vorhandensein von Fügeimperfektionen
- Erweiterung des entwickelten Berechnungsmodells um eine Wechselwirkung von Vorspannkräften und Fügeimperfektionen
- Herausarbeitung der Fließformschraubverbindungen als am leistungsstärksten und der Vollstanznietverbindungen als am leistungsschwächsten hinsichtlich der erreichbaren Maximalkräfteniveaus unter Scherbruchversagen bei quasistatischer Last
- Herausarbeitung eines starken Zusammenhangs zwischen Schubfestigkeit und Temperatur
- Validierung der Fügesicherheit für alle untersuchten umformtechnischen Fügeverbindungen im Hinblick auf die in Kapitel 4.3.2 identifizierten quasistatischen, dynamischen sowie korrosiven Lasten sowohl in elementarer wie auch kombinierter Form

5.5 Ableitung von Konstruktionsrichtlinien

Um die Funktion der Fügeverbindung unter den zu erwartenden Belastungen zu gewährleisten, sind verschiedene Konstruktionsrichtlinien (KRL) einzuhalten. Unabhängig davon, ob die Fügeverbindung im Trocken- oder Nassbereich eingesetzt wird, sollte die Ausführung von CFK-Mischverbindungen in kombinierter Form mit Klebstoff erfolgen. Hierdurch wird die Leistungsfähigkeit der Fügeverbindung unter Scherzugbelastung entscheidend hinsichtlich Maximalkraftniveau und Steifigkeit verbessert sowie der Einfluss von Fügeimperfektionen, wie in Kapitel 5.2.2.7 gezeigt, abgemildert. Zusätzlich kann durch den Klebstoff eine galvanische Trennung der Bauteile realisiert und bei ausreichender Flanschfüllung der Bereich der umformtechnischen Fügeverbindung gegenüber korrosiven Medien abgedichtet werden.

⇨ **KRL 1:** Einsatz kombinierter Fügeverbindungen

Da der Klebstoff erst nach KTL-Durchlauf einen Beitrag zur Festigkeit der Struktur leistet, ist in Bezug auf die notwendigen Handlingsfestigkeiten nur die Leistungsfähigkeit des Form- und Kraftschlusses der umformtechnischen Fügeverbindung heranzuziehen. Bei den Blindnietverbindungen ist aufgrund der notwendigen Verwendung von übergroßen Vorlöchern abweichend lediglich der Kraftschlussanteil zu berücksichtigen. Bei Einbeziehung des Formschlussanteils in die Auslegung würde es bei entsprechender Belastung zur Überschreitung der maximalen Reibkraft und damit zur

Verschiebung der Bauteile zueinander kommen, bis der Blindniet im Vorloch schließlich auf Lochleibung geht. Für die Ermittlung des kraftschlüssigen Anteils wird das in Kapitel 4.3.1 vorgestellte und in Kapitel 5.4.1 validierte Vorgehen empfohlen. Um vor dem Hintergrund der Temperaturen des KTL-Prozesses und der in Kapitel 5.4.2.2 aufgezeigten temperaturvariablen Materialeigenschaften eine ausreichende Handlingsfestigkeit zu gewährleisten, sind die entsprechenden Auswirkungen über eine hinreichende Anzahl von Fügeelementen zu kompensieren. Bei der Auswahl des Fügeverfahrens und der Gestaltung der Fügestelle ist zudem die Fügerichtung zu berücksichtigen.

⇨ **KRL 2:** Einsatz umformtechnischer Fügeverbindungen zur Gewährleistung der Handlingsfestigkeit bis zur Klebstoffaushärtung

⇨ **KRL 3:** Berücksichtigung der Fügerichtung

⇨ **KRL 4:** Auslegung der Handlingsfestigkeit nach Form- und Kraftschluss; bei Blindnietverbindungen abweichend nur Kraftschluss

⇨ **KRL 5:** Auslegung der Handlingsfestigkeit unter Berücksichtigung temperaturvariabler Materialeigenschaften

Für das Gelege-NP konnte gezeigt werden, dass es zu keinem weiteren Wachstum von Fügeimperfektionen unter dynamisch zyklischer Last kommt. Hierbei wurde bei den kombinierten Fügeverbindungen, zur Absicherung des Worst-Case-Szenarios, der komplette Fügeflansch verklebt, um Last in den Bereich mit Fügeimperfektionen einzuleiten. Um ein Imperfektionswachstum materialunabhängig konstruktiv auszuschließen, sind die imperfektionsbehafteten Bereich um die umformtechnische Fügeverbindung von Klebstoff freizuhalten.

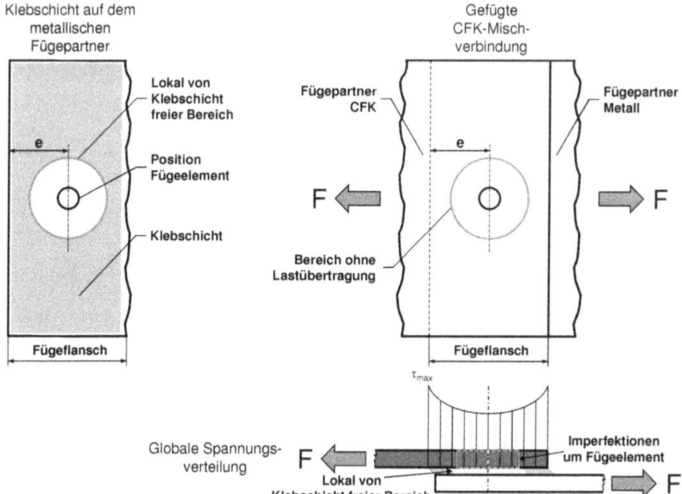

Abbildung 5-55: Konstruktionsempfehlung zur Gestaltung von kombinierten Fügeverbindungen

Nach [Kel04] ist für kombinierte Fügeverbindungen bei Verwendung von hochmoduligen Klebstoffen, wie den in dieser Arbeit verwendeten Sika Power® 498, bei Scherzugbelastung eine nahezu ausschließliche Lastübertragung über die Klebverbindung zu beobachten. Durch die Aussparung des imperfektionsbehafteten Bereichs von der Klebverbindung wird somit sichergestellt, dass die Last nur über ungeschädigtes Material geleitet wird. Für die untersuchten Materialien wird ein unverklebter Bereich mit einem Radius von mindestens 10 mm um den Elementmittelpunkt empfohlen (siehe Abbildung 5-55). Hierzu ist die Klebstoffnaht mit einem von der Viskosität des Klebstoffes abhängigen Abstand vor dem freizuhaltenden Bereich zu unterbrechen oder es sind konstruktiv entsprechende Fließsperren im Bauteil vorzusehen. Aus diesem Grund wird die Einhaltung eines Mindestrandabstandes von e = 15 mm empfohlen.

⇨ **KRL 6:** Aussparung des imperfektionsbehafteten Bereiches von der Klebverbindung

Neben der Klebverbindung ist als zweiter wesentlicher Korrosionsschutzmechanismus weniger die Elementbeschichtung als die kathodische Tauchlackierung zu sehen. Aus diesem Grund ist zum einen die Auswahl der Elementbeschichtung nicht an ihrer Korrosionsbeständigkeit sondern an der anschließenden KTL-Haftung zu orientieren und zum anderen eine hinreichende KTL-Durchflutung, z.B. über entsprechende Bauteilöffnungen, konstruktiv sicherzustellen. Um der in Kapitel 5.4.4 aufgezeigten Alterung des CFK-Materials gerecht zu werden, ist bei der Auslegung der Klebverbindungen der entsprechend gealterte Kennwert heranzuziehen.

⇨ **KRL 7:** Unterstützung des Korrosionsschutzes über kathodische Tauchlackierung

⇨ **KRL 8:** Berücksichtigung der Alterung der Klebverbindung

Hinsichtlich der Delta-Alpha-Problematik sollte, aufbauend auf der in Kapitel 4.2.5 untersuchten Probengeometrie, zunächst eine maximale Überlappungslänge von ca. 250 mm eingehalten werden. Bei Veröffentlichung von Studien, welche den Einfluss der auftretenden Relativverschiebung auf elementare und kombinierte Fügeverbindungen bei größeren Bauteillängen untersuchen, ist der entsprechende Wert erneut zu überprüfen und gegebenenfalls anzupassen.

⇨ **KRL 9:** Berücksichtigung der Bauteilausdehnung unter Wärme

Elementare CFK-Mischverbindungen sind lediglich dann zu empfehlen, wenn die Randbedingungen kombinierte Verbindungen nicht zulassen, z.B. weil die Demontierbarkeit der Struktur gewährleistet werden muss. Bei elementaren umformtechnischen Fügeverbindungen ist darauf zu achten, dass die Strukturen möglichst auf Lochleibung versagen, da hier keine negativen Auswirkungen von Fügeimperfektionen zu beobachten sind. Außerdem sind Alterungseffekte in der Fügeverbindung zu berücksichtigen.

⇨ **KRL 10:** Einsatz elementarer Fügeverbindungen nur wenn KRL 1 nicht erfüllbar

⇨ **KRL 11:** Auslegung elementarer Fügeverbindungen auf Lochleibung

⇨ **KRL 12:** Auslegung elementarer Fügeverbindung auf Basis des formschlüssigen Kraftanteils, um vorzeitiges Versagen bei Vorspannkraftverlust infolge von Wärme oder Alterung auszuschließen

⇨ **KRL 13:** Auslegung elementarer Fügeverbindung auf Basis der gealterten Materialkennwerte

Sollte die Auslegung auf Lochleibungsversagen aufgrund der konstruktiven Randbedingungen nicht möglich sein, sind nach dem in den Kapiteln 4.1.2.3 sowie 4.1.2.4 beschriebenen und in den Kapiteln 5.2.2.3 sowie 5.2.2.4 validierten Vorgehen Abminderungsfaktoren zu ermitteln. Diese sind in Abhängigkeit des verwendeten Fügeverfahrens analog der Kapitel 4.3.1 und 5.4.1 in die Auslegung mit einzubeziehen. Um die Auswirkungen der Fügeimperfektionen auf die elementare Fügeverbindung abzumildern, können darüber hinaus folgende Maßnahmen ergriffen werden:

- Aufbringung einer möglichst hohen Vorspannkraft zur Erzielung folgender Effekte:
  - Stabilisierung des Bereichs mit Fügeimperfektionen
  - Erhöhung des von Fügeimperfektionen relativ unabhängigen Reibkraftanteils der Fügeverbindung
- Einhaltung eines Mindestrandabstandes von e = 10 mm für selbstlochende Fügeverfahren sowie von e_{tr} = 10 mm für Fügeverfahren unter Verwendung von Vorlöchern zur Gewährleistung der Verbindungsfunktion nach den Kapiteln 5.2.2.3, 5.4.1 und 5.4.3.2
- Verwendung von CFK-Werkstoffen bei zu erwartendem Flankenzugbruch mit folgenden Eigenschaften:
  - Die Auswirkungen von Fügeimperfektionen im Lochumfeld werden durch Kerbspannungsüberhöhungen überdeckt
  - Die Fügeimperfektionen können durch die Fügeverfahrens- bzw. Prozessparameterwahl auf den Bereich der Kerbspannungsüberhöhung beschränkt werden
- Verwendung von Fügeverfahren mit prinzipiell niedriger Imperfektionseinbringung oder, wie in den Kapiteln 4.2 und 5.3 beschrieben, Einsatz von Elementen und Prozessparametern, welche für das Fügen von CFK optimiert sind
- Einhaltung eines Verhältnisses von Elementkopfdurchmesser zu Imperfektionsausdehnung von 2,0 zur Verringerung des Imperfektionseinflusses bei Kopfzugbelastung nach Kapitel 5.2.2.6

Eine Abweichung von diesen Prämissen führt für die Versagensfälle Scherbruch, Flankenzugbruch und Elementdurchzug zu einer Zunahme des Einflusses von Fügeimperfektionen. Hieraus resultiert die Notwendigkeit zur Gewährleistung der Fügbarkeit zusätzliche Untersuchungen durchzuführen. Eine zusammenfassende Bewertung der Fügbarkeit von umformtechnischen CFK-Mischverbindungen im Karosseriebau wird im folgenden Kapitel vorgenommen.

6 Fügbarkeit von CFK-Mischverbindungen im Karosseriebau

In den vorangegangenen Kapiteln konnte die Grundlage für den materialspezifischen Nachweis der Fügeeignung von CFK geschaffen werden. Hierzu erfolgte die Bereitstellung und Validierung von Methoden zur Beschreibung des Einflusses von Fügeimperfektionen sowie die Identifizierung von kritischen Bauteilimperfektionen. Für die beiden schwerpunktmäßig untersuchten Materialien Flechten-RTM und Gelege-NP kann die Fügeeignung auf dieser Basis bestätigt werden. Damit ist die prinzipielle Fügeeignung von CFK in Bezug auf umformtechnische Prozesse auch vor dem Hintergrund von Fügeimperfektionen als gegeben anzusehen. Diese prinzipielle Fügeeignung ist jedoch materialspezifisch, unter Berücksichtigung sowohl von Füge- als auch Bauteilimperfektionen, zu überprüfen.

Die Fügemöglichkeit von CFK-Mischverbindungen ist für die untersuchten Fügeverfahren, aufbauend auf bereits gelaufenen Forschungsprojekten, insbesondere für das Fließformschrauben und das Halbhohlstanznieten gezielt weiterentwickelt worden. Für diese beiden Verfahren sowie das Blindnieten kann die Fügemöglichkeit für CFK-Materialien mit einer Stärke von ca. 2 mm als uneingeschränkt gegeben betrachtet werden. Für das Blindnieten und Fließformschrauben erscheinen auch höhere Materialdicken unkritisch. Für das Halbhohlstanznieten bleibt zu untersuchen, ob die vorgenommenen Elementweiterentwicklungen nicht nur für dünne Materialien entscheidende Verbesserungen bereithalten, sondern auch die Möglichkeit eröffnen, höhere CFK-Materialdicken zu fügen. Für das Vollstanznieten muss hingegen, aufgrund der stark schwankenden Hinterschnittwerte im Zusammenhang mit CFK-Mischverbindungen, von einer stark eingeschränkten Fügemöglichkeit gesprochen werden.

Hinsichtlich der Fügesicherheit konnte für das Scherbruchversagen ein Modell entwickelt und validiert werden, dass den Anforderungen des umformtechnischen Fügens von CFK-Misch-verbindungen auch vor dem Hintergrund von Fügeimperfektionen und übergroßen Vorlöchern gerecht wird. Da für Lochleibungsversagen kein Einfluss von Fügeimperfektionen beobachtet werden konnte, ist hier die Anwendbarkeit der vorgestellten, bestehenden analytischen Ansätze möglich. Im Gegensatz hierzu ist für Flankenzugbruch die vorgeschlagene Adaption des Scherbruchmodells noch zu validieren, da dieser Versagensmodus für die verwendeten Materialien und Probenabmessungen nicht eintritt. Hinsichtlich der Übertragbarkeit der Erkenntnisse auf höhere Materialdicken und geänderte Probenabmessungen sind zusätzliche Untersuchungen anzustellen, um zu einer weiteren Validierung beizutragen und die Grenzen der Modelle zu spezifizieren. Die Modelle zur Vorhersage der Versagenskraft leisten dabei einen wesentlichen Beitrag zur Analyse der Fügesicherheit von umformtechnischen CFK-Mischverbindungen. Als konstruktive Anforderung zur Gewährleistung der Fügesicherheit ist insbesondere auf die Einhaltung ausreichender Randabstände zu achten.

Bei der Untersuchung des Einflusses unterschiedlicher Belastungsszenarien konnte vorwiegend die Belastung bei höheren Temperaturen als kritisch für die Gewährleistung der konstruktiven Belastungsgrenzen identifiziert werden. Die Einflüsse der Belastungsgeschwindigkeit, des KTL-Durchlaufs oder auftretender Korrosion zeigten sich hingegen weniger ausgeprägt. Unter dynamisch zyklischer Last konnten zudem keine Auffälligkeiten beobachtet werden, die auf ein Wachstum von Fügeimperfektionen hindeuten. Durchgeführte Untersuchungen, in denen die Ausbreitung von Fügeimperfektionen nach einer gewissen Anzahl von Lastzyklen mittels Ultraschall untersucht wurde, bestätigen diese Erkenntnis. Im Hinblick auf automobile Anwendungen kann die Fügesicherheit damit, unter Berücksichtigung der veränderten Leistungsfähigkeit der Fügeverbindungen bei erhöhten Temperaturen, gewährleistet werden.

Im Hinblick auf die verwendenden Verbindungstechniken werden aus wirtschaftlichen Gesichtspunkten das Fließformschrauben für einseitig zugängliche und das Halbhohlstanznieten für zweiseitig zugängliche Strukturen empfohlen, bei denen die Fügerichtung CFK in Stahl realisiert werden kann. Falls die Fügerichtung Stahl in CFK dargestellt werden muss, verbleibt das Blindnieten als einzige Möglichkeit. Das Blindnieten zeichnet sich durch eine hohe Flexibilität und gute Verbindungseigenschaften aber auch mit, im Vergleich zu den anderen beiden Verfahren, mindestens um den Faktor 2 höheren Kosten aus. Prinzipiell sollte zur Verringerung der eingebrachten Fügeimperfektionen eine Minimierung der zur Verbindungserstellung notwendigen Energie in Form von Kräften und Drehzahlen über die Wahl geeigneter Prozessparameter und Elementgeometrien angestrebt werden. Über alle Fügeverfahren hinweg können folgende allgemeine Anforderungen hinsichtlich der Elementgestaltung formuliert werden.

- Verwendung von Elementköpfen mit planer oder zum Elementschaft abgesenkter Unterkopfkontur zur Beaufschlagung der eingebrachten Fügeimperfektionen oder bereits vorhandener Bauteilimperfektionen mit einer stabilisierenden Vorspannkraft
- Minimierung der beim Fügen auf die einzelnen Laminatlagen wirkenden Biegemomente oder Lochleibungskräfte zur Verringerung der eingebrachten Fügeimperfektionen über:
    - Konzentration der Umformarbeit auf den metallischen Fügepartner, z.B. durch Vergrößerung des Materialaufnahmevermögens in der Halbhohlstanznietbohrung
    - Verlagerung der Umformarbeit aus dem Lochdurchgang, z.B. durch Verwendung von hülsenfaltenden Blindnieten oder Flachrundkopfstanznieten
    - Maximierung der Steifigkeit der Elemente im Bereich des CFK-Lochdurchgangs

- Minimierung des Spaltes zwischen Elementschneide oder -spitze und Niederhalter, z.B. über exzentrische Krafteinleitung beim Vollstanznieten
- Minimierung der notwendigen Prozesskraft, z.B. über Verwendung einer spanenden Elementspitze beim Fließformschrauben

Zusammenfassend lassen sich die betrachteten Fügeverfahren hinsichtlich der Fügbarkeit nach Abbildung 6-1 bewerten. Dabei ist zu beachten, dass die Wechselwirkungen zwischen den einzelnen Teilfeldern die jeweilige Zielerfüllung beeinflussen. So ist die Fügeeignung, im Hinblick auf die Abhängigkeit des Fügeimperfektionseinflusses vom Versagensfall, von der konstruktiven Ausgestaltung der Fügeverbindung abhängig. Gleichzeitig ergibt sich jedoch auch eine Abhängigkeit von der Verbindungserstellung an sich, d.h. der Fügemöglichkeit, da sich die eingebrachten Imperfektionsumfänge je nach eingesetzten Fügeverfahren unterscheiden. Darüber hinaus wird die Auswirkung der Imperfektionen von den wirkenden Vorspannkräften der jeweiligen Fügeverbindung beeinflusst. Umgekehrt hängt die Fügemöglichkeit wiederum von den im Material bereits vorhandenen Bauteilimperfektionen ab. Als entscheidender Einflussfaktor auf die Fügbarkeit von CFK-Mischverbindungen ergibt sich damit die Auswirkung von Fügeimperfektionen. Deren Einfluss kann entweder auf Seiten der Fügemöglichkeit über eine Verringerung der eingebrachten Fügeimperfektionen, auf Seiten der Fügesicherheit durch die konstruktive Auslegung z.B. auf Lochleibungsversagen oder auf Seiten der Fügeeignung durch die Wahl des Werkstoffes z.B. mit hoher Kerbempfindlichkeit entscheidend reduziert werden.

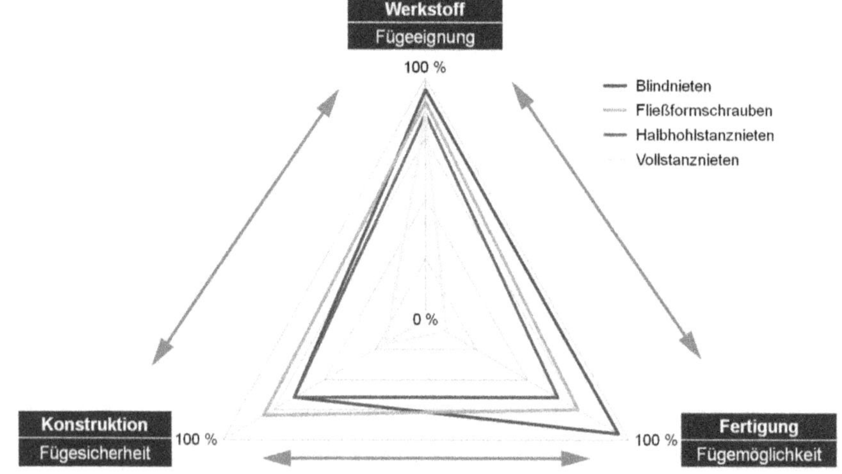

Abbildung 6-1: Bewertung der Fügbarkeit von CFK-Mischverbindungen mittels umformtechnischen Prozessen

7 Zusammenfassung und Ausblick

Kohlenstofffaserverstärkte Kunststoffe sollen in kommenden Fahrzeugprojekten in verstärktem Maße zur Reduzierung des Karosseriegewichtes beitragen. Um die Realisierung dieser Gewichtseinsparpotenziale in wirtschaftlich attraktiver Weise zu ermöglichen, muss die Fügbarkeit von CFK-Stahl-Verbindungen mittels umformtechnischer Prozesse gewährleistet werden. Insbesondere der bisher unbekannte Einfluss von Fügeimperfektionen stellt dabei eine entscheidende Hemmschwelle für den Einsatz von CFK im Karosseriebau dar.

In Untersuchungen konnte Ultraschall in Tauchtechnik als ein geeignetes zerstörungsfreies Prüfverfahren für Fügeimperfektionen qualifiziert und so die gezielte Untersuchung ihres Einflusses ermöglicht werden. Darüber hinaus wurde die Belastung auf Flächenpressung als eine zweckmäßige Einbringungsmethode zur Nachstellung von Fügeimperfektionen an vorgelochten Proben ertüchtigt. Über diese beiden Schritte kann prinzipiell für jedes CFK der Einfluss von Fügeimperfektionen gezielt untersucht werden. Um diesen Einfluss zu bewerten und somit die Übertragbarkeit, der anhand spezifischer Imperfektionsumfänge gewonnenen Daten, auf andere Fälle zu gewährleisten, bieten sich Regressionsanalysen an. Am Beispiel zweier grundverschiedener CFK-Materialien wurde die Methodik, bestehend aus der Einbringung, Quantifizierung und Einflussbewertung von Imperfektionen, für verschiedene Belastungen getestet und validiert. Hierbei konnte unter Zugbelastung außerdem die, in der Literatur bereits experimentell beobachtete, Toleranz gegenüber spezifischen Fügeimperfektionsumfängen belegt und formeltechnisch beschrieben werden. Hinsichtlich des Versagens auf Scherbruch bzw. Lochleibung, zeigte sich, dass weniger eine Reduktion der Festigkeit als vielmehr eine Abnahme der Steifigkeit im Rahmen der Fügeimperfektionen zu erwarten ist. Entsprechend kann der Einfluss auf die maximale Lochleibungsfestigkeit als untergeordnet charakterisiert werden, während für den Scherbruch signifikante Einflüsse zu beobachten sind.

Nach der Bewertung aller Herausforderungen, die für das Fügen in der automobilen Prozesskette wesentlich sind, kann die Fügbarkeit von CFK-Mischverbindungen mittels umformtechnischer Prozesse als gegeben betrachtet werden. So lassen sich bezüglich der Fügeeignung sowohl Bauteil- wie auch Fügeimperfektionen in gewissem Umfang tolerieren. Im Hinblick auf die Fügemöglichkeit zeigen sich zudem das Blindnieten, das Fließformschrauben und das Halbhohlstanznieten als geeignet. Darüber hinaus erweist sich auch die Fügesicherheit, für die innerhalb von PKW-Karosserien wesentlichen Belastungsfälle, als erfüllbares Kriterium. Hierbei ist jedoch auf die variablen Eigenschaften von CFK bei verschiedenen Einsatztemperaturen zu achten. Somit ergibt sich für

CFK als Leichtbauwerkstoff, neben der Luftfahrtindustrie, mit der Automobilbranche ein weiteres Einsatzfeld im Transportwesen.

Zur Aufdeckung der wesentlichen Herausforderung und zur Strukturierung der Analysen erwies sich das Konzept der Fügbarkeit als unverzichtbare methodische Unterstützung. Die Zuordnung der einzelnen Herausforderungen zu den Teilfeldern der Fügbarkeit zwingt den Ingenieur zur intensiven Auseinandersetzung mit der Einzelthematik. Gleichzeitig hilft die Methodik aber das Bewusstsein für die Wechselwirkungen der Teilfelder zu stärken. Zuordnungsunschärfen von einzelnen Themenfelder, wie z.B. der Delta-Alpha-Problematik, die sich speziell aus der Betrachtung komplexer Produktionszusammenhänge ergeben, erfordern jedoch auch zukünftig eine stetige Weiterentwicklung der Methodik an sich.

Um die Möglichkeiten der Beschreibung des Einflusses von Fügeimperfektionen zu verfeinern, sollten weitere Untersuchungen hinsichtlich des Versagens von Fügeverbindungen unter Elementdurchzug angestellt werden. Aufgrund des hier fehlenden analytischen Berechnungsmodells konnte der Einfluss von Imperfektionen nicht abschließend mittels Regression beschrieben werden. Auch für Klebverbindungen müssen noch Modelle entwickelt werden, die eine Vorhersage der Versagenskräfte unter Vorhandensein von Fügeimperfektionen ermöglichen. Hierzu sind zudem die Methoden zur zerstörungsfreien Detektion von Fügeimperfektionen in hybrid gefügten CFK-Mischverbindungen weiter zu verbessern. Darüber hinaus besteht zusätzlicher Forschungsbedarf im Hinblick auf die Übertragbarkeit der Ergebnisse auf die Bauteilebene sowie auf die Ausbreitung von Imperfektionen im Produktionsprozess.

In den nächsten zehn Jahren dürften simulative Methoden so weiterentwickelt werden, dass die Ausbreitung von Imperfektionen unter Last sowie die Vorhersage ihrer Auswirkungen möglich ist. Hierdurch würde sich ein weiterer Validierungspfad zur Absicherung von CFK-Mischverbindungen eröffnen, der eine entsprechende Reduktion der experimentellen Versuchsumfänge erlaubt. Mittelfristig ist damit zu rechnen, dass zunächst die Imperfektionsausdehnung unter Last vorhersagbar wird. Bis zur Entwicklung von entsprechenden Modellen zur Beschreibung der Imperfektionsauswirkungen ist es denkbar, dass durch die Verknüpfung der simulierten Ausdehnung mit den experimentell ermittelten Abminderungsfaktoren, ein geeignetes Vorhersagemodell für die Belastbarkeit von Fügeverbindungen geschaffen wird.

Quellenverzeichnis:

[ABC+12] Adam, L.; Bouvet, C.; Castanié, B.; Daidié, A.; Bonhomme, E.: „Discrete ply model of circular pull-through test of fasteners in laminates". In Composite Structures, No. 94, pp. 3082-3091, Elsevier Science Limited, Niederlande, Amsterdam, 2012.

[AFC+07] Abrão, A.-M.; Faria, P.-E.; Campos Rubio, J.-C.; Reis, P.; Paulo Davim, J.: „Drilling of fiber reinforced plastics: A review". In Journal of Materials Processing Technology, No. 186, pp. 1-7, Elsevier Science Limited, Niederlande, Amsterdam, 2007.

[AG13] Augenthaler, F.; Gude, M.: „Bewertung der Schädigung beim Stanznieten von Faser-Verbund-Kunststoffen". Zwischenbericht zum gleichnamigen Forschungsvorhaben (IGF-Nr.: 17667 BG/1) der Europäischen Forschungsgesellschaft für Blechverarbeitung e.V., 2. Sitzung des projektbegleitenden Ausschusses, Dresden, 2013

[Air13] Airbus S.A.S.: „A350XWB by Airbus". Homepage, Airbus S.A.S., Frankreich, Toulouse, 2013. Online im Internet: http://www.a350xwb.com/ (Stand: 26.09.2013)

[Apm11] Apmann, H.: „Vorteile durch CFK und Leichtbau". Forum Windkraft - Luftfahrt, Varel, 2011.

[Arn09] Arnold Umformtechnik GmbH & Co. KG: „Flowform® - Die innovative Blechverbindung". Produktbroschüre, Forchtenberg-Ernsbach, 2009.

[Arn11] Arnold Umformtechnik GmbH: „Fließlochformende Schraube FLOWFORM®". Produktbroschüre, Forchtenberg-Ernsbach, 2011.

[Arn12] Arnold Umformtechnik GmbH & Co. KG: „Verfahrensbilder". Forchtenberg-Ernsbach, 2012.

[Arn13] Arnold Umformtechnik GmbH & Co. KG: „Projekt: Vorspannkraftmessung im CFK-Stahl Verbund". Untersuchungsbericht, Forchtenberg-Ernsbach, 2013.

[Ban05] Bangel, M: „Mechanisches Fügen und Hybridfügen im Karosserieleichtbau". Joining in automotive engineering, Bad Nauheim, 2005.

[Ban10] Bangel, M.: „Anforderungen an die Mechanischen Fügeverfahren für Karosserie-Leichtbaustrukturen". EFB-Kolloquium, Hannover, 2010.

[Bau07] Baun, R.: „Ein Weg zu weniger Verbrauch und Emissionen ist bezahlbarer Leichtbau". Heise Zeitschriften Verlag, Hannover, 2007.
Online im Internet: http://www.heise.de/autos/artikel/Leichter-ist-schwer-Wie-laesst-sich-die-Gewichtsspirale-umkehren-792235.html?view=print

[Bay05] Bayrische Motoren Werke AG: „Fügetechnik - Scherzugprüfung und Kopfzugprüfung ". GS 96012, BMW Group, München, 2005.

[Bay10] Bayrische Motoren Werke AG: „Korrosionswechseltest". AA-0224, BMW Group, München, 2010.

[Bay11a] Bayrische Motoren Werke AG: „Werkstoffdaten". Interne Quelle, BMW Group, München, 2011.

[Bay11b] Bayrische Motoren Werke AG: „Stanzniete Halbhohlniet Maße und Technische Lieferbedingungen". GS 96001-1, BMW Group, München, 2011.

[Bay12] Bayrische Motoren Werke AG: „Stähle für Karosseriebau“. GS 93032, BMW Group, München, 2012.

[Bay13] Bayrische Motoren Werke AG: „BMW i3 Concept. Das Megacity Vehicle“. Homepage, BMW Group, München, 2013.
Online im Internet: http://www.bmw-i.de/de_de/bmw-i3/ (Stand: 08.01.2013).

[BD83] Bishop, S.-M.; Dorey, G.: „The effect of damage on the tensile and compressive performance of carbon fibre laminates”. In AGARD Conference Proceedings, No. 355, pp. 10/1-10/10, Advisory group for aerospace research & development, Neuilly sur Seine, 1983.

[Ber09] Berger, R.: „Optische Prüf- und Messtechnik in der Luftfahrt“. Carbon Composites e.V. Fachtagung, Augsburg, 2009.

[Ber11] Bergau, M.: „Bewertung der Schädigung in Faser-Verbund-Kunststoffen durch Stanznietprozesse“. Anmeldung von Forschungsbedarf der Europäischen Forschungsgesellschaft für Blechverarbeitung e.V., Hannover, 2011.

[Bex10] Bexkens, J.: „Oerlikon Balzers Coating – Globaler Marktführer in moderner Oberflächentechnologie“. Carbon Composites e.V. Sitzung, Ulm, 2010.

[BH06] Bangel, M.; Hornbostel, N.: „Die Karosserie des neuen Audi TT - Intelligenter Mischbau erfordert innovative Fügeverfahren“. Paderborner Symposium Fügetechnik, Paderborn, 2006.

[BHS08] Biermann, D.; Hufenbach, W.; Seliger, G.: „Serientaugliche Bearbeitung und Handhabung moderner faserverstärkter Hochleistungswerkstoffe - Untersuchungsbericht zum Forschungs- und Handlungsbedarf“. Dresden, 2008.

[BHS11] Bisle, W.; Hicken, H.; Scherling, D.: „ZfP von Flugzeug-CFK-Strukturen in der Wartung - Überblick über den aktuellen Stand bei Airbus“. DGZfP-Jahrestagung, Bremen, 2011.

[Bir12] Birkelbach, R.: „Fastening Technique for Hybrid Auto Body Structures“. Fügen im Karosseriebau 2012, Bad Nauheim, 2012.

[BK99] Banbury, A.; Kelly, D.W.: „A study of fastener pull-through failure of composite laminates. Part 1: Experimental”. In Composite Structures, No. 45, pp. 241-254, Elsevier Science Limited, Niederlande, Amsterdam, 1999.

[BKG95] Bledzki, A.-K.; Kurek, K.; Gassan, J.: „Mikroporen in Faserverbundwerkstoffen – Beeinflussung des mechanischen Verhaltens“. In Kunststoffe, Nr. 85, S. 2062-2065, Carl Hanser Verlag, München, 1995.

[BKJ99] Banbury, A.; Kelly, D.-W.; Jain, L.-K.: „A study of fastener pull-through failure of composite laminates. Part 2: Failure prediction”. In Composite Structures, No. 45, pp. 255-270, Elsevier Science Limited, Niederlande, Amsterdam, 1999.

[BKV+09] Behrens, B.-A.; Kettner, J.; Thoms, V.; Bräunling, S.: „Fügen von Magnesiumblechen bei Raumtemperatur mittels Keramikvollstanzniet". Abschlussbericht zum gleichnamigen Forschungsvorhaben (IGF-Nr.: 14844BG) der Europäischen Forschungsgesellschaft für Blechverarbeitung e.V., Hannover, 2009.

[BMK+03] Bruedgam, S. ; Meschut, G. ; Kueting, J. ; Ruther, M. ; Jost, R. ; Freitag, V. ; Piccolo, S. ; Peitz, V. ; Hahn, O. ; Timmermann, R.: „Fügesystemoptimierungen zur Herstellung von Mischbauweisen aus Kombinationen der Werkstoffe Stahl, Aluminium, Magnesium und Kunststoff". Abschlussbericht zum gleichnamigen BMBF-Projekt, Paderborn, 2003.

[BP99] Budde, L.; Pilgrim, R.: „Stanznieten und Durchsetzfügen – Systematik und Verfahrensbeschreibung Umformtechnischer Fügetechnologien". 3. Auflage, Die Bibliothek der Technik – Band 115, Verlag Moderne Industrie, Landsberg, 1999.

[Bun10] Bundesministerium der Justiz: „Kraftfahrzeugsteuergesetz in der Fassung der Bekanntmachung vom 26. September 2002 (BGEI. IS. 3818), das zuletzt durch Artikel 1 des Gesetzes vom 27. Mai 2010 (BGBI. I S. 668) geändert worden ist". Bundesgesetzblatt, Berlin, 2010.

[Bus09] Busse, G.: „Dynamische Thermografie für die zerstörungsfreie Prüfung". Carbon Composites e.V. Fachtagung, Augsburg, 2009.

[BW09] Berke, M.; Witte, H.: „Vollständige Dokumentation bei der manuellen Schweißnahtprüfung". DGZfP-Jahrestagung, Münster, 2009.

[Bye06] Bye, C.: „Erweiterung des Einsatzfeldes von loch- und gewindeformenden Dünnblechschrauben zum Verbinden von Aluminiumhalbzeugen". Dissertation, Universität Paderborn, 2006.

[Cap10] Cap Gemini S.A.: „Cars Online 10/11 - Listening to the Voice of the Consumer". Cap Gemini S.A., Paris, 2010.
Online im Internet: http://www.de.capgemini.com/insights/publikationen /cars-online-20102011/ (Stand: 01.12.2012)

[Cap11] Cap Gemini S.A.: „Cars Online 11/12 - Changing Dynamics Drive New Developments in Technology and Business Models". Cap Gemini S.A., Paris, 2011.
Online im Internet: http://www.de.capgemini.com/insights/publikationen/ cars-online-11/ (Stand: 01.12.2012)

[CAR01] Costa, M.-L.; Almeida, S.-F.-M.; Rezende, M.-C.: „The influence of porosity on the interlaminar shear strength of carbon/epoxy and carbon/bismaleimide fabric laminates". In Composites Science and Technology, No. 61, pp. 2101-2108, Elsevier Science Limited, Niederlande, Amsterdam, 2006.

[CGM+10] Cheung, C.-H.-E; Gray, P.-M.; Mabson, G.-E.; Lin, K.-Y.: „Analysis of fastener disbond arrest mechanism for laminated composite structures". AMTAS Autumn 2010 Meeting, USA, Edmonds, 2010.

[CHR81] Crews, J.-H.; Hong, C.-S.; Raju, I.-S.: „Stress-concentration factors for finite orthotropic laminates with a pin-loaded hole". NASA Technical Paper 1862, NASA, USA, Washington D.C., 1981.

[CI02] Cartié, D.-D.-R.; Irving, P.-E.: „Effect of resin and fibre properties on impact and compression after impact performance of CFRP". In Composites Part A, No. 33, pp. 483–493, Elsevier Science Limited, Niederlande, Amsterdam, 2002.

[CL06] Camanho, P.-P.; Lambert, M.: „A design methodology for mechanically fastened joints in laminated composite materials". In Composites Science and Technology, No. 66, pp. 3004-3020, Elsevier Science Limited, Niederlande, Amsterdam, 2006.

[CLN+08] Capello, E.; Langella, A.; Nele, L.; Paoletti, A.; Santo, L.; Tagliaferri, V.: „Drilling Polymeric Matrix Composites". In Davim, J.-P.: „Machining – Fundamentals and Recent Advances". 1. Auflage, Springer Verlag, London, 2008.

[CM92] Cantwell, W.-J.; Morton, J.: „The significance of damage and defects and their detection in composite materials: A review". In Journal of Strain Analysis for Engineering Design, No. 27, pp. 29-42, SAGE Publications, USA, Thousand Oaks, 1992.

[CM97] Camanho, P.-P.; Matthews, F.-L.: „Stress analysis and strength prediction of mechanically fastened joints in FRP: a review". In Composites Part A, No. 28A, pp. 529-547, Elsevier Science Limited, Niederlande, Amsterdam, 1997.

[Col87] Collings, T.-A.: „Experimentally determined strength of mechanically fastened joints". In Matthews, F.-L. (Hrsg.): „Joining fibre-reinforced plastics", pp. 9-64, Elsevier Applied Science Publishers, England, Barking, 1987.

[Deu10] Deutsche Energie-Agentur GmbH: „Repräsentativbefragung – Umfrage zum Thema Autokauf". Deutsche Energie-Agentur GmbH, , 2010.
Online im Internet: http://www.dena.de/infos/presse/pm-archiv/presse-meldung/autofahrer-sparsame-autos/ (Stand:01.12.2011).

[DFK+07] Dehlke, K; Füssel, U.; Kalich, J.; Liebrecht, F.: „Hybrid Joining Methods – Combination Bonding / Mechanical Fastening". Joining in automotive engineering, Bad Nauheim, 2007.

[DH13] Dehlke, K.; Hartrampf, G.: „RIBE Verbindungstechnik - Verfahrensvergleich". Produktbroschüre, Schwabach, 2013.

[Die07] Dietrich, S.: „Grundlagenuntersuchungen zu neuen matrizenlosen Umformfügeverfahren". Dissertation, Universität Chemnitz, 2007.

[DIN02a] Deutsches Institut für Normung: „Probenmaße und Verfahren für die Kopfzugprüfung an Widerstandspunkt- und Buckelschweißungen mit geprägten Buckeln". DIN EN ISO 14272, Beuth Verlag, Berlin, 2002.

[DIN02b] Deutsches Institut für Normung: „Probenmaße und Verfahren für die Scherzugprüfung an Widerstandspunkt-, Rollennaht- und Buckelschweißungen mit geprägten Buckeln". DIN EN ISO 14273, Beuth Verlag, Berlin, 2002.

[DIN05] Deutsches Institut für Normung: „Beschichtungsstoffe - Bestimmung der Beständigkeit gegen Feuchtigkeit - Teil 2: Verfahren zur Beanspruchung von Proben in Kondenswasserklimaten". DIN EN ISO 6270-2, Beuth Verlag, Berlin, 2005.

[DIN06] Deutsches Institut für Normung: „Korrosionsprüfungen in künstlichen Atmosphären – Salzsprühnebelprüfungen “. DIN EN ISO 9227, Beuth Verlag, Berlin, 2006.

[DIN07] Deutsches Institut für Normung: „Vergütungsstähle – Teil 3: Technische Lieferbedingungen für legierte Stähle“. DIN EN 10083-3, Beuth Verlag, Berlin, 2007.

[DIN78] Deutsches Institut für Normung: „Werkstoffprüfung – Dauerschwingversuch: Begriffe, Zeichen, Durchführung, Auswertung“. DIN 50100, Beuth Verlag, Berlin, 1978.

[DIN82] Deutsches Institut für Normung: „Prüfung von faserverstärkten Kunststoffen - Schubversuch an ebenen Probekörpern“. DIN 53399-2, Beuth Verlag, Berlin, 1982.

[DIN85] Deutsches Institut für Normung: „Begriffe der Qualitätssicherung und Statistik – Begriffe der Annahmestichprobenprüfung“. DIN 55350-31, Beuth Verlag, Berlin, 1985.

[DIN91] Deutsches Institut für Normung: „Luft- und Raumfahrt – Faserverstärkte Kunststoffe – Prüfung von multidirektionalen Laminaten – Bestimmung der Lochleibungsfestigkeit“. DIN 65562, Beuth Verlag, Berlin, 1991.

[DIN97] Deutsches Institut für Normung: „Kunststoffe - Bestimmung der Zugeigenschaften - Teil 4: Prüfbedingungen für isotrop und anisotrop faserverstärkte Kunststoffverbundwerkstoffe“. DIN EN ISO 527-4, Beuth Verlag, Berlin, 1997.

[Don03] Donhauser, G.: „Stanznieten aus Keramik für Verbindungen in Magnesium-Bauteilen“. Joining in automotive lightweight design, Bad Nauheim, 2003.

[DR03] Davim, J.P., Reis, P.: „Study of delamination in drilling carbon fiber reinforced plastics (CFRP) using design experiments”. In Composite Structures, No. 59, pp 481-487, 2003.

[DSW+05] Deinzer, G.; Schmid, G.; Wetter, H.; Bangel, M.: „Leichtbau durch hybride Karosseriestrukturen – Schlüsseltechnologie Fügen“. Paderborner Symposium Fügetechnik, Paderborn, 2005.

[Dut00] Duthinh, D.: „Connections of fibre-reinforced polymer structural members: A review of the state of the art”. Report No. NISTIR 6532, National Institute of Standards and Technology, USA, Gaithersburg, 2000.

[DVS07] Deutscher Verband für Schweißen und verwandte Verfahren; Europäische Forschungsgesellschaft für Blechverarbeitung: „Prüfung von Verbindungseigenschaften – Prüfung der Eigenschaften mechanisch und kombiniert mittels Kleben gefertigter Verbindungen“. DVS/EFB Merkblatt 3480-1, DVS-Verlag, Düsseldorf, 2007.

[EA90] Eriksson, I.; Aronsson, C.-G.: „Strength of tensile loaded graphite/epox laminates containing cracks, open and filled holes”. In Journal of Composite Materials, Vol. 24, pp. 456-482, SAGE Publications, USA, Thousand Oaks, 1990.

[Eck09] Eckstein, J.: „Numerische und experimentelle Erweiterung der Verfahrensgrenzen beim Halbhohlstanznieten hochfester Bleche“. Dissertation, Universität Stuttgart, 2009.

[Ehr04] Ehrenstein, G.-W.: „Handbuch Kunststoff-Verbindungstechnik“. 1. Auflage, Carl Hanser Verlag, München, 2004.

[Ejo11] Ejot GmbH & Co. KG: „EJOT FDS® - Die fließlochformende Schraube für höherfeste Blechverbindungen". Produktbroschüre, Bad Laasphe, 2011.

[Emh11] Emhart Tucker GmbH: „ Neu von TUCKER: Die Perfektion der Stanzniet-Technologie - Wo Punktschweißen aufhört, fängt Stanznieten an!". Produktbroschüre, Gießen, 2011.

[EMR11] Erb, T.; Mühlmeister, A.; Renz, R.: „CFRP components at Porsche – Vehicle projects and technical challenges". Plastics in Automotive Engineering, Düsseldorf, 2011.

[Erb03] Erb, T.: „Methodik zur Bewertung von Fehlern in Strukturbauteilen aus Faser-Kunststoff-Verbunden im Automobilbau". Dissertation, Universität Darmstadt, 2003.

[Eri90] Eriksson, I.: „On the bearing strength of bolted graphite/epoxy laminates". In Journal of Composite Materials, Vol. 24, pp. 1246-1269, SAGE Publications, USA, Thousand Oaks, 1990.

[ERR+07] Eckstein, J.; Roll, K.; Ruther, M.; Seidenfuß, M.; Roos, E.: „Experimentelle und numerische Untersuchungen zur Erweiterung der Verfahrensgrenzen beim Halbhohlstanznieten hochfester Bleche". Neue Wege zum wirtschaftlichen Leichtbau S.151-162, Hannover, 2007.

[Eur05] Eurocopter Group S.A.S.: „Fügeverfahren – Praktische Anwendung hybrider Bauweisen und Fügeverfahren bei Hubschrauberstrukturen". Carbon Composites e.V. Sitzung, Augsburg, 2005.

[Eur09] Europäisches Parlament: „Festsetzung von Emissionsnormen für neue Personenkraftwagen im Rahmen des Gesamtkonzepts der Gemeinschaft zur Verringerung der CO2-Emissionen von Personenkraftwagen und leichten Nutzfahrzeugen". Amtsblatt der Europäischen Union, Verordnung (EG) Nr. 443/2009, Straßburg, 2009.

[Eur11] Europäische Kommission: „Fahrplan für den Übergang zu einer wettbewerbsfähigen CO_2-armen Wirtschaft bis 2050". Mitteilung der Kommission an das Europäische Parlament, den Rat, den europäischen Wirtschafts- und Sozialausschuss und den Ausschuss der Regionen, Brüssel, 2011.

[EVT+08] Elder, D.-J.; Verdaasdonk, A.-H.; Thomson, R.-S.: „Fastener-pull through in a carbon fibre epoxy composite joint". In Composite Structures, No. 86, pp. 291-298, Elsevier Science Limited, Niederlande, Amsterdam, 2008.

[Flü11] Flüggen, F.: „Einsatz des Direktverschraubens zum Verbinden faserverstärkter Kunststoffe mit metallischen Werkstoffen ohne Vorloch". Anmeldung von Forschungsbedarf der Europäischen Forschungsgesellschaft für Blechverarbeitung e.V., Hannover, 2011.

[Füs00a] Füssel, U.: „Auswahl von Fügeverbindungen für den Leichtbau". Vortrag Technische Universität Dresden, Dresden, 2000.

[Füs00b] Füssel, U.: „Prozesskette Fügen – von der Schraubenverbindung bis zur Montageplanung". Dresdner Fügetechnisches Kolloquium, Dresden, 2005.

[Füs05] Füssel, U.: „Fügbarkeit – Systemlösungen bei Mischbauweisen". 9. Dresdner Leichtbausymposium, Dresden, 2005.

[Ges11] Gesipa Blindniettechnik GmbH: „TAURUS – Die komplette Baureihe pneumatisch-hydraulischer Blindnietgeräte". Produktbroschüre, Mörfelden - Walldorf, 2011.

[GF05] Grote, K.-H.(Hrsg.); Feldhusen, J.: „Dubbel – Taschenbuch für den Maschinenbau“. 21. Auflage, Springer-Verlag, Berlin, Heidelberg, New York, 2005.

[GHS06] Göllner, J.; Heyn, A.; Spieler, S.: „Ermittlung der Korrosionsbeständigkeit von Nietverbindungen“. Paderborner Symposium Fügetechnik, Paderborn, 2006.

[GLB+11] Glienke, R.; Liebrecht, F.; Blunk, C.; Denkert, C.; Henkel, K.-M.: „Flanschtragverhalten von Blindniet- und Schließringbolzenverbindungen bei Dichtstoffeinsatz“. Abschlussbericht zum gleichnamigen Forschungsvorhaben (IGF-Nr.: 281ZBR) der Europäischen Forschungsgesellschaft für Blechverarbeitung e.V., Hannover, 2011.

[GM10] Gray, P.-J.; McCarthy, C.-T.: „A global bolted joint model for finite element analysis of load distributions in mulit-bolt composite joints”. In Composites: Part B, No. 41, pp. 317-325, Elsevier Science Limited, Niederlande, Amsterdam, 2010.

[GM13] Grützner, R.; Mattheß, D.: „FEM-basierte Prozessauslegung – Halbhohlstanznieten von FVK mit Leichtmetallen”. In lightweight design 01/2013, Springer Vieweg, Wiesbaden , 2013.

[Gra94] Grandt, J.: „Blindniettechnik – Qualität und Leistungsfähigkeit moderner Blindniete“. 1. Auflage, Die Bibliothek der Technik – Band 97, Verlag Moderne Industrie, Landsberg, 1994.

[GSH+07] Göllner, J.; Spieler, S.; Hahn, O.; Hußmann, D.: „Füge- und Korrosionsuntersuchungen an Stanznietverbindungen aus Chrom-Nickel-Stahl und Feinblechen mit veredelten Oberflächen“. EFB-Kolloquium, Hannover, 2007.

[Hab09] Habenicht, G.: „Kleben - Grundlagen, Technologien, Anwendungen“. 6. Auflage, Springer-Verlag, Berlin, Heidelberg, 2009.

[Han10] Hanke, R.: „Computertomographie in der Materialprüfung – Stand der Technik und aktuelle Entwicklungen“. DGZfP-Jahrestagung, Erfurt, 2010.

[Har87] Hart-Smith, L.-J.: „Design and empirical analysis of bolted or riveted joints”. In Matthews, F.-L. (Hrsg.): „Joining fibre-reinforced plastics”, pp. 227-270, Elsevier Applied Science Publishers, England, Barking, 1987.

[HB04] Hahn, O.; Bye, C.: „Untersuchungen zur Eignung ausgewählter Blechschraubenarten zum Verbinden von Aluminiumhalbzeugen“. Abschlussbericht zum gleichnamigen Forschungsvorhaben (IGF-Nr.: 13397N) der Europäischen Forschungsgesellschaft für Blechverarbeitung e.V., Hannover, 2004.

[HBD+04] Hahn, O.; Bye, C.; Draht, T.; Lübbers, R.; Ruther, M.; Zilg, C.; König, G.; Kuba, V.; Küting, J.: „Fügen von faserverstärkten Kunststoffen im strukturellen Leichtbau“. Abschlussbericht zum gleichnamigen BMBF-Projekt, Paderborn, 2004.

[HDF+06] Henkel, K.-M.; Delin, M.; Liebrecht, F.; Six, S.: „Dichtsysteme für mechanische Fügeelemente mit Vorlochoperation“. Abschlussbericht zum gleichnamigen Forschungsvorhaben (IGF-Nr.: 13880BR) der Europäischen Forschungsgesellschaft für Blechverarbeitung e.V., Hannover, 2006.

[HDT+02] Hahn, O.; Draht, T.; Thoms, V.; Liebrecht, F.: „Entwicklung der kombinierten Fügetechnik für Hybridbauweisen am Beispiel Stanznieten-Kleben“. Abschlussbericht zum gleichnamigen Forschungsvorhaben (IGF-Nr.: 12080B) der Europäischen Forschungsgesellschaft für Blechverarbeitung e.V., Hannover, 2002.

[Her05] Herbeck, L.: „CFK-Werkstoffe für die Automobil-Karosserie: Innovation und Vision“. Vision plastic automobile 2015, Hannover, 2005.

[Hey11] Heyn, H.: „ Fügetechnologien im Wettbewerb – Anforderungen der Automobilindustrie“. Fügetechnisches Gemeinschaftskolloquium, Hannover, 2011.

[HF10] Hahn, O.; Flüggen, F.: „Einseitiges Fügen von Blechprofil-Konstruktionen mit lösbaren und nicht lösbaren Hilfsfügeelementen“. Abschlussbericht zum gleichnamigen Forschungsvorhaben (IGF-Nr.: 15645N), Europäische Forschungsgesellschaft für Blechverarbeitung e.V., Hannover, 2010.

[HF11] Hahn, O.; Flüggen, F.: „Eignung von loch- und gewindeformenden Schrauben zum Fügen von Mehrblechverbindungen“. Zwischenbericht zum gleichnamigen Forschungsvorhaben (IGF-Nr.: 16694N); Europäische Forschungsgesellschaft für Blechverarbeitung e.V., Paderborn, 2011.

[HFB+09] Hahn, O.; Flügge, W.; Beenken, A.-S.; Schulte, J.; Schuberth, S.: „Entwicklung von Verfahren zum Stanznieten nichtrostender hochlegierter Stähle mit nichtrostenden Nieten“. Abschlussbericht zum gleichnamigen Forschungsvorhaben P401 der Forschungsvereinigung Stahlanwendung e.V., Düsseldorf, 2009.

[HFH07] Hahn, O.; Figge, V.; Heger, M.: „Bauteilverzug und -deformation beim Fügen von Hybridstrukturen“; EFB-Kolloquium, Hannover, 2007.

[HH08] Hahn, O.; Heger, O.: „Ermittlung des Einflusses von verbleibender Klemmkraft auf die Schwingfestigkeit von hochfesten Blindnietverbindungen“. Abschlussbericht zum gleichnamigen Forschungsvorhaben (IGF-Nr.: 14577N) der Europäischen Forschungsgesellschaft für Blechverarbeitung e.V., Paderborn, 2008.

[HJ05] Hahn, O.; Jendrny, J.: „Fügetechniken für Fahrzeugkonzepte in Mischbauweise“. Joining in automotive engineering, Bad Nauheim, 2005.

[HK96] Hahn, O.; Klemens, U.: „Dokumentation 707 – Fügen durch Umformen - Nieten und Durchsetzfügen – Innovative Verbindungstechniken für die Praxis“. Studiengesellschaft Stahlanwendung e.V., Düsseldorf, 1996.

[HL07] Hahn, O.; Leibold, H.: „ Mechanisches und Hybrides Fügen von Magnesium-Aluminium-Profilverbindungen“. EFB-Kolloquium, Hannover, 2007.

[HL08] Hahn, O.; Leibold, H.: „ Wärmearmes Fügen von Profilknotenverbindungen in Mischbauweise“. Abschlussbericht zum gleichnamigen Forschungsvorhaben (IGF-Nr.: 14290N) der Europäischen Forschungsgesellschaft für Blechverarbeitung e.V., Hannover, 2008.

[HL09] Hahn, O.; Leibold, H.: „ Optimierung des Hybridfügeverfahrens Blindnietkleben zum Verbinden von Feinblechwerkstoffen“. Abschlussbericht zum gleichnamigen Forschungsvorhaben (IGF-Nr.: 14668N) der Europäischen Forschungsgesellschaft für Blechverarbeitung e.V., Hannover, 2008.

[HLP+11] Hoang, N.-H.; Langseth, M.; Porcaro, R.; Hanssen, A.-G.: „The effect of the riveting process and aging on the mechanical behavior of an aluminium self-piercing riveted connection". European Journal of Mechanics A/Solids, No. 30, pp. 619-630, Elsevier, Niederlande, Amsterdam, 2011.

[HLT11] Hahn, O.; Leibold, H.; Tölle, J.: „Bewertung der Schwingfestigkeit halbhohlstanzgenieteter Bauteile aus TRIP-Stählen anhand verschiedener Abbruchkriterien bei verschiedenen Prüffrequenzen". Abschlussbericht zum gleichnamigen Forschungsvorhaben (IGF-Nr.: 15603N) der Europäischen Forschungsgesellschaft für Blechverarbeitung e.V., Hannover, 2011.

[HOP+10] Hanssen, A.-G.; Olovsson, L.; Porcaro, R.; Langseth, M.: „A large-scale finite element point-connector model for self-piercing rivet connections". European Journal of Mechanics A/Solids, No. 29, pp. 484-495, Elsevier, Niederlande, Amsterdam, 2010.

[Hor08] Horstmann, M.: „Entwicklung umformtechnischer Fügeprozesse für das Verbinden von Magnesiumhalbzeugen". Dissertation, Universität Paderborn, 2008.

[HPY08] He, X.; Pearson, I.; Young, K.: „Self-pierce riveting for sheet materials: State of the art". Journal of Materials Processing Technology, No. 199, pp. 27-36, Elsevier, Niederlande, Amsterdam, 2008.

[HS10] Hahn, O.; Schübeler, C.: Vollstanznietkleben von Stahlwerkstoffen mit Zugfestigkeiten von 800 N/mm^2 bis 1600 N/mm^2. Abschlussbericht zum gleichnamigen Forschungsvorhaben (FOSTA-Nr. P773), Forschungsvereinigung Stahlanwendung e.V., Düsseldorf, 2010.

[HSB+13] Heimbs, S.; Schmeer, S.; Blaurock, J.; Steeger, S.: „Static and dynamic failure behaviour of bolted joints in carbon fibre composites". In Composites: Part A, No. 47, pp. 91-101, Elsevier Science Limited, Niederlande, Amsterdam, 1999.

[HSF10] Hübner, S.; Stackelberg, B. v.; Fuchs, T.: „Multimodale Defektquantifizierung". DGZfP-Jahrestagung, Erfurt, 2010.

[HT03] Hahn, O.; Timmermann, R.: „Fügen von Bauteilen aus metallischen Werkstoffen und Kunststoff mittels Nietverfahren". Abschlussbericht zum gleichnamigen Forschungsvorhaben (IGF-Nr.: 12807N); Europäische Forschungsgesellschaft für Blechverarbeitung e.V., Paderborn, 2003.

[HW03] Hahn, O.; Wetter, H.: „Fügen von Aluminiumfeinblechen mittels Stanznieten und Kleben unter Verwendung von Klebebändern und Klebstofffolien". Abschlussbericht zum gleichnamigen Forschungsvorhaben (IGF-Nr.: 12808N) der Europäischen Forschungsgesellschaft für Blechverarbeitung e.V., Hannover, 2003.

[HW07] Hahn, O.; Wißling, M.: „Kennwertermittlung und Simulationsmodell für mechanisch gefügte Verbindungen unter Crashbelastung". EFB-Kolloquium, Hannover, 2007.

[HWK+04] Hahn, O.; Wetter, H.; Kraß, B.; Wibbeke, T.-M.: „Fertigungseinflüsse auf die Qualität von Stanznietverbindungen". EFB-Kolloquium, Hannover, 2004.

[HWK09] Hahn, O.; Wißling, M.; Klokkers, F.: „Ermittlung wahrer Kennwerte für geschraubte und stanzgenietete Blechverbindungen unter schlagartiger Belastung". Abschlussbericht zum gleichnamigen Forschungsvorhaben (IGF-Nr.: 15184N) der Europäischen Forschungsgesellschaft für Blechverarbeitung e.V., Hannover, 2009.

[Ins06] Instron Structural Testing Systems GmbH: „ Hydropuls®-Längszylinder Typ PL“. Produktbroschüre, Darmstadt, 2006.

[Ins12] Instron Structural Testing Systems GmbH: „5960 Serie“. Produktbroschüre, Pfungstadt, 2012.

[IRE00] Ireman, T.; Ranvik, T.; Eriksson, I.: „On damage development in mechanically fastened composite laminates”. In Composite Structures, Vol. 49, pp. 151-171, Elsevier Science Limited, Niederlande, Amsterdam, 2000.

[ISO05] International Organization for Standardization: „Weldability - Metallic materials - General principles”. ISO/TR 581:2005 (E), ISO copyright office, Schweiz, Genf, 2005.

[Jäc14] Jäckel, M.: „Erweiterung der Verfahrensgrenzen durch serielles Halbhohlstanznieten“. Zwischenbericht zum gleichnamigen Forschungsvorhaben (IGF-Nr.: 16699 BR) der Europäischen Forschungsgesellschaft für Blechverarbeitung e.V., Arbeitskreis Fügen, Paderborn, 2014.

[JH10] Jäger, H.; Hauke, T.: „Carbonfasern und ihre Verbundwerkstoffe – Herstellungsprozesse, Anwendungen und Marktentwicklung“. 1. Auflage, Die Bibliothek der Technik – Band 326, Verlag Moderne Industrie, Landsberg, 2010.

[Joh08] Johne, V.: „Geometrische und kinematische Einflüsse auf die Prozesssicherheit der industriellen Schraubmontage“. Dissertation, Technische Universität Dresden, Dresden, 2008.

[Kac13] Kacher, G.: „Was wird aus BMW?“. In Auto Bild, Nr. 31, S.14-20, Axel Springer Auto Verlag, Hamburg, 2013.

[Kar12] Karl Deutsch GmbH & Co. KG: „Übersichtsblätter Prüfköpfe“. Produktbroschüre, Wuppertal, 2012.

[KDL+06] Kirchheim, A.; Deuerling, R.; Lehmann, A.; Schaffner, G.; Thommes, H.; Hußmann, D.: „Sichere Verbindungen durch Überwachung der Fügekräfte“. 13. Paderborner Symposium, Paderborn, 2006.

[Kel04] Kelly, G.: Joining of carbon fibre reinforced plastics for automotive applications”. Kumulative Dissertation, Royal Institute of Technology, Schweden, Stockholm, 2004.

[Ker11] Kerb-Konus-Vertriebs-GmbH: „Stanz-Niet-System für dünne Formteile“. Produktbroschüre, Amberg, 2011.

[KF12] Kirchhoff, V.; Fitzke, F.: „Entwicklung und Bewertung von PVD-Schichtsystemen auf Verbindungselementen zur Verbesserung der Alterungsbeständigkeit von Nietverbindungen“. Abschlussbericht zum gleichnamigen Forschungsvorhaben (IGF-Nr.: 16249BR) der Europäischen Forschungsgesellschaft für Blechverarbeitung e.V., Hannover, 2012.

[Kic08] Kickelbick, G.: „Chemie für Ingenieure“. 1. Auflage, Pearson Studium, München, 2008.

[Kle07] Kleinpeter, B.: „Innovative Fügekonzepte für modularisierte Fahrzeugstrukturen in Mischbauweise, Dissertation, Technische Universität Carolo-Wilhelmina zu Braunschweig, 2007.

[Kli11] Klingel, R.: „Fließlochschrauben – Innovatives Fügeverfahren im Spannungsfeld moderner Fertigungsstrategien“. Fügetechnik Symposium bei Fanuc, Neuhausen, 2011.

[KM11] Kroll, L.; Müller, S.: „Kerbspannungsanalyse nietgefügter Faserverbund- / Metallkomponenten bei mechanisch-medialer Belastung unter Berücksichtigung der Werkstoffanisotropie“. Fügetechnisches Gemeinschaftskolloquium, Hannover, 2011.

[KMM+11] Kroll, L.; Mueller, S.; Mauermann, R.; Grützner, R.: „Strength of self-piercing riveted joints for CFRP/aluminium sheets“. 18th International Conference on Composite Materials, Jeju Island, Korea, 2011.

[Koc11] Kochan, Antje: „Untersuchungen zur zerstörungsfreien Prüfung von CFK-Bauteilen für die fertigungsbegleitende Qualitätssicherung im Automobilbau. Dissertation, Universität Dresden, 2011.

[Kra04] Kraß, B.: „Beitrag zur Erweiterung der Verfahrensgrenzen des umformtechnischen Fügens von höherfesten Stählen mittels dynamischer Werkzeugbewegung“. Dissertation, Universität Paderborn, 2004.

[KSH05] Küting, J.; Schreiber, W.; Hornbostel, N.: „Das Fügen zukünftiger Leichtbaukonzepte für Karosserie, Fahrwerk und Antriebsstrang“. Joining in automotive engineering, Bad Nauheim, 2005.

[KSK10] Koglin, K.; Schaller, L.; Kopp, C.: „Karosseriekonzepte von Morgen und die Forderung nach neuen Technologien“. EFB-Kolloquium, Hannover, 2010.

[Küt04] Küting, J.: „Entwicklung des Fließformschraubens ohne Vorlochen für Leichtbauwerkstoffe im Fahrzeugbau“. Dissertation, Universität Paderborn, 2004

[KW76] Kim, R.-Y.; Whitney, J.-M: „Effect of temperature and moisture on pin bearing strength of composite laminates”. In Journal of Composite Materials, No. 10, pp.149-155, SAGE Publications, USA, Thousand Oaks, 1976.

[Lak08] Lakeit, A.: „Hybride Werkstoffkombination – die Herausforderungen im flexiblen Karosseriebau“. EFB-Kolloquium, Hannover, 2008.

[Lei09] Leibold, H.: „Optimierung des Hybridfügeverfahrens Blindnietkleben zum Verbinden von Feinblechwerkstoffen“. Dissertation, Universität Paderborn, 2009.

[LG10] Lang, H.; Gregori, W.: „Festigkeitskennwert für die Bemessung von Clinch-, Stanzniet- und Blindnietverbindungen“. UTF Science, Verlag Meisenbach GmbH, Bamberg, 2010.

[LL02] Lim, T.-S.; Lee, D.-G.: „Mechanically fastened composite side-door impact beams for passenger cars designed for shear-out failure modes“. In Composite Structures, No. 56, pp. 211-221, Elsevier Science Limited, Niederlande, Amsterdam, 2002.

[LRK+12] Liebrecht, F.; Riemer, M.; Kalich, J.; Henke, G.; Kulzer, N.; Wilhelm, M.: „Verfahrensvergleich - Umformtechnisches Fügen von CFK mit Stahl“. Interner Untersuchungsbericht, Dingolfing, 2012.

[LS08] Lee, J.; Soutis, C.: „Experimental investigation on the behavior of CFRP laminated composites under impact and compression after impact (CAI)”. Proceedings of the EU-Korea Conference on Science and Technology, In Springer Proceedings in Physics, No. 124, pp 275-286, Springer Verlag, Heidelberg, Berlin, 2008.

[Mat87] Matthews, F.-L.: „Experimentally determined strength of mechanically fastened joints". In Matthews, F.-L. (Hrsg.): „Joining in fibre-reinforced plastics", pp. 65-104, Elsevier Applied Science Publishers, England, Barking, 1987.

[MB07] Müller, S.; Bangel, M.: „Further Development of Joining Processes – Taking the New Audi TT as an Example". Joining in automotive engineering, Bad Nauheim, 2007.

[Mes11] Meschut, G.: „Nachgefragt". Interview in Strauß, O: „CFK- und Blechfügen mit Speed". Industrieanzeiger Nr. 8/2011, Leinfelden-Echterdingen, Konradin Verlag, 2011.

[MG05] Melander, A.; Gardstam, J.: „Simulation – a useful tool for the development of future applications of self-piercing riveting". Joining in automotive engineering, Bad Nauheim, 2005.

[MGF08] Mauermann, R.; Gehrke, J.; Fietzke, F.: „Korrosionsuntersuchungen mit beschichteten selbststanzenden Fügeelementen". Abschlussbericht zum gleichnamigen Forschungsvorhaben (IGF-Nr.: 14552BR) der Europäischen Forschungsgesellschaft für Blechverarbeitung e.V., Hannover, 2008.

[MHH12] Müller-Hummel, P.; Haubert, K.: „CFK-Titan-Verbunde werkstoffgerecht bohren". Vogel Business Media, Würzburg, 2012.
Online im Internet: http://www.maschinenmarkt.vogel.de/themenkanaele/ produktion/zerspanungstechnik/articles/353241 (Stand 29.06.2012).

[MIK+10] Mauermann, R.; Israel, M.; Kropp, T.; Kraus, C., Grützner, R.: „Neue Entwicklungen beim Umformfügen". Große schweißtechnische Tagung, Nürnberg, 2010.

[MK13] Machens, M.; Kästner, M.: „Simulation des Halbhohlstanznietprozesses von FVK durch mehrskalige Modellierung". Zwischenbericht zum gleichnamigen Forschungsvorhaben (IGF-Nr.: 17594 BR) der Europäischen Forschungsgesellschaft für Blechverarbeitung e.V., 2. Sitzung des projektbegleitenden Ausschusses, Dresden, 2013.

[MM07] Manns, K.-P.; Müller, D.: „The joining concepts of the new Opel Corsa Body". Joining in automotive engineering, Bad Nauheim, 2007.

[MR03] Matthes, K.-J. (Hrsg.), Riedel, F. (Hrsg.): „Fügetechnik: Überblick - Löten - Kleben - Fügen durch Umformen". 1. Auflage, Fachbuchverlag Leipzig im Carl-Hanser-Verlag, München/Wien, 2003.

[Mül09] Müller, S.: „Joining Technology in car body construction – status and future prospects". Joining in automotive engineering, Bad Nauheim, 2009.

[Nag13] Nagel, P.: „Einsatz des Direktverschraubens zum Verbinden faserverstärkter Kunststoffe mit metallischen Werkstoffen ohne Vorloch". Zwischenbericht zum gleichnamigen Forschungsvorhaben (IGF-Nr.: 17595 N/1) der Europäischen Forschungsgesellschaft für Blechverarbeitung e.V., 2. Sitzung des projektbegleitenden Ausschusses, Paderborn, 2013.

[NI09] Neugebauer, R.; Israel, M: „Erweiterung der Anwendungsgrenzen des Vollstanznietens mit zweiteiligen Matrizen". Abschlussbericht zum gleichnamigen Forschungsvorhaben (IGF-Nr.: 14885BR) der Europäischen Forschungsgesellschaft für Blechverarbeitung e.V., Hannover, 2009.

[NIM+11] Neugebauer, R.; Israel, M.; Mayer, B.; Fricke, H.: „Qualitätssicherung beim Hybridfügen“. Abschlussbericht zum gleichnamigen Forschungsvorhaben (IGF-Nr.: 15725BG) der Europäischen Forschungsgesellschaft für Blechverarbeitung e.V., Hannover, 2011.

[NKH+09] Neugebauer, R.; Kraus, C.; Hahn, O.; Leuschen, G.: „Anwendungsuntersuchungen zum Impulsfügen mit Halbhohlstanzniet“. Abschlussbericht zum gleichnamigen Forschungsvorhaben (IGF-Nr.: 14888BG) der Europäischen Forschungsgesellschaft für Blechverarbeitung e.V., Hannover, 2009.

[NMG12] Neugebauer, R.; Mauermann, R.; Grützner, R.: „Einfluss von kombinierter mechanisch-medialer Beanspruchung auf die Schwingfestigkeit von stanz- und blindgenieteten Mischverbindungen“. Abschlussbericht zum gleichnamigen Forschungsvorhaben (IGF-Nr.: 16250BR) der Europäischen Forschungsgesellschaft für Blechverarbeitung e.V., Hannover, 2012.

[Ost10] Oster, R.: „Einsatz der ZfP in der Entwicklung und Produktion bei Eurocopter Deutschland“. Carbon Composites e.V. Fachtagung, Augsburg, 2010.

[Par01] Park, H.-J.: „Effects of stacking sequence and clamping force on the bearing strengths of mechanically fastened joints in composite laminates“. In Composite Structures, Vol. 53, pp. 213-221, Elsevier Science Limited, Niederlande, Amsterdam, 2001.

[PEZ97] Persson, E.; Eriksson, I.; Zackrisson, L.: „Effects of hole machining defects on strength and fatigue life of composite laminates“. In Composites Part A 28A, pp. 141-151, Elsevier Science Limited, Niederlande, Amsterdam, 1997.

[PF11] Pisano, A.-A.; Fuschi, P.: „Mechanically fastened joints in composite laminates: Evaluation of load bearing capacity“. In Composites: Part B, No. 42, pp. 949-961, Elsevier Science Limited, Niederlande, Amsterdam, 2011.

[PHL+06] Porcaro, R.; Hanssen, A.-G.; Langseth, M.; Aalberg, A.: „Self-piercing riveting process: An experimental and numerical investigation“. In Journal of Materials Processing Technology, No. 171, pp. 10-20, Elsevier, Niederlande, Amsterdam, 2006.

[Pöl12] Pöltl, K. (Hrsg.): „Herausforderungen an die Verbindungstechnik in Anwendungen aus Leichtbau und erneuerbaren Energien“. Joining Plastics - Fügen von Kunststoffen, Nr. 02, DVS Media, Düsseldorf, 2012.

[Rei07] Reinstettel, M.: „Laboruntersuchung zur Prozessstabilität beim Niet-Clinchen“. Dissertation, Universität Chemnitz, 2007.

[Rei11] Reinhold, B.: „Elektrochemische Prüfmethoden zur Korrosionsprognose“. 13. Treffen der Korrosionsschutzverantwortlichen des VW-Konzerns, Bratislava, 2011.

[RG11] R&G Faserverbundwerkstoffe GmbH: „Faserverbundwerkstoffe® - Composite Technology“. Katalog, Waldenbuch, 2011.

[RHG+07] Regener, D.; Hahn, O.; Göllner, J.; Hußmann, D.: „Füge- und Korrosionsuntersuchungen an Stanznietverbindungen aus Chrom-Nickel-Stahl und oberflächenveredelten Feinblechen“. Abschlussbericht zum gleichnamigen Forschungsvorhaben (IGF-Nr.: 14254BG) der Europäischen Forschungsgesellschaft für Blechverarbeitung e.V., Hannover, 2007.

[Ric11] Richard Bergner Verbindungstechnik GmbH & Co. KG: „RIBULB® - Automatisiert Prozesssichere Blindniettechnologie“. Produktbroschüre, Schwabach, 2011.

[RKA+05] Riegert, G.; Keilig, T.; Aoki, R.; Drechsler, K.; Busse, G.: „Schädigungscharakterisierung an NCF-Laminaten mittels Lockin-Thermographie und Bestimmung der CAI-Restfestigkeiten“. 19. Stuttgarter Kunststoff-Kolloquium, Stuttgart, 2005.

[RM11] Riedel, F.; Marx, R.: „Novel mechanical joining technologies for mixed material construction“. Fügen im Karosseriebau, Bad Nauheim, 2011.

[RR95] Rosner, C.-N.; Rizkalla, S.-H.: „Bolted connections for fiber-reinforced composite structural members: Analytical model and design recommendations“. In Journal of materials in civil engineering, Vol. 7, No. 4, pp. 232-238, ASCE, USA, Reston, 1995.

[RS12] Richard, H.-A.; Sander, M.: „Ermüdungsrisse – Erkennen, sicher beurteilen, vermeiden“. 3. Auflage, Springer – Vieweg Verlag, Wiesbaden, 2012.

[SBW+11] Schulze, V.; Becke, C.; Weidenmann, K.; Dietrich, S.: „Machining strategies for hole making in composites with minimal workpiece damage by directing the process forces inwards“. Journal of Materials Processing Technology, No. 211, pp. 329-338, Elsevier, Niederlande, Amsterdam, 2011.

[Sca05] ScanMaster Systems (IRT), Ltd: „ScanMaster – Industrial Ultrasonic Scanning Systems – LS-200 Series“. Produktbroschüre, Israel, Hod Ha'Sharon, 2005.

[Sca11] SCA Schucker GmbH & Co: „Betriebsanleitung - Technisches Handbuch - ADKE 5000-xx - FIFO “. Produktbroschüre, Bretten-Göllshausen, 2012.

[Sch07] Schürmann, H.: „Konstruieren mit Faser-Kunststoff-Verbunden“. 2. Auflage, Springer-Verlag, Berlin/Heidelberg, 2007.

[Sch09] Schröder, D. (Hrsg.): „Taschenbuch DVS-Merkblätter und Richtlinien – Mechanisches Fügen“. 1. Auflage, DVS-Media, Düsseldorf, 2009.

[Sch12] Schmidt, A. P.: „Faserverbundwerkstoffe im Automobilbau: Methodischer Ansatz zur Analyse von Schäden”. Dissertation, Universität Stuttgart, 2012.

[SD12] Šrajbr, C.; Dillenz, A.: „Active Thermography – NDT Method for Structural Adhesive and Mechanical Joints“. Fügen im Karosseriebau, Bad Nauheim, 2012.

[SG12] Schütz, A.; Gehrke, J.: „Qualifikation von Belastungs- und Prüfverfahren für die Verwendung in kombinierten Ermüdungsalgorithmen“. Abschlussbericht zum gleichnamigen Forschungsvorhaben (IGF-Nr.: 16251BR) der Europäischen Forschungsgesellschaft für Blechverarbeitung e.V., Hannover, 2012.

[SGH+11] Schulze, M.; Goldbach, S.; Heuer, H.; Meyendorf, N.: „Ein Methodenvergleich - ZfP an Kohlefaserverbundwerkstoffen mittels wirbelstrom- und ultraschallbasierender Prüfverfahren“. DGZfP-Jahrestagung, Bremen, 2011.

[SHK10] Somasundaram, S.; Hahn, O.; Klokkers, F.: „Methodenentwicklung zur Berechnung von Fließformschraubverbindungen für crashbelastete Fahrzeugstrukturen“. EFB-Kolloquium, Hannover, 2010.

[Sie11] Siemer, U.: „Thermografische Prüfung von Fügeverbindungen im Karosseriebau" DGZfP-Jahrestagung, Bremen, 2011.

[Sik11] Sika AG: „ SikaPower®-498: Der crashfeste Metallklebstoff". Produktbroschüre, Hamburg, 2011.

[SKG10] Sadowski, T.; Knéc, M.; Golewski, P.: „Experimental investigations and numerical modeling of steel adhesive joints reinforced by rivets". International Journal of Adhesion & Adhesives, No. 30, pp. 338-346, Elsevier, Niederlande, Amsterdam, 2010.

[SL06] Symietz, D.; Lutz, A.: „Strukturkleben im Fahrzeugbau – Eigenschaften, Anwendungen und Leistungsfähigkeit eines neuen Fügeverfahrens". 1. Auflage, Die Bibliothek der Technik – Band 291, Verlag Moderne Industrie, München, 2006.

[Som09] Somasundaram, S.: „Experimentelle und numerische Untersuchungen des Tragverhaltens von Fließformschraubverbindungen für crash-belastete Fahrzeugstrukturen". Dissertation, Universität Paderborn, 2009.

[SWF+14] Somnitz, A.; Wilhelm, M.; Freymüller, C.; Kaiser, M.; Forster, A.: „Direktverschrauben von CFK". Interner Untersuchungsbericht, Dingolfing, 2014.

[Sow03] Sowa, C.: „Hybrid-Fügetechnik – Kleben/Stanznieten am Beispiel der Rohbautür des Jaguar XJ (X 350)". Joining in automotive lightweight design, Bad Nauheim, 2003.

[SSK07] Sun, X.; Stephens, E.-V.; Khaleel, M.-A.: „Fatigue behaviours of self-piercing rivets joining similar and dissimilar sheet metals". International Journal of Fatigue, No. 29, pp. 370-386, Elsevier, Niederlande, Amsterdam, 2007.

[Ste11] Steinig, M.: „Mechanisches Fügen und Kleben – Innovative Fügeverfahren für die Mischbauweise". FANUC Robotics Fügetechniksymposium, Neuhausen, 2011.

[STW+10] Seike, S.; Takao, Y; Wang, W.-X.; Matsubara, T.: „Bearing damage evolution of a pinned joint in CFRP laminates under repeated tensile loading". In International Journal of Fatigue, No. 32, pp. 72-81, Elsevier Science Limited, Niederlande, Amsterdam, 2010.

[TCD90] Tagliaferri, V.; Caprino, G. Diterlizzi, A.: „Effect of drilling parameters on the finish and mechanical properties of GFRP composites". In International Journal of Machine Tools and Manufacture, Vol. 30, No. 1, pp. 77-84, Elsevier Science Limited, Niederlande, Amsterdam, 1990.

[TFG09] Thoppul, S.; Finegan, J.; Gibson, R.-F.: „Mechanics of mechanically fastened joints in polymer-matrix composite structures - A review". In Composites Science and Technology, No. 69, pp. 301-329, Elsevier Science Limited, Niederlande, Amsterdam, 2009.

[Tim03] Timmermann, R.-M.-F.: „Beitrag zur Charakterisierung und konstruktiven Gestaltung blindgenieteter Feinblechverbindungen". Dissertation, Universität Paderborn, 2003.

[Tim06] Timmermann, R.: „Blindnieten – Flexible Verbindungstechnologie im Spannungsfeld von Wirtschaftlichkeit, Prozesssicherheit und neuer Konstruktionskonzepte". EFB-Kolloquium, Hannover, 2006.

[Tim08] Timmermann, R.: „Produktivitätssteigerung durch Einsatz innovativer Verbindungstechnologien in modernen Leichtbaustrukturen“. EFB-Kolloquium, Hannover, 2008.

[TKC+99] Tönshoff, H.-K.; Kaak, R.; Christoph, G.; Mester, O.: „Festigkeitsverhalten blindgenieteter FVK/Stahl-Verbindungen“. VDI-Z Nr. 9/10, S.58-60, Springer - VDI Verlag, Düsseldorf, 1999.

[TLS87] Tang, J.-M.; Lee, W.-I.; Springer, G.-S.: „Effects of cure pressure on resin flow, voids and mechanical properties”. In Journal of Composite Materials, No. 21, pp. 421-440, SAGE Publications, USA, Thousand Oaks, 1987.

[Töl10] Tölle, J.: „Versagenskriterien für halbhohlstanzgenietete Aluminiumbauteile unter zyklischer Belastung“. Dissertation, Universität Paderborn, 2010.

[Tox11] Tox Pressotechnik GmbH: „TOX®-Roboterzangen - Roboter-, Maschinen-, stationäre Zangen“. Produktbroschüre, Weingarten, 2011.

[TSW+03] Thoms, V.; Six, S.; Westkämper, E.; Breckweg, A.; Weis, C.: „Stanznieten mit überlagerter Bewegung“. Abschlussbericht zum gleichnamigen Forschungsvorhaben (IGF-Nr.: 12795BG) der Europäischen Forschungsgesellschaft für Blechverarbeitung e.V., Hannover, 2003.

[Uni10] United Nations Framework Convention on Climate Change: „Report of the Conference of the Parties on its fifteenth session, held in Copenhagen from 7 to 19 December 2009“. United Nations Office at Geneva, Geneva, 2010.

[VKH+05] Volker, T.; Kalich, J.; Hahn, O.; Wiese, T.: „Umform- und verbindungstechnische Merkmale des Vollstanznietens mit Mehrbereichsniet“. Abschlussbericht zum gleichnamigen Forschungsvorhaben (IGF-Nr.: 13503BG) der Europäischen Forschungsgesellschaft für Blechverarbeitung e.V., Hannover, 2005.

[Wal01] Walther, U.: „Fügetechnik für Karosseriestrukturen in Mischbauweise“. Dresdner Leichtbausymposium, Dresden, 2001.

[Wal10] Walther, U.: „Impact of current trends on car body corrosion protection developments“. Materials in car body engineering, Bad Nauheim, 2010.

[Wan05] Wandtke, J.: „Trends der mechanischen Fügetechnik im Fahrzeugleichtbau“. Joining in automotive engineering, Bad Nauheim, 2005.

[WDH07] Wanner, M.-C.; Delin, M.; Henkel, K.-M.: „Dichtigkeit und Tragfähigkeit bei Material- und Beschichtungsvariation von Schließringbolzen- und Blindnietverbindungen“. EFB-Kolloquium, Hannover, 2007.

[Web11] Weber Schraubautomaten GmbH: „Robotergestütztes Schraubsystem - RSF“. Produktbroschüre, Wolfratshausen, 2011.

[Wer11] Werth Messtechnik GmbH: „ Werth - TomoScope® HV – Die neue Leistungsklasse für vollständiges und genaues Messen“. Produktbroschüre, Gießen, 2011.

[WFF+13] Wilhelm, M.; Füssel, U.; Forster, A.; Riemer, M.: „Umformtechnische Fügbarkeit von Faserkunststoffverbunden – Herausforderungen und optimierte Verfahrenslösungen: Das Fließformschrauben". X. Dresdner Fügetechnisches Kolloquium, Dresden, 2013.

[WFG+13] Wilhelm, M.; Füssel, U.; Gerlach, M.; Riemer, M.; Förster, M; Borchert, A.: „Fügen von FVK-Stahl-Verbindungen. Herausforderungen und optimierte Verfahrenslösungen: Das Fließformschrauben". BMW ProMotion Dialogtag 2013, München, 2013.

[WFN+13] Wilhelm, M.; Füssel, U.; Nancke, T.; Duschl, M.: „Herausforderung CFK-Stahl-Mischbau: Quantifizierung von Delaminationen infolge des umformtechnischen Fügens". DGZfP-Jahrestagung 2013, Dresden, 2013.

[WFR+14] Wilhelm, M.; Füssel, U.; Richter, T.; Riemer, M.; Förster, M.: „Analysis of the shear-out failure mode for CFRP-connections joined by forming". In Journal of Composite Materials, [Epub ahead of print] DOI: 10.1177/0021998314528264, SAGE Publications, USA, Thousand Oaks, 2014.

[WHB+08] Wanner, M.-C.; Henkel, K.-M.; Blunk, C.; Glienke, R.: „Entwicklung von Hybridfügeverbindungen in Metallwerkstoffen im Hinblick auf die Tragfähigkeit und Dichtheit". EFB-Kolloquium, Hannover, 2008.

[WHC96] Wang, H.-S.; Hung, C.-L.; Chang, F.-K.: „Bearing Failure of Bolted Composite Joints. Part I: Experimental Characterization". In Journal of Composite Materials, Vol. 30, No. 12/1996, pp. 1284-1313, SAGE Publications, USA, Thousand Oaks, 1996.

[WHF10] Wanner, M.-C.; Henkel, K.-M.; Fuchs, N.: „Qualitätssicherung von Blindniet- und Schließringbolzenverbindungen durch Setzprozessüberwachung und zerstörungsfreie Klemmkraftermittlung". EFB-Kolloquium, Hannover, 2010.

[WHK+99] Wilmes, H.; Herrmann, A.-S., Kolesnikov, B.; Kröber, I.: „Festigkeitsanalyse von Bolzenverbindungen für CFK-Bauteile mit dem Ziel der Erstellung von Dimensionierungsrichtlinien". In Jahrbuch 1999 Deutsche Gesellschaft für Luft- und Raumfahrt, Berlin, 1999.

[WHT05] Wibbeke, T.-M.; Horstman, M.; Timmermann, R.: „Optimierte Blindnietklebeverbindungen in Leichtbaukonstruktionen". Adhäsion, Nr. 6.05, S. 42-44, Springer - Vieweg Verlag, Wiesbaden, 2005.

[Wib06] Wibbeke, M.: „Werkstatt-Reparaturkonzept für Kfz-Strukturen aus höherfesten Stahlwerkstoffen unter Einsatz des Fügeverfahrens Blindnietkleben". Dissertation, Universität Paderborn, 2006.

[Wis90] Wisnom, M.-R.: „The effect of fibre misalignment on the compressive strength of unidirectional carbon fibre/epoxy". In Composites, Vol. 21, No. 5, pp. 403-407, Elsevier Science Limited, Niederlande, Amsterdam, 1990.

[Wiß07] Wißling, M.-P.: „Methodenentwicklung zur Auslegung mechanisch gefügter Verbindungen unter Crashbelastung". Dissertation, Universität Paderborn, 2007.

[WKL14] Wilhelm, M.; Krämer, L.; Langer, H.: „CFK-Fügemerkmalsuntersuchung - Untersuchung der beim Fügen in den CFK eingebrachten Merkmale hinsichtlich Ausbreitung und Auswirkung bei kombinierten Fügeverbindungen". Interner Untersuchungsbericht, Dingolfing, 2014.

[WN74] Whitney, J.-M.; Nuismer, R.-J.: „Stress fracture criteria for laminated composites containing stress concentrations". In Journal of Composite Materials, No. 8, pp. 253-265, SAGE Publications, USA, Thousand Oaks, 1974.

[WP81] Wilson, D.-W.; Pipes, R.-B.: „Analysis of the shearout failure mode in composite bolted joints, In Marshall, I.-H. (Hrsg.): "Composite Structures", Proceedings of the 1st International Conference on Composite Structures, pp. 34-49, Applied Science Publishers, England, London, New Jersey, 1981.

[WS04] Wu, P.-S.; Sun, C.-T.: „Modeling bearing failure initiation in pin-contact of composite laminates". In Mechanics of Materials, No. 29, pp. 325-335, Elsevier Science Limited, Niederlande, Amsterdam, 2004.

[WWB+14] Wagner, J.; Wilhelm, M.; Baier, H.; Füssel, U.; Richter, T.: „Experimental analysis of damage propagation in riveted CFRP-steel structures by thermal load". In The International Journal of Advanced Manufacturing Technology, [Epub ahead of print] DOI: 10.1007/s00170-014-6197-5, Springer London, Großbritannien, London, 2014.

[WWF+13] Wilhelm, M.; Wagner, J.; Füssel, U.; Baier, H.: „Herausforderung CFK-Stahl-Mischbau – Auswirkung der Delta-Alpha-Problematik auf umformtechnisch gefügte CFK-Stahl-Verbindungen". Arbeitskreissitzung der DGZfP München, München, 2013.

[XGG05] Xiao, J.-R.; Gama, B.-A.; Gillespie Jr., J.-W.: „Progressive damage and delamination in plain weave S-2 glass/SC-15 composites under quasi-static punch-shear loading". In Composite Structures, Vol. 78, No. 2, pp. 182–196, Elsevier Science Limited, Niederlande, Amsterdam, 2005.

[XI05] Xiao, Y.; Ishikawa, T.: „Bearing strength and failure behavior of bolted composite joints (part I: Experimental investigation)". In Composites Science and Technology, No. 65, pp. 1022-1031, Elsevier Science Limited, Niederlande, Amsterdam, 2005.

[YSW+98] Yan, U.-M.; Sun, H.-T.; Wei, W.-D.; Chang, F.-K.: „Response and failure of composite plates with a bolt-filled hole". Report No. DOT/FAA/AR-97/85, Office of Aviation Research, USA, Washington D.C., 1998.

[ZRK+09] Zwoch, S.; Reimche, W.; Klotz, J.; Bach, F.-W.: „Entwicklung einer Ultraschallprüftechnik zur Qualitätsbewertung von Bolzenschweißverbindungen". DGZfP-Jahrestagung, Münster, 2009.

[Zwe07] Zweschper, Th.: „Active Thermography for non-destructive testing of car body components". Fügen im Automobilbau, Bad Nauheim, 2007.

[Zwi11a] Zwick GmbH & Co. KG: „Betriebsanleitung - Technisches Handbuch für die Material-Prüfmaschine XC-FR250SN.A4K-003". Produktbroschüre, Gießen, 2011.

[Zwi11b] Zwick GmbH & Co. KG: „Betriebsanleitung - Technisches Handbuch für die Material-Prüfmaschine Z050/TH3S". Produktbroschüre, Gießen, 2011.

[Zwi11c] Zwick GmbH & Co. KG: „Hochgeschwindigkeits-Prüfmaschine Amsler HTM 5020, 8020". Produktbroschüre, Gießen, 2011.

Verzeichnis zitierter Schutzrechte:

DE29616218U1	Loch- und gewindeformende Dünnblechschraube. 18.09.1996.
DE29707669U1	Stanzniet. 28.04.1997.
DE102005052360B4	Stanzniet. 02.11.2005.
DE102006019156A1	Niet, insbesondere Blindniet. 21.04.2006.
DE102008033509A1,	Schraube. 07.07.2008.
DE102009052879A1	Stanz-Prägeniet. 13.11.2009.
DE102011009649A1	Verbindungselement und Herstellverfahren für ein Verbindungselement. 27.01.2011.
DE202009009651U1	Selbstlochformendes Befestigungselement. 15.07.2009.
EP0464071B1	Loch- und gewindeformende Schraube. 23.03.1990.

Abbildungsverzeichnis

Abbildung 1-1: Geplante Reduktion der CO_2-Emissionen von PKW [Eur11, Uni10, Eur09] 1

Abbildung 1-2: Einsatz von CFK in Luftfahrt- vs. Automobilindustrie nach [Air13, Bay13] 2

Abbildung 2-1: Gewichtsreduktionspotenzial verschiedener Werkstoffe bei gleicher Funktion [Hey11] 3

Abbildung 2-2: Definition von Fügbarkeit [Füs05, Füs00b] 5

Abbildung 2-3: Verfahrensablauf beim Blindnieten mit Hülsenweiter [DH13] 11

Abbildung 2-4: Verfahrensablauf beim Fließformschrauben „mit Vorloch“ nach [Arn12] 13

Abbildung 2-5: Verfahrensablauf beim Halbhohlstanznieten [Ste11] 16

Abbildung 2-6: Verfahrensablauf beim Vollstanznieten [Die07] 19

Abbildung 2-7: Versagensarten elementar gefügter FKV-Stahl-Verbindungen bei Scherzugbelastung [WFF+13] 22

Abbildung 2-8: Point Stress Criterion [WN74] 23

Abbildung 2-9: Versagensart elementar gefügter FKV-Stahl-Verbindungen bei Kopfzugbelastung [HSB+13] 27

Abbildung 2-10: Elektrochemische Spannungsreihe [Kic08] 28

Abbildung 3-1: Fügbarkeit von CFK unter Fokussierung des Karosseriebauprozesses nach [Füs05] 30

Abbildung 3-2: Schematische Darstellung des gewählten Aufbaus 31

Abbildung 4-1: Verwendetes Bezugskoordinatensystem 32

Abbildung 4-2: Vorgehen zu Analyse der Auswirkungen von Bauteilimperfektionen 35

Abbildung 4-3: Vorgehen zu Analyse der Auswirkungen von Fügeimperfektionen 35

Abbildung 4-4: Beim umformtechnischen Fügen entstehende Imperfektionen im CFK [WFN+13] 36

Abbildung 4-5: Fügeimperfektionen erster Ordnung 36

Abbildung 4-6: Mikroskopische Analyse von Fügeimperfektionen beim Blindnieten CFK-Stahl 37

Abbildung 4-7: Mikroskopische Analyse von Fügeimperfektionen beim Blindnieten Stahl-CFK 38

Abbildung 4-8: Mikroskopische Analyse von Fügeimperfektionen beim Fließformschrauben [WFG+13] 38

Abbildung 4-9: Mikroskopische Analyse von Fügeimperfektionen beim Halbhohlstanznieten [WFN+13] 39

Abbildung 4-10: Mikroskopische Analyse von Fügeimperfektionen beim Vollstanznieten 40

Abbildung 4-11: Vermessung der Zonen mit unterschiedlicher RWE-Abschwächung im C-San [WFR+14] 41

Abbildung 4-12: Einfluss von Fügeimperfektionen auf Spannungsverteilung bei Zugbelastung nach [Har87] 43

Abbildung 4-13: Einfluss von Imperfektionen im unmittelbaren Lochumfeld bei Zugebelastung 43

Abbildung 4-14: Einfluss von Fügeimperfektionen auf Spannungsverteilung bei Schubbelastung 44

Abbildung 4-15: Schubspannungsverteilung in einer überlappten Klebverbindung nach [Hab09] 46

Abbildung 4-16: Auswirkungen von Fügeimperfektionen auf Klebverbindungen mit Substratbruchversagen 46

Abbildung 4-17: Durch Lochformungsprozess verursachte Fügeimperfektionen [WFF+13] 49

Abbildung 4-18: Durch Gewindeformungsprozess verursachte Fügeimperfektionen [WFF+13] 49

Abbildung 4-19: Untersuchungsprogramm zur Entwicklung einer optimalen Spitzengeometrie 51

Abbildung 4-20: Wirkende Gewindekräfte bei unterschiedlichem Flankenwinkel [WFF+13] 51

Abbildung 4-21: Wirkung einer Verrundung an der Gewindespitze auf die Spaltkraft [WFF+13] 52

Abbildung 4-22: Untersuchungsprogramm zur Entwicklung einer optimalen Gewindegeometrie 52

Abbildung 4-23: Untersuchungsprogramm zur Entwicklung einer optimalen Schneidgeometrie 54

Abbildung 4-24: Bruch- und Imperfektionsradius in Abhängigkeit der Krafteinleitung beim Stanzen von CFK 55

Abbildung 4-25: Darstellung der Rillenverfüllung und der wirkenden Kräfte beim Stanzen von CFK 56

Abbildung 4-26: Untersuchungsprogramm zur Entwicklung einer optimalen Rillengeometrie 56

Abbildung 4-27: Verformungsfälle infolge wärmebedingter Bauteilrelativverschiebungen [WWF+13] 57

Abbildung 4-28: Probengeometrie zur Untersuchung von wärmebedingten Relativverschiebungen [WWF+13] 59

Abbildung 4-29: Prüfkörper zur Bestimmung des mittels Kraftschluss übertragenen Kraftanteils [WFR+14] 63

Abbildung 4-30: Kraft-Weg-Diagramm unter Verwendung übergroßer Vorlöcher [WFR+14] 64

Abbildung 4-31: Veränderung des tragenden Randabstandes infolge übergroßer Vorlöcher [WFR+14] 64

Abbildung 4-32: Aufgliederung der zu untersuchende Belastungsszenarien 66

Abbildung 5-1: Ablaufschema des VDA-Wechseltests [Bay10] 71

Abbildung 5-2: Behinderung des Delaminationswachstums durch Wirkung der axialen Vorspannkraft [WFG+13] 73

Abbildung 5-3: Abnahme Scherzugfestigkeit gegenüber Referenzverbindung infolge von Bauteilimperfektionen 73

Abbildung 5-4: Abnahme Kopfzugfestigkeit gegenüber Referenzverbindung infolge Bauteilimperfektionen 74

Abbildung 5-5: Ergebnisse der ZfP-Untersuchungen zur Röntgen- und Computertomografieprüfung [WFN+13] 76

Abbildung 5-6: Ergebnisse der ZfP-Untersuchungen zur Thermografie- und Ultraschallprüfung [WFN+13] 76

Abbildung 5-7: Ergebnisse der Computertomografieprüfung nach Elemententfernung [WFN+13] 77

Abbildung 5-8: Validierung der ZfP-Untersuchungen mittels zerstörender Prüfung [WFN+13] 77

Abbildung 5-9: Optimierung der Signalverstärkung zur Verbesserung der Erkennbarkeit von Fügeimperfektionen 78

Abbildung 5-10: Untersuchung der minimal erkennbaren Fügeimperfektionsgröße mittels Flachbodenbohrungen 78

Abbildung 5-11: Validierung der entwickelten Methodik zur Einbringung von Fügeimperfektionen 79

Abbildung 5-12: Einfluss von Fügeimperfektionen auf die Schubfestigkeit [WFR+14] 80

Abbildung 5-13: Einfluss von Fügeimperfektionen auf die Schubfestigkeit unter zyklischer Belastung 82

Abbildung 5-14: Einfluss von Fügeimperfektionen auf die Zugfestigkeit 83

Abbildung 5-15: Einfluss von variierenden Fügeimperfektionsumfängen auf die Zugfestigkeit 83

Abbildung 5-16: Einflusses des KTL-Wärmeprozesses auf die Ausdehnung der Fügeimperfektionen 85

Abbildung 5-17: Beispielhafter Vergleich des C-Scans vor und nach Wärmeprozess 85

Abbildung 5-18: Einfluss von Fügeimperfektionen auf die Zugfestigkeit unter zyklischer Belastung 86

Abbildung 5-19: Einfluss von variierenden Fügeimperfektionsumfängen auf die Lochleibungsfestigkeit 87

Abbildung 5-20: Einfluss von Fügeimperfektionen auf die Lochleibungsfestigkeit unter zyklischer Belastung 88

Abbildung 5-21: Einfluss von Fügeimperfektionen auf das Elementdurchzugversagen 89

Abbildung 5-22: Einfluss von Fügeimperfektionen auf das Versagen von Klebverbindungen 90

Abbildung 5-23: Einfluss des Anzugsmoments bei elementaren Fügeverbindungen [WFF+13] 92

Abbildung 5-24: Einfluss des Anzugsmoments bei kombinierten Fügeverbindungen 93

Abbildung 5-25: Einfluss des Vorlochdurchmessers bei elementaren Fügeverbindungen [WFF+13] 94

Abbildung 5-26: Einfluss des Vorlochdurchmessers bei kombinierten Fügeverbindungen 94

Abbildung 5-27: Hervorgerufene Fügeimperfektionen bei Verwendung verschiedener Spitzenvarianten 95

Abbildung 5-28: Hervorgerufene Fügeimperfektionen bei Verwendung verschiedener Gewindevarianten 96

Abbildung 5-29: Einfluss der Unterkopfauskehlung bei elementaren Fügeverbindungen 96

Abbildung 5-30: Vergleich der neuentwickelten Fließformschraube zur Referenzgeometrie nach [WFG+13] 97

Abbildung 5-31: Einfluss der Nietkopfendlage auf die hervorgerufenen Fügeimperfektionen 99

Abbildung 5-32: Einfluss einer tieferen Nietbohrung im Mikroschliff 100

Abbildung 5-33: Quasistatische Scher- und Kopfzugergebnisse verschiedener Nietkopfvarianten 100

Abbildung 5-34: Mikroschliffe der untersuchten Halbhohlstanznietgeometrien 101

Abbildung 5-35: Quasistatische Scher- und Kopfzugergebnisse verschiedener Nietfußvarianten 102

Abbildung 5-36: Einfluss der Schneidgeometrie auf die Schneidkraft 103

Abbildung 5-37: Bei verschiedenen Schneidgeometrien ohne Stahlunterlage hervorgerufene Fügeimperfektionen 104

Abbildung 5-38: Bei verschiedenen Schneidgeometrien mit Stahlunterlage hervorgerufene Fügeimperfektionen 104

Abbildung 5-39: Vergleich des neuentwickelten Vollstanznietes zur Referenzgeometrie 106

Abbildung 5-40: Hervorgerufene Fügeimperfektionen unter Variation des Randabstandes im UT C-Scan 109

Abbildung 5-41: Scherzugfestigkeit elementarer umformtechnischer Fügeverbindungen 112

Abbildung 5-42: Kopfzugfestigkeit elementarer umformtechnischer Fügeverbindungen 113

Abbildung 5-43: Scherzugfestigkeit elementarer Klebverbindungen sowie kombinierter Fügeverbindungen 114

Abbildung 5-44: Kopfzugfestigkeit elementarer Klebverbindungen sowie kombinierter Fügeverbindungen 114

Abbildung 5-45: Scherzugfestigkeit elementarer Fügeverbindungen unter Variation der Einsatztemperatur 115

Abbildung 5-46: Verlauf des elementaren Verbindungsfestigkeitsniveaus 116

Abbildung 5-47: Scherzugfestigkeit kombinierter Fügeverbindungen unter Variation der Einsatztemperatur 116

Abbildung 5-48: Verlauf des kombinierten Verbindungsfestigkeitsniveaus 117

Abbildung 5-49: Scherzugfestigkeit elementarer Fügeverbindungen unter Variation der Prüfgeschwindigkeit 118

Abbildung 5-50: Scherzugfestigkeit kombinierter Fügeverbindungen unter Variation der Prüfgeschwindigkeit 118

Abbildung 5-51: Verhalten elementarer Fügeverbindungen unter dynamisch zyklischer Belastung 119

Abbildung 5-52: Verhalten kombinierter Fügeverbindungen unter dynamisch zyklischer Belastung 119

Abbildung 5-53: Versagenskräfte elementarer Fügeverbindungen nach korrosiver Belastung 121

Abbildung 5-54: Versagenskräfte kombinierter Fügeverbindungen nach korrosiver Belastung 121

Abbildung 5-55: Konstruktionsempfehlung zur Gestaltung von kombinierten Fügeverbindungen 123

Abbildung 6-1: Bewertung der Fügbarkeit von CFK-Mischverbindungen mittels umformtechnischen Prozessen 128

Tabellenverzeichnis

Tabelle 4.1: Untersuchungsprogramm zur Ermittlung des Einflusses unterschiedlicher Bauteilimperfektionen 33

Tabelle 4.2: Untersuchungsprogramm zur Halbhohlstanznietentwicklung 53

Tabelle 5.1: Allgemeine Daten der verwendeten CFK-Werkstoffe 67

Tabelle 5.2: Physikalische Kennwerte der verwendeten CFK-Werkstoffe in x-Richtung 68

Tabelle 5.3: Physikalische Kennwerte des verwendeten Stahlwerkstoffs [Bay12] 68

Tabelle 5.4: Nachweisbarkeit der Bauteilimperfektionen mittels ZfP und Bewertung der Verbindungsausbildung 72

Tabelle 5.5: Nicht weiterverfolgte ZfP-Methoden [WFN+13] 75

Tabelle 5.6: Einfluss der Parameter Bit-Kraft und Drehzahl auf die eingebrachten Fügeimperfektionen [WFG+13] 92

Tabelle 5.7: Ergebnis der Analyse verschiedener Rillengeometrien beim Vollstanznieten 105

Tabelle 5.8: Bestimmung der Vorspannkräfte für die verschiedenen Fügeverbindungen [WFR+14] 109

Tabelle 5.9: Bestimmung der maximalen Versagenskraft der verschiedenen Fügeverbindungen 110

Tabelle 5.10: Berücksichtigung einer Wechselwirkung zwischen Vorspannkraft und Fügeimperfektionen 111

Anhang

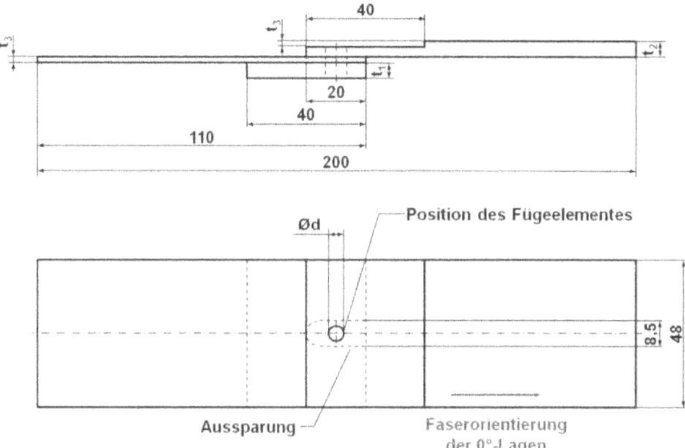

Abbildung A.I: Reibkraftmessung

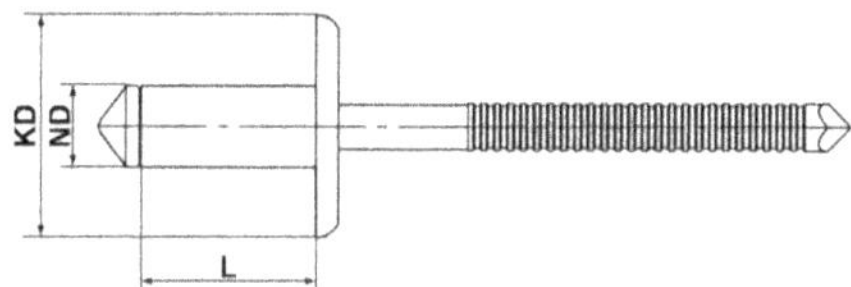

Abbildung A.II: Schematische Darstellung Blindniete nach [Ric11]

Tabelle A-I: Technische Daten Blindniete [Ric11]

Typ	Ribe Ribulb IRSS 4,8/13x10
Lieferant	Richard Bergner
Nietart	Hülsenweiter
Niethülsendurchmesser	ND= 4,8 mm
Niethülsenlänge	L = 10,5 mm
Kopfdurchmesser	KD = 13,0 mm
Klemmbereich	1,5 – 6,0 mm
Nietwerkstoff	Qualitätsstahl 1.0214 R_m > 580 N/mm²
Nietdornwerkstoff	Vergütungsstahl 1.5511 R_m > 630 N/mm²

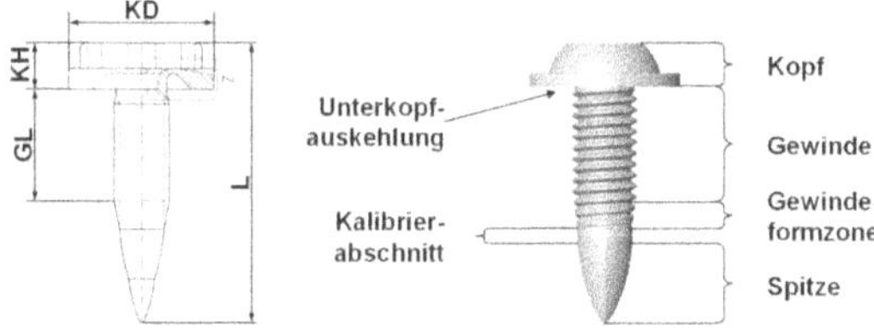

Abbildung A.III: Schematische Darstellung Fließformschrauben nach [Arn11, Ejo11]

Tabelle A-II: Technische Daten Fließformschrauben [Arn11, Ejo11]

Typ		Arnold M5x20 AT	Ejot M5x20 AT	Ejot M5x20 IT	Ejot M5x20 IT E
Lieferant		Arnold Umformtechnik	Ejot	Ejot	Ejot
Gewinde		M5	M5	M5	M5
Nutzbare Gewindelänge		GL = 9,6 mm	GL = 6,9 mm	GL = 6,9 mm	GL = 6,9 mm
Nennlänge (Spitze – Unterkopf)		L = 20,0 mm	L = 20,0 mm	L = 20,0 mm	L = 20,0 mm
Kopfdurchmesser		KD = 13,0 mm	KD = 13,0 mm	KD = 11,5 mm	KD = 11,5 mm
Kopfhöhe		KH = 4,0 mm	KH = 3,3 mm	KH = 3,6 mm	KH = 3,6 mm
Eingriffsmerkmal		Außen Torx Plus 12EP	Außen Torx Plus 12EP	Innen Torx T25	Innen Torx T25
Spitze		Flowform Doppelspitze	Balistische Spitze	Balistische Spitze	Balistische Spitze
Schrauben-werkstoff		Einsatzstahl 1.5535 R_m > 1030 N/mm²	Einsatzstahl 1.9413 R_m > 1030 N/mm²	Einsatzstahl 1.9413 R_m > 1030 N/mm²	Edelstahl 1.4303 R_m > 720 N/mm²
Härte-klasse	Kern	320 – 400 HV10	320 – 400 HV10	320 – 400 HV10	>225 HV10
	Oberfläche	> 500 HV0,3	> 500 HV0,3	> 500 HV0,3	>225 HV10

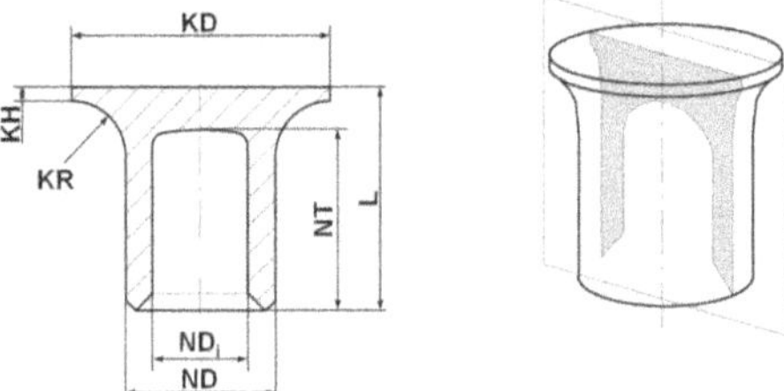

Abbildung A.IV: Schematische Darstellung Halbhohlstanzniete nach [Bay11b]

Tabelle A-III: Technische Daten Halbhohlstanzniete [Bay11b]

Typ	Böllhoff SRK C 5,3x6,0 H4	Böllhoff FRK 5,3x6,0 H4
Lieferant	Wilhelm Böllhoff	Wilhelm Böllhoff
Nietdurchmesser	ND = 5,3 mm	ND = 5,3 mm
Nietlänge	L = 6,0 mm	L = 7,5 mm
Kopfdurchmesser	KD = 7,75 mm	KD = 7,75 mm
Kopfhöhe	KH = 1,0 mm	KH = 1,5 mm
Kopfradius	KR = 2,2 mm	KR = 0,65 mm
Kopfgeometrie	Senkkopf	Flachrundkopfniet
Bohrungsdurchmesser	ND_i = 3,5 mm	ND_i = 3,5 mm
Bohrungstiefe	NT = 5,0 mm	NT = 5,0 mm
Schneidgeometrie	C-Geometrie	C-Geometrie
Nietmaterial	Vergütungsstahl 1.5515 R_m > 1455 N/mm²	Vergütungsstahl 1.5515 R_m > 1455 N/mm²
Härteklasse	450 bis 510 HV10	450 bis 510 HV10
Standardbeschichtung	ALMAC	ALMAC

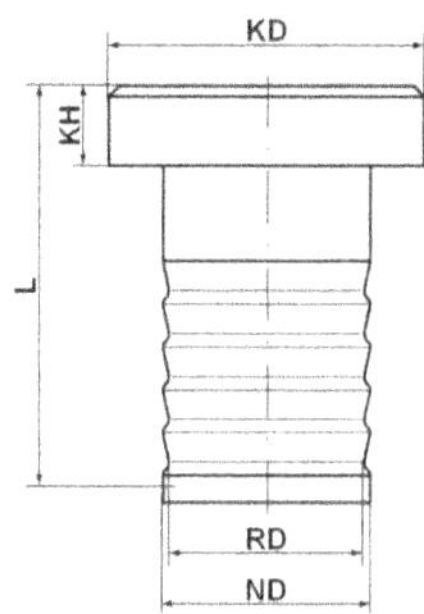

Abbildung A.V: Schematische Darstellung Vollstanzniete nach [Ker11]

Tabelle A-IV: Technische Daten Vollstanzniete [Ker11]

Typ	Kerb-Konus FK 6.0/3.95x7.8 E	Kerb-Konus SK 4.75/3.95x4.2	Kerb-Konus SK 4.75/3.95x4.2 E
Lieferant	Kerb-Konus	Kerb-Konus	Kerb-Konus
Nietdurchmesser	ND = 3.95 mm	ND = 3.95 mm	ND = 3.95 mm
Nietlänge	L = 7.8 mm	L = 4.2 mm	L = 4.2 mm
Rilliden-durchmesser	RD = 3.7 mm	RD = 3.5 mm	RD = 3.5 mm
Kopfdurchmesser	KD = 6.0 mm	KD = 4.75 mm	KD = 4.75 mm
Kopfhöhe	KH = 1.5 mm	KH = 0.13 mm	KH = 0.13 mm
Kopfgeometrie	Flachkopf	Senkkopf	Senkkopf
Rillenanzahl	5	5	5
Nietmaterial	Edelstahl 1.4034 R_m > 1810 N/mm²	Vergutungsstahl 1.0502 R_m > 995 N/mm²	Edelstahl 1.4034 R_m > 1810 N/mm²
Härteklasse	550 – 620 HV10	310- 360 HV10	550 – 620 HV10

Tabelle A-V: Technische Daten Sika Power® 498 [Sik11]

Typ	SikaPower 498
Lieferant	Sika AG
Basis	Epoxidharz-Polyurethan (Epoxid-Hybrid)
Farbe	Schwarz
Dichte (23°C)	1.3 g/cm³
Viskosität (50°C)	1300 Pas
Flammpunkt	220 °C
Glasübergangstemperatur	100 °C
Aushärtebedingungen	> 175 °C / 20 min
Standardaushärtung	180 °C / 20 min
Zugfestigkeit	30 N/mm²
Bruchdehnung	ca. 5 %
E-Modul	2200 N/mm²
Zug-Scher-Festigkeit (23°C)	20 N/mm²
Zug-Scher-Festigkeit (-30°C / +80°C)	24 / 16 N/mm²
Winkelschälkraft	10 N/mm²

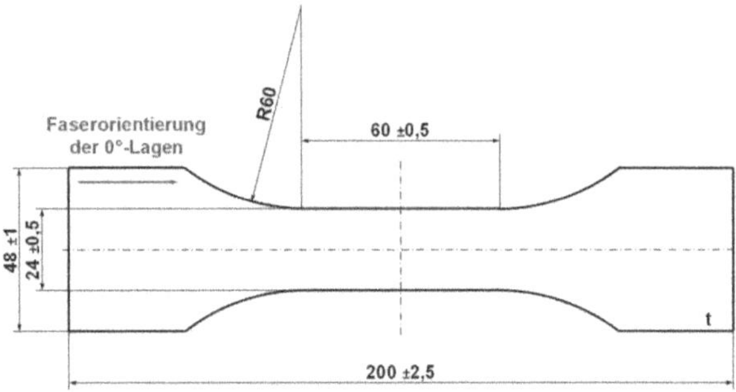

Abbildung A.VI: CFK-Probe für weiterführende Untersuchungen zur Zugfestigkeit

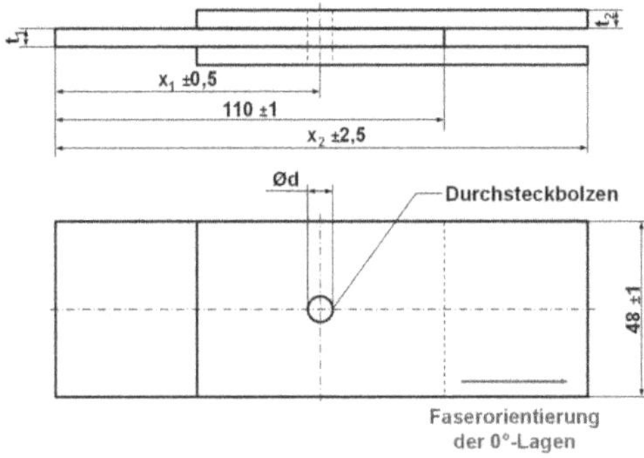

Abbildung A.VII: CFK-Lochleibungs- und Randabstandsprobe

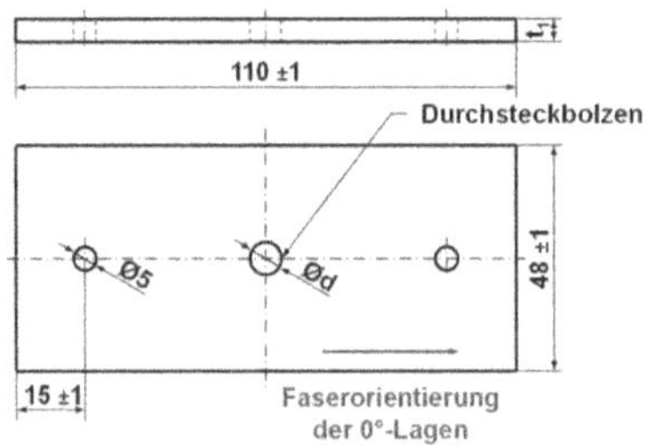

Abbildung A.VIII: CFK-Elementdurchzugsprobe

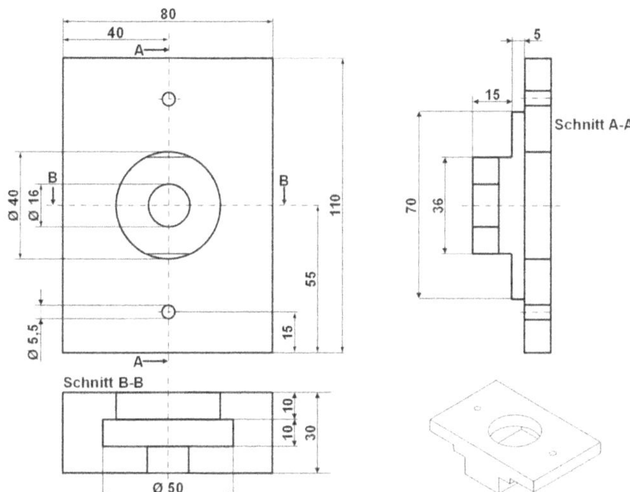

Abbildung A.IX: Probenaufnahme für Elementdurchzug

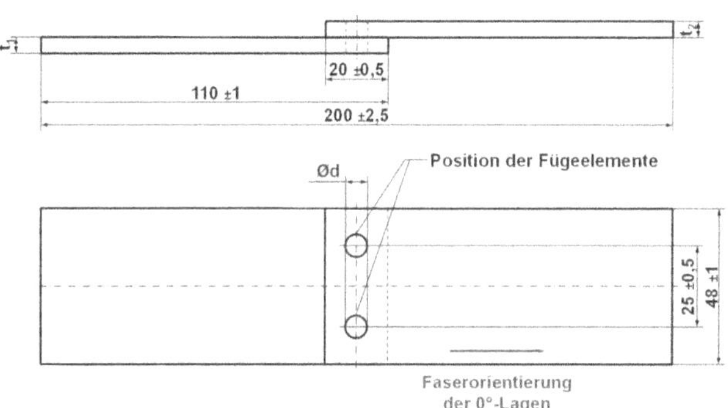

Abbildung A.X: Scherzugprobe nach [BayA5]

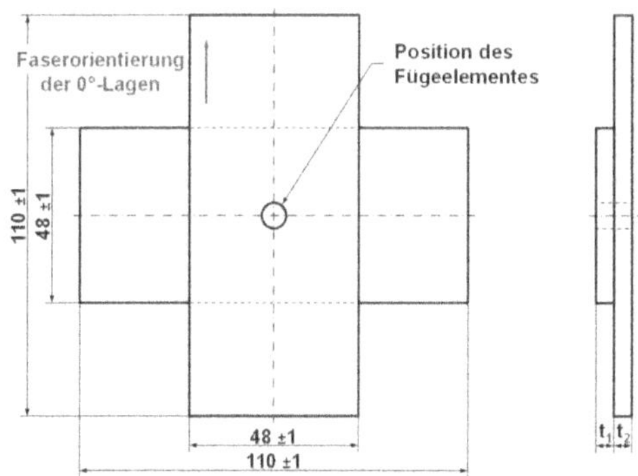

Abbildung A.XI: Kopfzugprobe nach [BayA5]

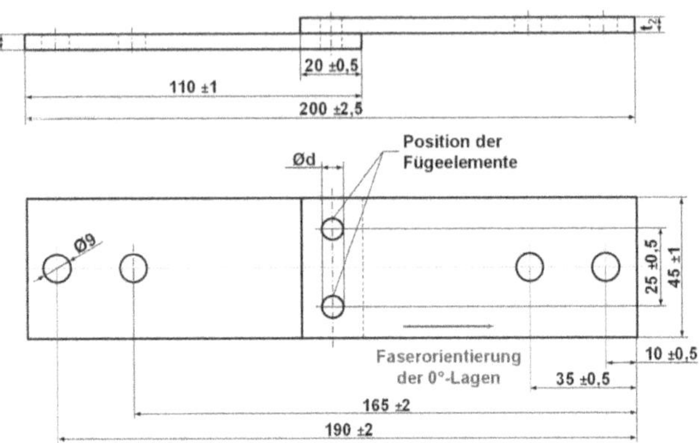

Abbildung A.XII: Hochgeschwindigkeitsscherzugprobe

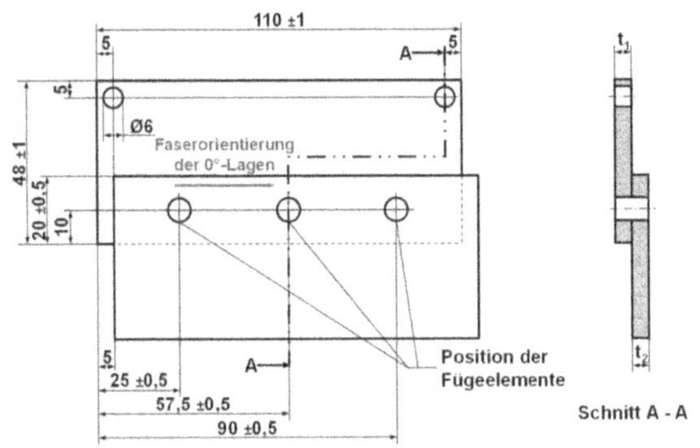

Abbildung A.XIII: Korrosionsprobe

Tabelle A-VI: Technische Daten Blindnietsetzgerät Gesipa Taurus 2 [Ges11]

Typ	Gesipa Taurus 2
Lieferant	Gesipa Blindniettechnik GmbH
Antrieb	Pneumatisch - Hydraulisch
Maximale Setzkraft (5bar)	9000 N
Gerätehub	18 mm
Arbeitsbereich	Blindniet-Ø: 2.4 -5 mm (bei Aluminium / Stahl bis 6 mm)
Gewicht	1,60 kg
Betriebsdruck	6 bar
Ausladung (B x T x H)	53 x 278 x 291 mm

Tabelle A-VII: Technische Daten Fließformschrauber Weber RSF 20 – 2011 [Web11]

Typ		Weber RSF 20 - 2011
Lieferant		Weber Schraubautomaten GmbH
Antrieb		Elektromotorisch - Pneumatisch
Maximale Drehzahl		5000 min⁻¹
Maximales Drehmoment		15 Nm
Maximale Bitkraft		3000 N
Maximale Niederhalterkraft		1000 N
Messwert-aufnehmer	Drehmoment	Aktions-Messwertgeber
	Drehwinkel	Inkremental-Messwertgeber
Kraftmessung		Piezo-elektrisch
Wegmessung		Induktiv
Arbeitsbereich		M4 – M6
Gewicht		35 kg
Betriebsdruck		6 bar
Ausladung (B x T x H)		230 x 250 x 730 mm

Tabelle A-VIII: Technische Daten Halbhohlstanznietzange Tucker SRT 80 SXT [Emh11]

Typ	Tucker SRT 80 SXT
Lieferant	Emhart Tucker GmbH
Antrieb	Elektromechanisch
Maximale Setzkraft	80 kN
Maximale Niederhalterkraft	6 kN
Maximale Fügegeschwindigkeit	100 mm/sec
Steuerparameter	Überdrückung (Kraft- & Weggesteuert)
Kraftmessung	Piezo-elektrisch
Wegmessung	Optisch
Gerätehub	160 mm
Arbeitsbereich	Halbhohlstanzniet-Ø: 3,3 bis 5,3 mm
Gewicht	170 kg
Ausladung (B x T x H)	160 x 700 x 1300 mm

Tabelle A-IX: Technische Daten Vollstanznietzange Tox TZ-VSN 08.425461.A.001 [Tox11]

Typ	Tox TZ-VSN 08.425461.A.001
Lieferant	TOX® PRESSOTECHNIK GmbH
Antrieb	Elektromechanisch
Maximale Setzkraft	100 kN
Maximale Niederhalterkraft	9,45 kN
Maximale Fügegeschwindigkeit	200 mm/sec
Steuerparameter	Kraft- oder weggesteuert
Kraftmessung	DMS-Kraftsensor
Wegmessung	Induktiv
Gerätehub	300 mm
Arbeitsbereich	Vollstanzniet-Ø: 4 -5 mm
Gewicht	235 kg
Ausladung (B x T x H)	346 x 700 x 1661 mm

Tabelle A-X: Technische Daten Klebstoffdosierer SCA Dosierer AD KE 5000-0080-050 [Sca11]

Typ	SCA Dosierer ADKE 5000-0080-050	
Lieferant	SCA Schucker GmbH & Co.	
Antrieb	Elektromechanisch	
Maximaler Volumenstrom	10.000 mm³/sec	
Maximaler Arbeitsdruck	350 bar	
Maximale Heizleistung	250 Watt	
Steuerparameter	Materialvolumen	
Volumenmessung	Induktiv (Kolbenvorschub)	
Temperaturmessung	Temperaturfühler	
Gerätehub	50 mm	
Arbeitsbereich	Pastöse Stoffe (nieder - hochviskos)	
Gewicht	32 kg	
Betriebsdruck	6 bar	
Volumen Materialzylinder	80.000 mm³	
Ausladung (B x T x H)	210 x 396 x 467 mm	

Tabelle A-XI: Technische Daten Prüfmaschine Zwick Z050 / TH3S [Zwi11b]

Typ	Zwick Z050 / TH3S	
Lieferant	Zwick GmbH & Co. KG	
Maximale Prüfkraft	50 kN	
Maximaler Traversenhub	1285 mm	
Traversengeschwindigkeit	0,0005 – 500 mm/min	
Kraftmessung	DMS-Kraftsensor	
Wegmessung	Induktiv	
Kraftmessgenauigkeit	< ±0,5%	
Wegmessgenauigkeit	±0,5%	

Tabelle A-XII: Technische Daten Prüfmaschine Instron 5969 [Ins12]

Typ	Instron 5969	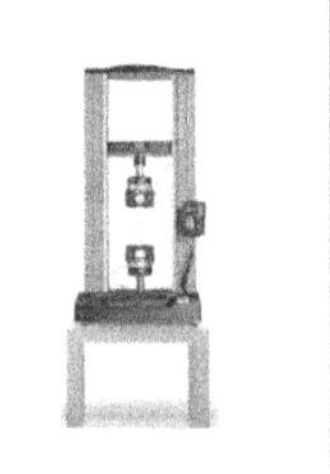
Lieferant	Instron Structural Testing Systems GmbH	
Maximale Prüfkraft	50 kN	
Maximaler Traversenhub	1640 mm	
Traversengeschwindigkeit	0,0005 – 600 mm/min	
Kraftmessung	DMS-Kraftsensor	
Wegmessung	Induktiv	
Kraftmessgenauigkeit	±0,5%	
Wegmessgenauigkeit	±0,5%	

Tabelle A-XIII: Technische Daten Prüfmaschine Zwick XC-FR250SN [Zwi11a]

Typ	Zwick XC-FR250SN	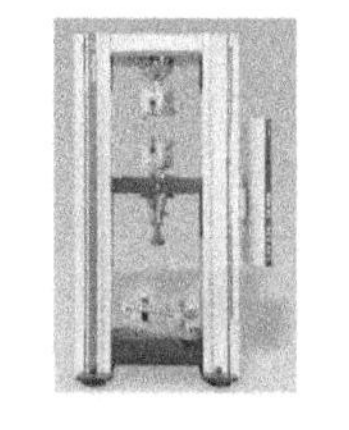
Lieferant	Zwick GmbH & Co. KG	
Maximale Prüfkraft	250 kN	
Maximaler Traversenhub	2070 mm	
Traversengeschwindigkeit	0,0005 – 600 mm/min	
Kraftmessung	DMS-Kraftsensor	
Wegmessung	Induktiv	
Kraftmessgenauigkeit	< ±0,5%	
Wegmessgenauigkeit	±0,5%	

Tabelle A-XIV: Technische Daten Dauerschwingversuchsstand Hydropuls® PL40K [InsA6]

Typ	Hydropuls® PL40K
Lieferant	Instron Structural Testing Systems GmbH
Maximale Schwingkraft	±32kN
Maximaler Schwinghub	±50 mm
Frequenzbereich	0,5 – 40 Hz
Wegmessung	Induktiv
Kraftmessgenauigkeit	±0,5%
Wegmessgenauigkeit	±0,5%

Tabelle A-XV: Technische Daten Hochgeschindigkeits-Prüfmaschine Amsler HTM-10020-B [Zwi11c]

Typ	Amsler HTM-10020-B
Lieferant	Zwick GmbH & Co. KG
Maximale Prüfkraft	100 kN
Maximaler Traversenhub	400 mm
Traversengeschwindigkeit	0,001 - 20 m/s
Kraftmessung	Piezo-elektrisch
Wegmessung	Induktiv
Kraftmessgenauigkeit	±0,5%
Wegmessgenauigkeit	±0,1%

Tabelle A-XVI: Technische Daten Ultraschallanlage ScanMaster LS-200S [Kar12, ScaA5]

Tauchbeckensystem	Typ	ScanMaster LS-200S
	Lieferant	ScanMaster Systems (IRT) Ltd
	Maximaler Scannbereich (B x T x H)	1200 x 500 x 600 mm
	Scanngeschwindigkeit	0,1 - 150 mm/sec
	Genauigkeit	±0,025 mm / 300 mm
	Wiederhohlgenauigkeit	< ±0,05 mm
	Auflösung	0,025 mm
	Maximales Werkstückgewicht	200 kg
UT-Prüfkopf	Typ	Karl Deutsch STS6PB4-20P15
	Lieferant	Karl Deutsch GmbH & Co. KG
	Maximale Auflösung	0,2 mm
	Schwingerdurchmesser	6 mm
	Frequenzbereich	4 – 20 MHz
	Schallfeldgeometrie	Punktfokussiert
	Fokusabstand	15 mm

Tabelle A-XVII: Technische Daten Computertomografieanlage Werth - TomoScope® HV 500 [Wer11]

Typ	Werth - TomoScope® HV 500
Lieferant	Werth Messtechnik GmbH
Maximale Auflösung	0,1 µm
Maximaler Scannbereich (B x H)	500 x 350 mm
Maximale Scanngeschwindigkeit	150 mm/sec
Maximales Werkstückgewicht	40 kg
Röntgensensorauflösung	2000 x 2000 Pixel
Röntgenröhrenspannung	225 kV

Tabelle A-XVIII: Nachweis von Bauteilimperfektionen

Bauteil-imperfektion	Nachweis mittels ZfP			Schliff der Imperfektion
	UT	CT	visuell	
Lunker			eingeschränkt möglich	
Delamination		eingeschränkt möglich	nicht möglich	
Faserbruch C-Faser	nicht möglich		eingeschränkt möglich	/
Faserbruch Glasfaser	nicht möglich		nicht möglich	/
Ondulation (Querfalte)	nicht möglich		eingeschränkt möglich	
Winkel-verschiebung	nicht möglich		eingeschränkt möglich	/
Fasergassen	eingeschränkt möglich			

Abbildung A.XIV: Visuelle Bewertung der Verbindungsausbildung für die Imperfektion „Delamination“

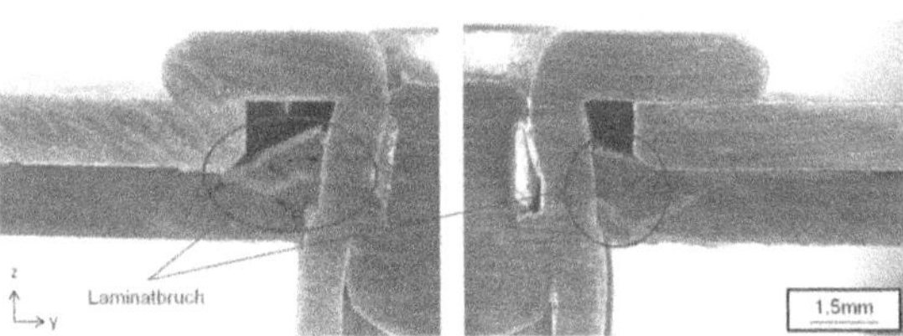

Abbildung A.XV: Mikroschliff Verbindungsausbildung beim BN für die Imperfektion „Lunker“

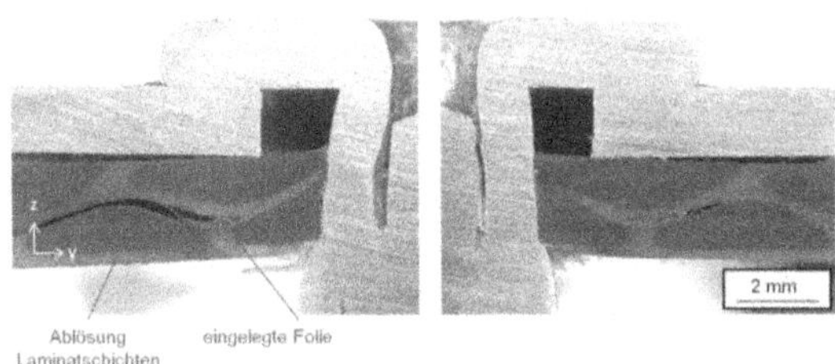

Abbildung A.XVI: Mikroschliff Verbindungsausbildung beim BN für die Imperfektion „Delamination“

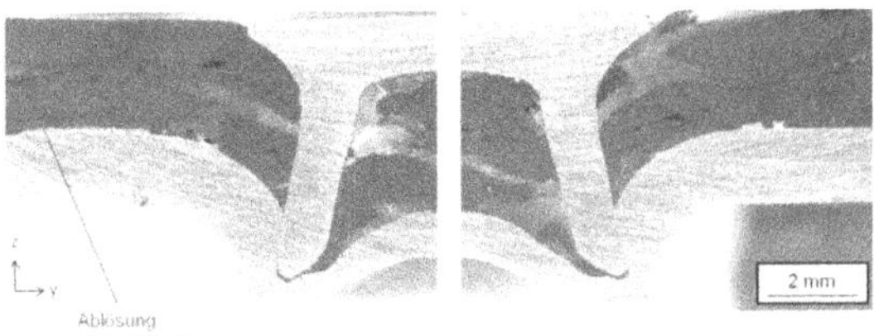

Abbildung A.XVII: Mikroschliff Verbindungsausbildung beim HSN für die Imperfektion „Delamination“

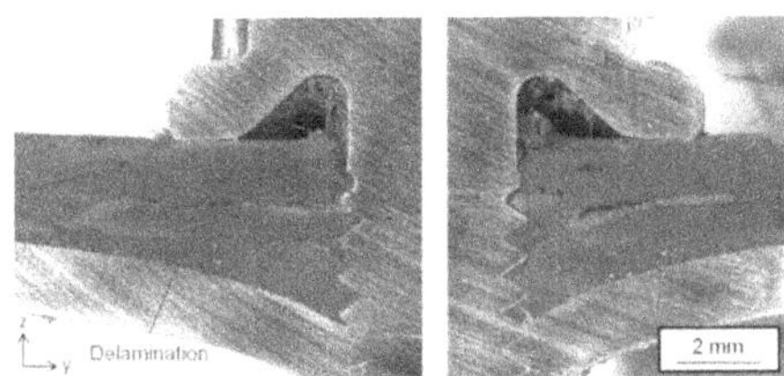

Abbildung A.XVIII: Mikroschliff Verbindungsausbildung beim FLS für die Imperfektion „Querfalte“

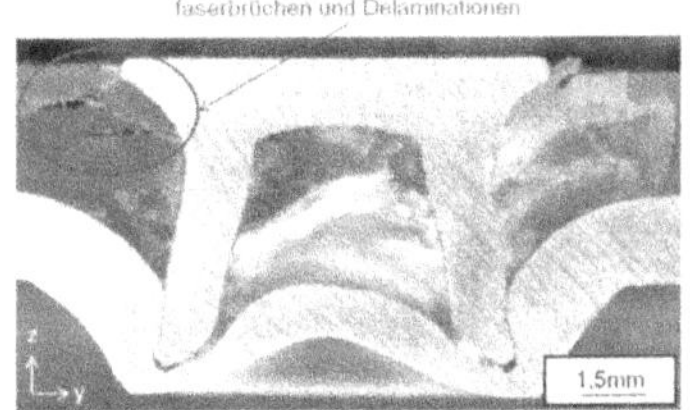

Abbildung A.XIX: Mikroschliff Verbindungsausbildung beim HSN für die Imperfektion „Fasergasse“

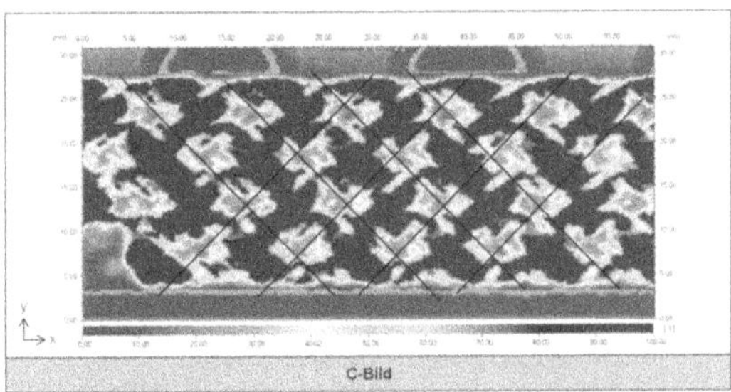

Abbildung A.XX: Darstellung der Struktur der Glasfaser im C-Bild [WFN+13]

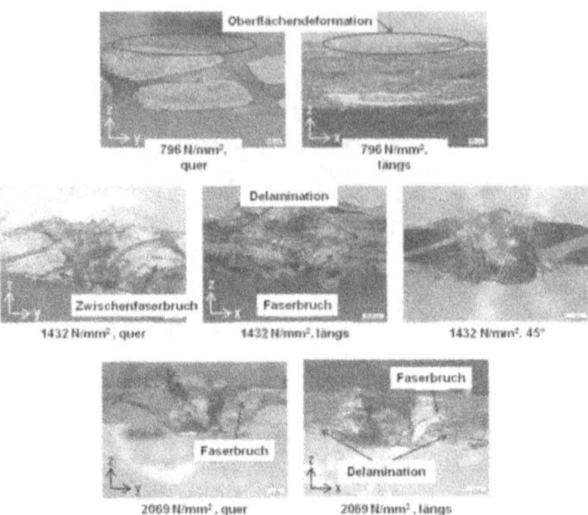

Abbildung A.XXI: Mikroskopische Betrachtung unterschiedlicher Flächenpressungen im Schliff [WFN+13]

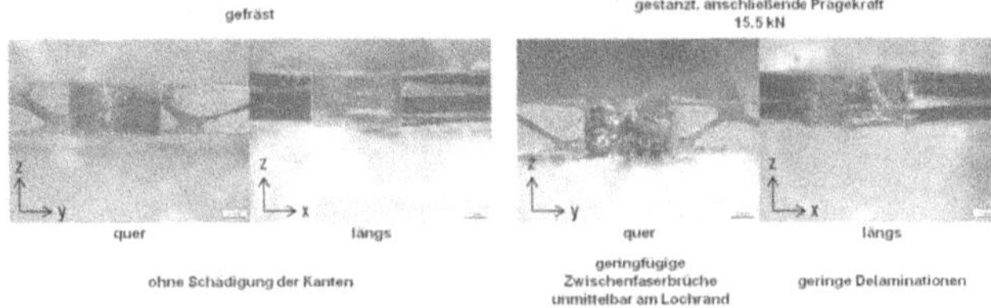

Abbildung A.XXII: Mikroskopische Betrachtung gefräster und gestanzter Proben [WFN+13]

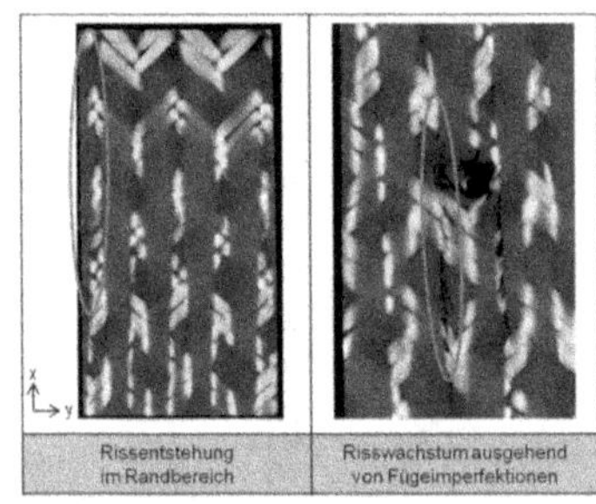

Abbildung A.XXIII: Risswachstum bei Dauerschwingversuchen im CT-Bild

Tabelle A-XIX: Programmstruktur des Fließformschraubprozesses

Stufe	Drehzahl [U/min]	Bitkraft [V]	Umschaltpunkt [sec/mm]	Zielwert [Nm]
Startwert	0	0	Tiefe: -20,9	-
1	150	180	Zeit: 0,2	-
2	900	810	Tiefe: -19,0	-
3	3100	1710	Tiefe: -9,5	-
4	950	270 / 675*	Tiefe: -3,0	-
5	200	225	-	Anzugsmoment: 11

*nach Anlagenumbau Anpassung notwendig / direkter Vergleich nur für Reihen mit identischen Programm

Tabelle A-XX: Programmstruktur des Fließformschraubprozesses für FLS-Neuentwicklung

Stufe	Drehzahl [U/min]	Bitkraft [V]	Umschaltpunkt [sec/mm]	Zielwert [Nm]
Startwert	0	0	Tiefe: -20,9	-
1	150	180	Zeit: 0,2	-
2	900	675	Tiefe: -21,0	-
3	2000	1710	Tiefe: -13,5	-
4	950	675	Tiefe: -5,5	-
5	200	225	-	Anzugsmoment: 11

Tabelle A-XXI: Schema zur optische Bewertung des korrosiven Verhaltens von Verbindungen

Korrosions-produkt	Beschreibung	Starker Rotrost	Leichter Rotrost	Starker Weißrost	Leichter Weißrost	Ohne
	Entsprechung	- -	-	o	+	++
KTL-Enthaftung	Beschreibung	Vollständig	Stark	Deutlich	Leicht	Ohne
	Entsprechung	- -	-	o	+	++
Gesamt-bewertung	Beschreibung	sehr negativ	negativ	mittel	positiv	sehr positiv
	Entsprechung	- -	-	o	+	++

Legende:
++ sehr positiv
\+ positiv
o mittel
\- negativ
-- sehr negativ

Tabelle A-XXII: Optische Bewertung des korrosiven Verhaltens von Blindnietverbindungen

	Variante		Deckblechseitig			Basis-blechseitig	Füge-fläche	Gesamt-bewertung
	Element	Beschichtung	Elementkopf-oberfläche [KTL-Enthaftung]	Elementkopf-umfeld [Korrosion]	Element-schaft [Korrosion]	Matrizenkante + Umfeld [Korrosion]	Element-umfeld [Korrosion]	
Hybrid	Ribe Ribulb IRSS 4,8/13x10	ZNT	+	o	-	+	+	-

Tabelle A-XXIII: Optische Bewertung des korrosiven Verhaltens von Fließformschraubverbindungen

	Variante			Deckblechseitig			Basis-blechseitig	Füge-fläche	Gesamt-bewertung
	Element	Be-schich-tung	Vorloch	Elementkopf-oberfläche [KTL-Enthaftung]	Elementkopf-umfeld [Korrosion]	Element-schaft [Korrosion]	Element-umfeld [Korrosion]	Element-umfeld [Korrosion]	
Elementar	Arnold M5x20 AT	ZNNI SI	7 mm	++	++	++	+	-	-
	Arnold M5x20 AT	ZNNI SI	5 mm	++	+	++	+	--	--
	Arnold M5x20 AT	ZNNI SI	3 mm	++	--	++	+	--	--
	Arnold M5x20 AT	ZNNI SI	0 mm	++	--	-	+	--	--
	Ejot M5x20 AT	ZNNI SI	0 mm	++	--	+	o	--	--
	Ejot M5x20 AT	ZNS2	0 mm	o	-	-	o	-	-
	Ejot M5x20 IT	ZNNI SI	0 mm	++	--	+	+	--	--
	Ejot M5x20 IT	ZNT	0 mm	+	-	o	+	-	-
	Ejot M5x20 IT E	ZNT	0 mm	+	o	+	+	-	-
Hybrid	Arnold M5x20 AT	ZNNI SI	7 mm	++	-	++	+	++	++
	Arnold M5x20 AT	ZNNI SI	5 mm	++	o	++	+	++	++
	Arnold M5x20 AT	ZNNI SI	3 mm	++	--	++	+	++	++
	Arnold M5x20 AT	ZNNI SI	0 mm	++	+	+	+	++	++
	Ejot M5x20 AT	ZNNI SI	0 mm	++	+	+	+	++	++
	Ejot M5x20 AT	ZNS2	0 mm	o	o	-	+	++	+
	Ejot M5x20 IT	ZNNI SI	0 mm	++	-	-	+	++	+
	Ejot M5x20 IT	ZNT	0 mm	+	o	o	+	++	++
	Ejot M5x20 IT E	ZNT	0 mm	o	+	o	+	++	++

Tabelle A-XXIV: Optische Bewertung des korrosiven Verhaltens von Halbhohlstanznietverbindungen

	Variante		Deckblechseitig			Basis-blechseitig	Füge-fläche	Gesamt-bewertung
	Element	Beschichtung	Setzkopf-Oberfläche [KTL-Enth.]	Setzkopf-Umfeld [Korrosion]	Nietschaft [Korrosion]	Schließkopf-Umfeld [Korrosion]	Fügefläche / Nietumfeld [Korrosion]	
Elementar	Böllhoff SRK C-5,3x6,0	Almac	-	+	+	++	o	o
	Böllhoff FRK 5,3x6,0	Almac	-	-	+	++	--	--
Hybrid	Böllhoff SRK C-5,3x6,0	Almac	-	o	++	++	++	+
	Böllhoff FRK 5,3x6,0	Almac	-	-	++	++	++	+

Tabelle A-XXV: Optische Bewertung des korrosiven Verhaltens von Vollstanznietverbindungen

	Variante		Deckblechseitig			Basis-blechseitig	Füge-fläche	Gesamt-bewertung
	Element	Beschichtung	Elementkopf-oberfläche [KTL-Enthaftung]	Elementkopf-umfeld [Korrosion]	Element-schaft [Korrosion]	Element-umfeld [Korrosion]	Element-umfeld [Korrosion]	
Elementar	KK Flachkopf 6,0/3,95x7,8 E	Keine	+	++	++	o	o	o
Elementar	KK Senkkopf 4,75/3,95x4,2 E	Keine	o	++	++	o	--	--
Elementar	KK Senkkopf 4,75/3,95x4,2	ZnNi	o	+	++	o	o	-
Hybrid	KK Flachkopf 6,0/3,95x7,8 E	Keine	+	o	++	o	-	-
Hybrid	KK Senkkopf 4,75/3,95x4,2 E	Keine	o	o	++	o	+	-
Hybrid	KK Senkkopf 4,75/3,95x4,2	ZnNi	+	--	++	o	o	-

www.ingramcontent.com/pod-product-compliance
Lightning Source LLC
LaVergne TN
LVHW021941220826
846092LV00010B/1195

* 9 7 8 3 9 5 9 0 8 0 5 3 8 *